注册消防工程师资格考试辅导用书

消防安全技术综合能力应试指南

主　　编　姚　斌　曲　毅
副 主 编　周　岚　刘　峰
参　　编　陈　南　王　岩　张学魁　景　绒
　　　　　黄亚军　宋清刚　张洁玉

中国劳动社会保障出版社

图书在版编目（CIP）数据

消防安全技术综合能力应试指南 / 姚斌，曲毅主编． -- 北京：中国劳动社会保障出版社，2018

注册消防工程师资格考试辅导用书

ISBN 978-7-5167-3747-7

Ⅰ.①消⋯　Ⅱ.①姚⋯　②曲⋯　Ⅲ.①消防－安全技术－资格考试－自学参考资料　Ⅳ.①TU998.1

中国版本图书馆 CIP 数据核字（2018）第 236009 号

中国劳动社会保障出版社出版发行

（北京市惠新东街 1 号　邮政编码：100029）

＊

保定市中画美凯印刷有限公司印刷装订　新华书店经销

787 毫米 ×1092 毫米　16 开本　15.5 印张　395 千字
2018 年 10 月第 1 版　2018 年 10 月第 1 次印刷
定价：50.00 元

营销中心电话：（010）64962347
中国人事考试图书网网址：http://rsks.class.com.cn

版权专有　侵权必究

如有印装差错，请与本社联系调换：（010）50948191
我社将与版权执法机关配合，大力打击盗印、销售和使用盗版图书活动，敬请广大读者协助举报，经查实将给予举报者奖励。
举报电话：（010）64954652

前 言

为满足应试人员全方位备考需求,准确理解注册消防工程师资格考试大纲和2018年版教材,更好地开展复习备考,我们特邀长期从事实践工作和教学研究的专家,对考试大纲和2018年版教材进行深入分析,对历年考试情况进行了系统梳理,结合知识点重要程度,组织编写了"注册消防工程师资格考试辅导用书"之"应试指南"系列。

应试指南系列丛书,结合2018年版教材和标准规范内容,对各章重要知识点进行了系统梳理,通过学习导图和知识要点两个模块,呈现教材重点和难点,帮助应试人员进一步巩固学习、温故知新。部分章后附有练习题及参考答案,帮助应试人员进行自我评测。

需要特别说明的是,本套辅导用书的内容如有与现行国家消防技术标准规范不一致之处,应以国家的消防技术标准规范为准。

由于编者水平所限,加之时间仓促,书中难免存在不足,希望读者批评指正。有关意见建议,请发至邮箱 xfszgks@126.com。

目 录

第一篇 消防法及相关法律法规与消防职业道德	1
第一章 消防法及相关法律法规	1
第二章 注册消防工程师职业道德	19
第二篇 建筑防火检查	22
第一章 建筑分类和耐火等级检查	22
第二章 总平面布局与平面布置检查	29
第三章 防火防烟分区检查	46
第四章 安全疏散设施检查	56
第五章 防爆检查	68
第六章 建筑装修和保温系统检查	73
第三篇 消防设施安装、检测与维护管理	77
第一章 消防设施质量控制、维护管理与消防控制室管理	77
第二章 消防给水	84
第三章 消火栓系统	95
第四章 自动喷水灭火系统	100
第五章 水喷雾灭火系统	118
第六章 细水雾灭火系统	122
第七章 气体灭火系统	134
第八章 泡沫灭火系统	144
第九章 干粉灭火系统	150
第十章 建筑灭火器	157
第十一章 防烟排烟系统	162
第十二章 消防用电设备的供配电与电气防火防爆	168
第十三章 消防应急照明和疏散指示系统	171
第十四章 火灾自动报警系统	175
第十五章 城市消防远程监控系统	181

第四篇　消防安全评估方法与技术 ································· 185
第一章　区域消防安全评估方法与技术 ································· 185
第二章　建筑火灾风险评估方法与技术 ································· 187
第三章　建筑消防性能化设计评估方法与技术 ·························· 189
第四章　人员密集场所消防安全评估方法与技术 ························ 199

第五篇　消防安全管理 ·· 202
第一章　消防安全管理概述 ·· 202
第二章　社会单位消防安全管理 ·· 205
第三章　社会单位消防安全宣传与教育培训 ······································ 219
第四章　应急预案编制与演练 ·· 221
第五章　施工现场消防安全管理 ·· 225
第六章　大型群众性活动消防安全管理 ·· 238

第一篇
消防法及相关法律法规与消防职业道德

第一章　消防法及相关法律法规

【学习导图】

```
                    ┌─ 中华人民共和国消防法
                    │
                    │                    ┌─《中华人民共和国城乡规划法》
                    │                    ├─《中华人民共和国建筑法》
                    │                    ├─《中华人民共和国产品质量法》
                    ├─ 相关法律 ─────────┼─《中华人民共和国安全生产法》
                    │                    ├─《中华人民共和国行政处罚法》
                    │                    ├─《中华人民共和国行政许可法》
                    │                    └─《中华人民共和国刑法》
                    │
                    │                    ┌─《公共娱乐场所消防安全管理规定》
                    │                    ├─《机关、团体、企业、事业单位消防安全管理规定》
                    │                    ├─《社会消防安全教育培训规定》
  消防法及相关      │                    ├─《建设工程消防监督管理规定》
  法律法规 ────────┼─ 部门规章 ─────────┼─《消防监督检查规定》
                    │                    ├─《火灾事故调查规定》
                    │                    ├─《消防产品监督管理规定》
                    │                    ├─《社会消防技术服务管理规定》
                    │                    ├─《注册消防工程师管理规定》
                    │                    └─《专业技术人员资格考试违纪违规行为处理规定》
                    │
                    │                    ┌─《人力资源社会保障部、公安部关于印发注册消防工程师
                    │                    │  制度暂行规定和注册消防工程师资格考试实施办法及注册
                    │                    │  消防工程师资格考核认定办法的通知》
                    └─ 规范性文件 ───────┼─《公安部消防局关于印发〈注册消防工程师继续教育实施
                                         │  办法〉的通知》
                                         ├─《劳动部、人事部关于颁发〈职业资格证书规定〉的通知》
                                         └─《人事部关于印发〈职业资格证书制度暂行办法〉的通知》
```

【知识要点】

第一节　中华人民共和国消防法

《中华人民共和国消防法》（以下简称《消防法》）于 1998 年 4 月 29 日由第九届全国人民代表大会常务委员会第二次会议审议通过，2008 年 10 月 28 日第十一届全国人民代表大会常务委员会第五次会议修订，修订后的《消防法》自 2009 年 5 月 1 日起施行。

一、消防工作的方针、原则和责任制

消防工作贯彻预防为主、防消结合的方针，按照政府统一领导、部门依法监管、单位全面负责、公民积极参与的原则，实行消防安全责任制，建立健全社会化的消防工作网络。

二、单位的消防安全责任

分类	具体职责
单位消防安全职责	（1）任何单位都有维护消防安全、保护消防设施、预防火灾、报告火警的义务 （2）任何单位都有参加有组织的灭火工作的义务 （3）机关、团体、企业、事业等单位，应当加强对本单位人员的消防宣传教育 （4）任何单位都有权对消防机构及其工作人员在执法中的违法行为进行检举、控告
	单位主要消防安全职责如下： （1）落实消防安全责任制，制定本单位的消防安全制度、消防安全操作规程，制定灭火和应急疏散预案 （2）按照国家标准、行业标准配置消防设施、器材，设置消防安全标志，并定期组织检验、维修，确保完好有效 （3）对建筑消防设施每年至少进行一次全面检测，确保完好有效，检测记录应当完整准确，存档备查 （4）保障疏散通道、安全出口、消防车通道畅通，保证防火防烟分区、防火间距符合消防技术标准 （5）组织防火检查，及时消除火灾隐患 （6）组织进行有针对性的消防演练 （7）法律、法规规定的其他消防安全职责
	同一建筑物由两个以上单位管理或者使用的，应当明确各方的消防安全责任，并确定责任人对共用的疏散通道、安全出口、建筑消防设施和消防车通道进行统一管理
	任何单位不得损坏、挪用或者擅自拆除、停用消防设施、器材，不得埋压、圈占、遮挡消火栓或者占用防火间距，不得占用、堵塞、封闭疏散通道、安全出口、消防车通道
	任何单位都应当无偿为报警提供便利，不得阻拦报警，严禁谎报火警；发生火灾，必须立即组织力量扑救，邻近单位应当给予支援；火灾扑灭后，发生火灾的单位和相关人员应当按照消防机构的要求保护现场，接受事故调查，如实提供与火灾有关的情况
	被责令停止施工、停止使用、停产停业的单位，应当在整改后向消防机构报告，经消防机构检查合格，方可恢复施工、使用、生产、经营

续表

分类	具体职责
重点单位的特殊职责	（1）确定消防安全管理人，组织实施本单位的消防安全管理工作 （2）建立消防档案，确定消防安全重点部位，设置防火标志，实行严格管理 （3）实行每日防火巡查，并建立巡查记录 （4）对职工进行岗前消防安全培训，定期组织消防安全培训和消防演练

三、公民在消防工作中的权利和义务

（1）任何人都有维护消防安全、保护消防设施、预防火灾、报告火警的义务；任何成年人都有参加有组织的灭火工作的义务。

（2）任何人不得损坏、挪用或者擅自拆除、停用消防设施、器材，不得埋压、圈占、遮挡消火栓或者占用防火间距，不得占用、堵塞、封闭疏散通道、安全出口、消防车通道。

（3）任何人发现火灾都应当立即报警；任何人都应当无偿为报警提供便利，不得阻拦报警；严禁谎报火警。

（4）火灾扑灭后，相关人员应当按照消防机构的要求保护现场，接受事故调查，如实提供与火灾有关的情况。

（5）任何人都有权对消防机构及其工作人员在执法中的违法行为进行检举、控告。

四、建设工程消防设计审核、消防验收和备案抽查制度

对国务院公安部门规定的大型的人员密集场所和其他特殊建设工程以外的按照国家工程建设消防技术标准需要进行消防设计的其他建设工程，建设单位应当自依法取得施工许可之日起7个工作日内，将消防设计文件报消防机构备案，消防机构应当依法进行抽查；抽查不合格的，应当停止施工。建设单位在工程验收合格后7个工作日内，应当报消防机构备案，消防机构应当依法进行抽查；抽查不合格的，应当停止使用。

建设工程的消防设计未经依法审核或者审核不合格的，负责审批该工程施工许可的部门不得给予施工许可，建设单位、施工单位不得施工；依法应当进行消防验收的建设工程，未经消防验收或者消防验收不合格的，禁止投入使用；对违反建设工程消防设计审核、消防验收、备案抽查制度的违法行为，规定了责令停止施工、停止使用、停产停业和罚款的行政处罚措施。

五、公众聚集场所投入使用、营业前的消防安全检查

消防机构应当自受理申请之日起10个工作日内，根据消防技术标准和管理规定，对该场所进行消防安全检查。未经消防安全检查或者经检查不符合消防安全要求的，不得投入使用、营业。对公众聚集场所未经消防安全检查或者经检查不符合消防安全要求擅自投入使用、营业的消防安全违法行为，直接给予责令停止施工、停止使用、停产停业和罚款等行政处罚。

六、举办大型群众性活动的消防安全要求

《消防法》将大型群众性活动的消防安全纳入治安行政许可审查内容，明确了消防安全要求。

七、消防产品监督管理

依法实行强制性产品认证的消防产品，应由具有法定资质的认证机构按照国家标准、行业

标准的强制性要求认证合格后，方可生产、销售、使用。新研制的尚未制定国家标准、行业标准的消防产品，应当按照国务院产品质量监督部门会同国务院公安部门规定的办法，经技术鉴定符合消防安全要求的，方可生产、销售和使用。

八、消防技术服务机构和执业人员

消防产品质量认证、消防设施检测、消防安全监测等消防技术服务机构和执业人员，应当依法获得相应的资质、资格。

九、法律责任的规定

《消防法》强化了法律责任追究，共设有警告、罚款、拘留、责令停产停业（停止施工、停止使用）、没收违法所得、责令停止执业（吊销相应资质、资格）6类行政处罚。

第二节 相 关 法 律

主要介绍消防安全领域以外但与消防工作密切相关的7部法律，具体见下表。

与消防相关法律一览表

法律名称	适用范围	相关内容	法律责任
《中华人民共和国城乡规划法》	城乡规划，是指由城镇体系规划、城市规划、镇规划、乡规划和村庄规划组成的一个规划体系，调整的是城市、镇、乡、村等居民点以及居民点之间的相互关系，不是覆盖全部国土面积的规划	对城乡规划的制定做了以下规定： （1）明确规划制定和实施的原则 （2）明确规划编制的主体和审批程序 （3）明确了规划制定的程序 （4）增加规划的透明度 规定任何单位和个人应当遵守经批准的城乡规划，服从规划管理，并做出了以下具体规定： （1）要求地方各级人民政府有计划、分步骤地实施当地的总体规划，并根据当地的总体规划，制定近期建设规划 （2）控制频繁修改城乡规划。城乡规划一经批准，不得随意修改；如修改城乡规划，必须符合法定条件 （3）明确规划修改的审批程序。涉及修改省域镇体系规划、总体规划强制性内容以及控制性详细规划的，要先经原审批机关同意，并将修改后的规划按照原审批程序报批 （4）强调规划许可证的法律效力。明确要求土地的划拨与出让必须取得规划许可证。同时，以划拨方式提供国有土地使用权的，建设单位在报送有关部门批准或者核准前，应当向城乡规划主管部门申请核发选址意见书 （5）强化监督检查措施	设专章规定了城乡规划与建设的各类违法行为的法律责任，特别强调了对不同类型违法建设行为的责任追究，明确对无法采取改正措施消除影响的违法建筑予以拆除，不能拆除的，没收实物或者违法收入，可以并处罚款，加大了对恶意违法建设的查处力度

续表

法律名称	适用范围	相关内容	法律责任
《中华人民共和国建筑法》	重点规范各类房屋建筑及其附属设施的建造和与其配套的线路、管道、设备的安装活动	（1）建筑工程开工前，建设单位应当按照国家有关规定向工程所在地县级以上人民政府建设主管部门申请领取施工许可证。但并非所有的建筑工程都需要申领施工许可证。限额以下的小型工程不需要申领施工许可证。此外，按照国务院规定的权限和程序批准开工报告的建筑工程，不再领取施工许可证。 （2）任何单位和个人不得将应当申领施工许可证的工程分解为若干限额以下的工程以规避申领施工许可证。招标工程应以招标的标的为申请办理施工许可证的最小单位，非招标工程应以立项批准文件中批准投资和规模作为办理施工许可证的最小单位 （3）建筑工程发包与承包招标投标活动，应当遵循"公开、公正、平等竞争"的原则，按照招标投标的法定程序，采取招标发包和直接发包的方式，择优确定承包单位 （4）国家推行建筑工程监理制度。工程监理单位须在其资质等级许可的监理范围内，承担工程监理业务；工程监理单位与被监理工程的承包单位以及建筑材料、建筑构配件和设备供应单位不得有隶属关系或者其他利害关系；工程监理单位不得转让工程监理业务 （5）建筑工程安全生产管理必须坚持"安全第一、预防为主"的方针	对在建筑许可、工程发包与承包、工程监理、安全生产及工程质量等方面的违法行为做出相应的处罚规定
《中华人民共和国产品质量法》	建设工程不适用该法规定，但是用于建设工程的建筑材料、构配件、设备，如果作为一个独立的产品而被使用，则应属于产品质量法的调整范围	明确提出了产品质量都应经检验合格的要求，并以法律形式确立了国家对产品质量实施监督的基本制度，主要包括： （1）对涉及保障人体健康和人身、财产安全的产品实行严格的强制监督管理的制度 （2）产品质量监督部门依法对产品质量实行监督抽查并对抽查结果进行公告的制度 （3）推行企业质量体系认证和产品质量认证的制度 （4）产品质量监督部门和工商行政管理部门对涉嫌在产品生产、销售活动中从事违反产品质量法的行为可以依法实行强制检查和采取必要的查封、扣押等强制措施的制度等	处罚力度较以往增强： （1）处罚的重点主要是生产、销售不符合保障人体健康和人身、财产安全的国家标准、行业标准的产品的行为，制假售假行为，以及其他违法产品的生产、销售行为

续表

法律名称	适用范围	相关内容	法律责任
《中华人民共和国产品质量法》	建设工程不适用该法规定，但是用于建设工程的建筑材料、构配件、设备，如果作为一个独立的产品而被使用，则应属于产品质量法的调整范围	以生产者和销售者的产品质量责任和义务构成产品质量责任制度，主要内容有： （1）生产者、销售者是产品质量责任的承担者，是产品质量的责任主体 （2）生产者应当对其生产的产品质量负责，产品存在缺陷造成损害的，生产者应当承担赔偿责任 （3）由于销售者的过错使产品存在缺陷，造成危害的，销售者应当承担赔偿责任 （4）因产品缺陷造成损害的，受害人可以向生产者要求赔偿，也可以向销售者要求赔偿 （5）产品质量有瑕疵的，生产者、销售者负瑕疵担保责任，应采取修理、更换、退货等补救措施；给购买者造成损失的，承担赔偿责任 （6）产品质量应当不存在危及人身、财产安全的不合理的危险，具备产品应当具备的使用性能，符合在产品或者其包装上注明采用的产品标准，符合以产品说明、实物样品等方式表明的质量状况 （7）禁止生产、销售不符合保障人体健康和人身、财产安全的标准和要求的工业产品 （8）产品质量应当检验合格，不得以不合格产品冒充合格产品	（2）处罚的手段多样，如警告，罚款，责令停止生产、销售，没收违法所得，没收非法财物，吊销执照，撤销资格，行政处分，追究民事责任、刑事责任；处罚的方式更有可操作性，如罚款，采用计算货值这种易于计算罚款的基数，并包含了加重处罚 （3）处罚的对象范围宽泛，不仅有产品生产者、销售者，而且还有产品质量中介机构、产品质量监督者、国家机关工作人员，以及参与质量违法活动的运输、保管、仓储、制假技术的提供者
		从以下方面为消费者合法权益提供了保证： （1）明确了消费者的社会监督权利。消费者有权对产品质量问题进行查询、申诉 （2）销售者必须对消费者购买的产品质量负责。消费者发现产品质量有问题，有权要求销售者对出售的产品进行修理、更换、退货 （3）消费者因产品质量问题受到人身伤害、财产损失后，有权向生产者或销售者的任何一方提出赔偿要求，并享有诉讼的选择权利以及要求给予及时、合理的损害赔偿的权利 （4）发生产品质量民事纠纷后，消费者可以选择协商、调解、协议仲裁或者起诉等渠道解决	

续表

法律名称	适用范围	相关内容	法律责任
《中华人民共和国安全生产法》	在中华人民共和国境内从事生产经营活动的单位（以下统称生产经营单位）的安全生产，适用本法；有关法律、行政法规对消防安全和道路交通安全、铁路交通安全、水上交通安全、民用航空安全以及核与辐射安全、特种设备安全另有规定的，适用其规定	规定安全生产工作应当以人为本，坚持安全发展，坚持安全第一、预防为主、综合治理的方针，建立生产经营单位负责、职工参与、政府监管、行业自律和社会监督的机制 为生产经营单位在安全生产的各个方面和各个环节上确立了必须遵循的行为准则 规定了从业人员的权利和义务： （1）从业人员与生产经营单位订立的劳动合同应当载明与从业人员劳动安全有关的事项，生产经营单位不得以协议免除或者减轻其依法应承担的安全事故伤亡责任 （2）从业人员有权了解其作业场所和工作岗位存在的危险因素、防范措施及事故应急措施，有权对本单位的安全生产工作提出建议 （3）从业人员有权对本单位存在的安全问题提出批评、检举、控告，有权拒绝违章指挥和强令冒险作业 （4）从业人员有权在发现直接危及人身安全的紧急情况时停止作业或者在采取可能的应急措施后撤离作业场所，生产经营单位不得因从业人员采取上述措施而降低其工资、福利等待遇或者解除与其订立的劳动合同 （5）因生产安全事故受到损害的从业人员享有依法取得赔偿的权利 （6）生产经营单位使用被派遣劳动者的，被派遣劳动者享有安全生产法规定的从业人员的权利，履行从业人员的义务 此外，规定了从业人员必须遵守安全生产法律法规以及规章制度，照章操作；接受安全生产教育和培训；对事故隐患或者不安全因素进行报告等义务 对安全生产的监督管理、生产安全事故的应急救援与调查处理进行了规定	规定了安全生产违法行为的法律责任，包括应当承担的行政责任、民事责任和刑事责任及其他相关规定
《中华人民共和国行政处罚法》	行政处罚是指国家行政机关和法律、法规授权组织依照有关法律、法规和规章，	规定的行政处罚种类有：警告；罚款；没收违法所得，没收非法财物；责令停产停业；暂扣或吊销许可证，暂扣或吊销执照；行政拘留；法律、行政法规规定的其他行政处罚	对违法实施行政处罚的人员追究法律责任。根据其行为的性质和程度，构成犯罪的，对直接负责的主

续表

法律名称	适用范围	相关内容	法律责任
《中华人民共和国行政处罚法》	对公民、法人或者其他组织违反行政管理秩序的行为所实施的行政惩戒	行政处罚的原则：处罚法定原则，处罚公正、公开原则，处罚与教育相结合原则，权利保障原则，一事不再罚原则	管人员或其他直接责任人员追究刑事责任；不构成犯罪的，给予行政处分
		行政处罚的程序分为一般程序、简易程序两大类。一般程序由受案、调查取证、告知、听取申辩和质证、决定等阶段构成。简易程序适用于违法事实确凿并有法定依据，可以当场做出的对公民处以较少罚款、对法人或者其他组织处以较少罚款或警告的行政处罚。听证程序只适用于行政机关做出责令停产停业、吊销许可证或者执照、较大数额罚款等行政处罚	
《中华人民共和国行政许可法》	有关行政机关对其他机关或者对其直接管理的事业单位的人事、财务、外事等事项的审批，不属于行政许可的范围	行政许可的基本原则：合法原则，公开、公平、公正原则，便民原则，救济原则，信赖保护原则，监督原则	（1）针对该许可不许可、不该许可乱许可以及不依法履行监督责任或者监督不力等违法犯罪行为，对行政机关直接负责主管人员和其他直接责任人员依法追究刑事、行政和民事责任 （2）以不正当手段获取行政许可的行政相对人将受惩处
		规定了6类可以设定行政许可的事项：①直接涉及国家安全、公共安全、经济宏观调控、生态环境保护以及直接关系人身健康、生命财产安全等特定活动，需要按照法定条件予以批准的事项；②有限自然资源开发利用、公共资源配置以及直接关系公共利益的特定行业的市场准入等，需要赋予特定权利的事项；③提供公众服务并且直接关系公共利益的职业、行业，需要确定具备特殊信誉、特殊条件或者特殊技能等资格、资质的事项；④直接关系公共安全、人身健康、生命财产安全的重要设备、设施、产品、物品，需要按照技术标准、技术规范，通过检验、检测、检疫等方式进行审定的事项；⑤企业或者其他组织的设立等，需要确定主体资格的事项；⑥法律、行政法规规定可以设定行政许可的其他事项	
		被许可人以欺骗、贿赂等不正当手段取得行政许可的，行政机关应当予以撤销。行政机关工作人员滥用职权、玩忽职守，违法做出行政许可决定的，有关行政机关根据利害关系人的请求或者依据职权，可以撤销行政许可。但可能对公共利益造成重大损害的，不予撤销	
		行政机关实施行政许可和对行政许可事项进行监督检查，不得收取任何费用。但是，法律、行政法规另有规定的，依照其规定	

续表

法律名称	适用范围	相关内容	法律责任
《中华人民共和国刑法》	一切犯罪行为	失火罪。失火罪是指由于行为人的过失引起火灾，造成严重后果，危害公共安全的行为	处3年以上7年以下有期徒刑；情节较轻的，处3年以下有期徒刑或者拘役
		消防责任事故罪。消防责任事故罪是指违反消防管理法规，经消防监督机构通知采取改正措施而拒绝执行，造成严重后果，危害公共安全的行为	处3年以下有期徒刑或者拘役；后果特别严重的，处3年以上7年以下有期徒刑
		重大责任事故罪。重大责任事故罪是指在生产、作业中违反有关安全管理的规定，因而发生重大伤亡事故或者造成其他严重后果的行为	处3年以下有期徒刑或者拘役；情节特别恶劣的，处3年以上7年以下有期徒刑
		强令违章冒险作业罪。强令违章冒险作业罪是指强令他人违章冒险作业，因而发生重大伤亡事故或者造成其他严重后果的行为	处5年以下有期徒刑或者拘役；情节特别恶劣的，处5年以上有期徒刑
		重大劳动安全事故罪。重大劳动安全事故罪是指安全生产设施或者安全生产条件不符合国家规定，因而发生重大伤亡事故或者造成其他严重后果的行为	对直接负责的主管人员和其他直接责任人员，处3年以下有期徒刑或者拘役；情节特别恶劣的，处3年以上7年以下有期徒刑
		大型群众性活动重大安全事故罪。大型群众性活动重大安全事故罪是指举办大型群众性活动违反安全管理规定，因而发生重大伤亡事故或者造成其他严重后果的行为	对直接负责的主管人员和其他直接责任人员，处3年以下有期徒刑或者拘役；情节特别恶劣的，处3年以上7年以下有期徒刑
		工程重大安全事故罪。工程重大安全事故罪是指建设单位、设计单位、施工单位、工程监理单位违反国家规定，降低工程质量标准，造成重大安全事故的行为	对直接责任人员，处5年以下有期徒刑或者拘役，并处罚金；后果特别严重的，处5年以上10年以下有期徒刑，并处罚金

第三节 部门规章

本节主要介绍与注册消防工程师管理工作相关的 10 部部门规章。

一、《公共娱乐场所消防安全管理规定》

《公共娱乐场所消防安全管理规定》（公安部令第 39 号）经 1999 年 5 月 11 日公安部部长办公会议通过，自 1999 年 5 月 25 日起施行。

（1）公共娱乐场所应当依法办理消防设计审核、竣工验收和消防安全检查，其消防安全由经营者负责。

（2）公共娱乐场所内严禁带入和存放易燃易爆物品；严禁在公共娱乐场所营业时进行设备检修、电气焊、油漆粉刷等施工、维修作业；演出、放映场所的观众厅内禁止吸烟和明火照明；公共娱乐场所在营业时，不得超过额定人数等。

（3）公共娱乐场所应当制定防火安全管理制度、全员防火安全责任制度，制定紧急疏散方案，指定专人在营业期间、营业结束后进行安全巡视检查工作。

二、《机关、团体、企业、事业单位消防安全管理规定》

《机关、团体、企业、事业单位消防安全管理规定》（公安部令第 61 号）经 2001 年 10 月 19 日公安部部长办公会议通过，自 2002 年 5 月 1 日起施行。

（一）消防安全责任人的消防安全职责

（1）贯彻执行消防法规，保证单位消防安全符合规定，掌握本单位的消防安全情况。

（2）将消防工作与本单位的生产、科研、经营、管理等活动统筹安排，批准实施年度消防工作计划。

（3）为本单位的消防安全提供必要的经费和组织保障。

（4）确定逐级消防安全责任，批准实施消防安全制度和保障消防安全的操作规程。

（5）组织防火检查，督促落实火灾隐患整改，及时处理涉及消防安全的重大问题。

（6）根据消防法规的规定建立专职消防队、志愿消防队。

（7）组织制定符合本单位实际的灭火和应急疏散预案，并实施演练。

（二）消防安全管理人的消防安全职责

（1）拟订年度消防工作计划，组织实施日常消防安全管理工作。

（2）组织制订消防安全制度和保障消防安全的操作规程并检查督促其落实。

（3）拟订消防安全工作的资金投入和组织保障方案。

（4）组织实施防火检查和火灾隐患整改工作。

（5）组织实施对本单位消防设施、灭火器材和消防安全标志的维护保养，确保其完好有效，确保疏散通道和安全出口畅通。

（6）组织管理专职消防队和志愿消防队。

（7）在员工中组织开展消防知识、技能的宣传教育和培训，组织灭火和应急疏散预案的实施和演练。

（8）单位消防安全责任人委托的其他消防安全管理工作。

另外，消防安全管理人应当定期向消防安全责任人报告消防安全情况，及时报告涉及消防安全的重大问题。

（三）加强防火检查，落实火灾隐患整改

公众聚集场所在营业期间的防火巡查应当至少每两小时一次；营业结束时应当对营业现场进行检查，消除遗留火种。医院、养老院、寄宿制的学校、托儿所、幼儿园应当加强夜间防火巡查，其他消防安全重点单位可以结合实际组织夜间防火巡查。机关、团体、事业单位应当至少每季度进行一次防火检查，其他单位应当至少每月进行一次防火检查。消防设施、器材应当依法进行维修保养检测。

（四）开展消防安全宣传教育培训和疏散演练

消防安全重点单位对每名员工应当至少每年进行一次消防安全培训，公众聚集场所对员工的消防安全培训应当至少每半年进行一次，单位应当组织新上岗和进入新岗位的员工进行上岗前的消防安全培训。

单位应当制定灭火和应急疏散预案。其中，消防安全重点单位应当至少每半年按照预案进行一次演练；其他单位至少每年组织一次演练。

三、《社会消防安全教育培训规定》

《社会消防安全教育培训规定》（公安部、教育部、民政部、人力资源社会保障部、住房城乡建设部、文化部、国家广播电影电视总局、国家安全生产监督管理总局、国家旅游局令第109号）经2008年12月30日公安部部长办公会议通过，自2009年6月1日起施行。

国家机构以外的社会组织或者个人利用非国家财政性经费，创办消防安全专业培训机构，面向社会从事消防安全专业培训的，应当经省级教育行政部门或者人力资源社会保障部门依法批准，并到省级民政部门申请民办非企业单位登记。

四、《建设工程消防监督管理规定》

《建设工程消防监督管理规定》于2009年4月30日以公安部令第106号发布；根据2012年7月17日公安部令第119号《公安部关于修改〈建设工程消防监督管理规定〉的决定》修订。

对具有国家工程建设消防技术标准没有规定的；消防设计文件拟采用的新技术、新工艺、新材料可能影响建设工程消防安全，不符合国家标准规定的；拟采用国际标准或者境外消防技术标准等情形之一的建设工程，消防机构依法组织专家评审。2/3以上评审专家同意的特殊消防设计文件，可以作为消防设计审核的依据。

五、《消防监督检查规定》

《消防监督检查规定》于2009年4月30日以公安部令第107号发布；根据2012年7月17日公安部令第120号《公安部关于修改〈消防监督检查规定〉的决定》修正。

具有下列情形之一的，应当确定为火灾隐患：①影响人员安全疏散或者灭火救援行动，不能立即改正的；②消防设施未保持完好有效，影响防火灭火功能的；③擅自改变防火分区，容易导致火势蔓延、扩大的;④在人员密集场所违反消防安全规定,使用、储存易燃易爆危险品,不能立即改正的;⑤不符合城市消防安全布局要求,影响公共安全的;⑥其他可能增加火灾实质危险性或者危害性的情形。

六、《火灾事故调查规定》

《火灾事故调查规定》于 2009 年 4 月 30 日以公安部令第 108 号发布;根据 2012 年 7 月 17 日公安部令第 121 号《公安部关于修改〈火灾事故调查规定〉的决定》修订。

火灾事故调查一般由火灾发生地消防机构按照规定分工进行。具有规定情形的火灾事故,可以适用简易调查程序,由一名火灾事故调查人员调查。除依照规定适用简易程序外的其他火灾事故,适用一般调查程序,火灾事故调查人员不得少于两人。

当事人对火灾事故认定有异议的,可以自火灾事故认定书送达之日起 15 日内,向上一级消防机构提出书面复核申请;对省级人民政府消防机构做出的火灾事故认定有异议的,向省级人民政府公安机关提出书面复核申请。

七、《消防产品监督管理规定》

《消防产品监督管理规定》于 2012 年 8 月 13 日以公安部、国家工商行政管理总局、国家质量监督检验检疫总局令第 122 号发布,自 2013 年 1 月 1 日起施行。

(一) 市场准入

(1) 强制性产品认证制度。依法实行强制性产品认证的消防产品,由具有法定资质的认证机构按照国家标准、行业标准的强制性要求认证合格后,方可生产、销售、使用。

(2) 消防产品技术鉴定制度。新研制的尚未制定国家标准、行业标准的消防产品,经消防产品技术鉴定机构技术鉴定符合消防安全要求的,方可生产、销售、使用。

(二) 产品质量责任和义务

(1) 生产者的责任和义务。消防产品生产者应当对其生产的消防产品质量负责,建立有效的质量管理体系和消防产品销售流向登记制度;不得生产应当获得而未获得市场准入资格的消防产品、不合格的消防产品或者国家明令淘汰的消防产品。

(2) 销售者的责任和义务。消防产品销售者应当建立并执行进货检查验收制度,采取措施,保证销售产品的质量;不得销售应当获得而未获得市场准入资格的消防产品、不合格的消防产品或者国家明令淘汰的消防产品。

(3) 使用者的责任和义务。消防产品使用者应当查验产品合格证明、产品标识和有关证书,选用符合市场准入的、合格的消防产品。机关、团体、企业、事业等单位定期组织对消防设施、器材进行维修保养,确保完好有效。

八、《社会消防技术服务管理规定》

《社会消防技术服务管理规定》于 2014 年 2 月 3 日以公安部令第 129 号发布,根据 2016 年 1 月 14 日公安部令第 136 号《公安部关于修改部分部门规章的决定》修订。

(一) 分级和条件

(1) 规定消防设施维护保养检测机构的资质分为一级、二级和三级。

（2）消防安全评估机构的资质分为一级和二级。

（二）资质许可程序

（1）消防技术服务机构资质由省级消防机构审批。

（2）申请消防技术服务机构资质的，应当向机构所在地的省级消防机构提出申请。

（3）消防机构在审批期间应当组织专家评审，对申请人的场所、设备等进行实地核查。

（4）资质证书有效期为3年；有效期届满需要续期的，应当在有效期届满3个月前向原许可消防机构提出申请。

（三）规范服务活动

消防设施维护保养检测机构应当制作包含机构名称及项目负责人、维修保养日期等信息的标志，在其维护保养检测的消防设施所在建筑的醒目位置、灭火器上予以公示。

（四）监督管理

县级以上消防机构应当结合日常消防监督检查，对消防技术服务质量开展监督抽查。省级消防机构应当建立和完善社会消防技术服务信息系统，公布消防技术服务的有关信息，为社会提供信息查询服务。

九、《注册消防工程师管理规定》

《注册消防工程师管理规定》于2017年3月16日以公安部令第143号发布，自2017年10月1日起施行。

（1）一级、二级注册消防工程师注册统一由省级消防机构审批。县级以上消防机构对本行政区域内注册消防工程师的注册、执业和继续教育实施指导和监督管理。

（2）注册消防工程师实行注册执业管理制度。取得注册消防工程师资格证书的人员，必须经过注册，方能以相应级别注册消防工程师的名义执业。未经注册，不得以注册消防工程师的名义开展执业活动。

（3）省级消防机构应当制定对注册消防工程师执业活动的监督抽查计划，县级以上地方消防机构根据监督抽查计划，结合日常消防监督检查工作，对注册消防工程师的执业活动实施监督抽查。

十、《专业技术人员资格考试违纪违规行为处理规定》

《专业技术人员资格考试违纪违规行为处理规定》于2017年2月16日以人力资源社会保障部令第31号发布，自2017年4月1日起施行。

（1）应试人员在考试过程中有下列违纪违规行为之一的，给予其当次该科目考试成绩无效的处理：①携带通信工具、规定以外的电子用品或者与考试内容相关的资料进入座位，经提醒仍不改正的；②经提醒仍不按规定书写、填涂本人身份和考试信息的；③在试卷、答题纸、答题卡规定以外位置标注本人信息或者其他特殊标记的；④未在规定座位参加考试，或者未经考试工作人员允许擅自离开座位或者考场，经提醒仍不改正的；⑤未用规定的纸、笔作答，或者试卷前后作答笔迹不一致的；⑥在考试开始信号发出前答题，或者在考试结束信号发出后继续答题的；⑦将试卷、答题卡、答题纸带出考场的；⑧故意损坏试卷、答题纸、答题卡、电子化系统设施的；⑨未按规定使用考试系统，经提醒仍不改正的；⑩其他应当给予当次该科目考试成绩无效处理的违纪违规行为。

（2）应试人员在考试过程中有下列严重违纪违规行为之一的，给予其当次全部科目考试成绩无效的处理，并将其违纪违规行为记入专业技术人员资格考试诚信档案库，记录期限为5年：①抄袭、协助他人抄袭试题答案或者与考试内容相关资料的；②互相传递试卷、答题纸、答题卡、草稿纸等的；③持伪造证件参加考试的；④本人离开考场后，在考试结束前，传播考试试题及答案的；⑤使用禁止带入考场的通信工具、规定以外的电子用品的；⑥其他应当给予当次全部科目考试成绩无效处理的严重违纪违规行为。

（3）应试人员在考试过程中有下列特别严重违纪违规行为之一的，给予其当次全部科目考试成绩无效的处理，并将其违纪违规行为记入专业技术人员资格考试诚信档案库，长期记录：①串通作弊或者参与有组织作弊的；②代替他人或者让他人代替自己参加考试的；③其他情节特别严重、影响恶劣的违纪违规行为。

（4）应试人员应当自觉维护考试工作场所秩序，服从考试工作人员管理，有下列行为之一的，终止其继续参加考试，并责令离开考场；情节严重的，按照上述第（2）（3）项的规定处理；违反《中华人民共和国治安管理处罚法》等法律法规的，交由公安机关依法处理；构成犯罪的，依法追究刑事责任：①故意扰乱考点、考场等考试工作场所秩序的；②拒绝、妨碍考试工作人员履行管理职责的；③威胁、侮辱、诽谤、诬陷工作人员或者其他应试人员的；④其他扰乱考试管理秩序的行为。

（5）应试人员有提供虚假证明材料或者以其他不正当手段取得相应资格证书或者成绩证明等严重违纪违规行为的，由证书签发机构宣布证书或者成绩证明无效，并按照上述第（2）项规定处理。

（6）在阅卷过程中发现应试人员之间同一科目作答内容雷同，并经阅卷专家组确认的，由考试机构或者考试主管部门给予其当次该科目考试成绩无效的处理。应试人员之间同一科目作答内容雷同，并有其他相关证据证明其违纪违规行为成立的，视具体情形按照上述第（2）（3）项规定处理。

第四节　规范性文件

一、《人力资源社会保障部、公安部关于印发注册消防工程师制度暂行规定和注册消防工程师资格考试实施办法及注册消防工程师资格考核认定办法的通知》

2012年9月27日，人力资源社会保障部、公安部发布《人力资源社会保障部、公安部关于印发注册消防工程师制度暂行规定和注册消防工程师资格考试实施办法及注册消防工程师资格考核认定办法的通知》（人社部发〔2012〕56号）。

《注册消防工程师制度暂行规定》有关内容见下表。

知识点	主要内容
概念	注册消防工程师是指经考试取得相应级别注册消防工程师资格证书，并依法注册后，从事消防设施检测、消防安全监测等消防安全技术工作的专业技术人员，分为高级注册消防工程师、一级注册消防工程师和二级注册消防工程师
注册执业	一级注册消防工程师资格证书在全国范围有效，二级注册消防工程师资格证书在所在行政区域内有效 取得注册消防工程师资格证书的人员，经注册方可以相应级别注册消防工程师名义执业。注册消防工程师应当在一个经批准的消防技术服务机构或者消防安全重点单位，开展与该机构业务范围和本人资格级别相符的消防安全技术执业活动
权利义务	注册消防工程师享有以下权利：①使用注册消防工程师称谓；②在规定范围内从事消防安全技术执业活动；③对违反相关法律、法规和技术标准的行为提出劝告，并向本级别注册审批部门或者上级主管部门报告；④接受继续教育；⑤获得与执业责任相应的劳动报酬；⑥对侵犯本人权利的行为进行申诉 注册消防工程师履行以下义务：①遵守法律、法规和有关管理规定，恪守职业道德；②执行消防法律、法规、规章及有关技术标准；③履行岗位职责，保证消防安全技术执业活动质量，并承担相应责任；④保守知悉的国家秘密和聘用单位的商业、技术秘密；⑤不得允许他人以本人名义执业；⑥不断更新知识，提高消防安全技术能力；⑦完成注册管理部门交办的相关工作
聘任优先	对通过考试取得相应级别注册消防工程师资格证书，且符合《工程技术人员职务试行条例》中工程师、助理工程师技术职务任职条件的人员，用人单位可根据工作需要择优聘任相应级别专业技术职务

《注册消防工程师资格考试实施办法》有关内容见下表。

知识点	主要内容
科目设置	一级注册消防工程师资格考试设《消防安全技术实务》《消防安全技术综合能力》和《消防安全案例分析》3个科目，分3个半天进行，前两个科目的考试时间均为2.5小时，第三个科目的考试时间为3小时
成绩管理	一级注册消防工程师资格考试成绩实行3年为一个周期的滚动管理办法，在连续的3个考试年度内参加应试科目的考试并合格，方可取得一级注册消防工程师资格证书；二级注册消防工程师资格考试成绩实行2年为一个周期的滚动管理办法，在连续的2个考试年度内参加应试科目的考试并合格，方可取得二级注册消防工程师资格证书
优惠政策	符合《注册消防工程师制度暂行规定》中一级注册消防工程师资格考试报名条件，并具备规定条件的，可免试《消防安全技术实务》科目，只参加《消防安全技术综合能力》和《消防安全案例分析》两个科目的考试

《一级注册消防工程师资格考核认定办法》是参照我国现行执业资格制度通行做法而制定的特许资格办法，实施资格考试后不再进行。该办法主要包括申报条件、认定组织、申报材料、认定程序、申报日期及要求等内容。

二、《公安部消防局关于印发〈注册消防工程师继续教育实施办法〉的通知》

2018年4月5日，公安部消防局印发《公安部消防局关于印发〈注册消防工程师继续教育实施办法〉的通知》（公消〔2018〕56号）。

（一）继续教育的范围

注册消防工程师继续教育的对象是年龄未超过70周岁，且已经取得《中华人民共和国注册消防工程师资格证书》的人员。

（二）继续教育的内容及课时安排

注册消防工程师继续教育主要内容包括：消防法律法规和职业道德、消防技术标准、消防安全管理规范和消防安全领域的新技术、新标准等。

注册消防工程师每年接受继续教育的时间累计不少于20学时。其中，消防法律法规和职业道德不少于4学时，消防技术标准不少于12学时，消防安全管理不少于4学时。

（三）继续教育的方式

注册消防工程师继续教育主要采取网络教学形式。省级消防机构可以采取实操培训、集中面授等多种形式开展补充教学。

（四）禁止行为及处理

注册消防工程师有下列行为之一的，取消相应的继续教育学时：①由他人代替参加继续教育的；②以不正当方式获取继续教育学时或者通过继续教育课程测试的；③其他违反继续教育有关规定的行为。

三、《劳动部、人事部关于颁发〈职业资格证书规定〉的通知》

1994年2月22日，劳动部、人事部共同制定《职业资格证书规定》（劳部发〔1994〕98号）。

知识点	主要内容
概念	职业资格是对从事某一职业所必备的学识、技术和能力的基本要求，包括从业资格和执业资格 从业资格是指从事某一专业（工种）学识、技术和能力的起点标准；执业资格是指政府对某些责任较大，社会通用性强，关系公共利益的专业（工种）实行准入控制，是依法独立开业或从事某一特定专业（工种）学识、技术和能力的必备标准
证书作用	职业资格证书是国家对申请人专业（工种）学识、技术、能力的认可，是求职、任职、独立开业和单位录用的主要依据
主要原则	职业资格证书制度遵循申请自愿、费用自理、客观公正的原则
国际互认	国家职业资格证书参照国际惯例，实行国际双边或多边互认

四、《人事部关于印发〈职业资格证书制度暂行办法〉的通知》

1995年1月17日，人事部颁布《人事部关于印发〈职业资格证书制度暂行办法〉的通知》（人职发〔1995〕6号）。

知识点	主要内容
主要原则	国家按照有利于经济发展、社会公认、国际可比、事关公共利益的原则，在涉及国家、人民生命财产安全的专业技术工作领域，实行专业技术人员职业资格制度
从业资格取得条件	①具备本专业中专以上学历，见习一年期满，经单位考核合格者；②按国家有关规定已担任本专业初级专业技术职务或通过专业技术资格考试取得初级资格，经单位考试合格者；③在本专业岗位工作，经过国家或国家授权部门组织的从业资格考试合格者
执业资格取得条件	执业资格通过考试方法取得。执业资格考试定期举行，参加执业资格考试的报名条件根据不同专业规定
资格证书	经职业资格考试合格的人员，由国家授予相应的职业资格证书
注册管理	执业资格实行注册登记制度。取得《执业资格证书》者，应在规定的期限内到指定的注册管理机构办理注册登记手续
责任追究	执业资格应考人员、考试工作人员和其他有关人员在考试和考务工作中有违法行为的，追究其法律责任。对骗取、转让、涂改职业资格证书的人员，一经发现，发证机关应取消其资格，收回证书，并报国务院业务主管部门和当地同级人力资源社会保障部门备案

【练习题】

单项选择题

1. 某消防设施检测机构在某建设工程机械排烟系统未完成施工的情况下出具了检测结果为合格的《建筑消防设施检测报告》。根据《中华人民共和国消防法》，对该消防设施检查测机构直接负责的主管人员和其他直接责任人员应予以处罚，下列罚款处罚中，正确的是（   ）。

　　A. 五千元以上一万元以下罚款　　　　B. 一万元以上五万元以下罚款
　　C. 五万元以上十万元以下罚款　　　　D. 十万元以上二十万元以下罚款

【参考答案】B　根据《中华人民共和国消防法》第六十九条规定，消防产品质量认证、消防设施检测等消防技术服务机构出具虚假文件的，责令改正，处五万元以上十万元以下罚款，并对直接负责的主管人员和其他直接责任人员处一万元以上五万元以下罚款。

2. 根据《中华人民共和国刑法》的有关规定，下列事故中，应按重大责任事故罪予以立案追诉的是（   ）。

　　A. 违反消防管理法规，经消防监督机构通知采取改正措施而拒绝执行，导致发生死亡2人的火灾事故
　　B. 在生产、作业中违反有关安全管理的规定，导致发生重伤4人的事故
　　C. 强令他人违章冒险作业，导致发生直接经济损失60万元的事故

D. 安全生产设施不符合国家规定，导致发生2人的事故

【参考答案】B 重大责任事故罪是指在生产、作业中违反有关安全管理的规定，因而发生重大伤亡事故或者造成其他严重后果的行为。根据《中华人民共和国刑法》规定，重大责任事故罪立案标准为：①造成死亡1人以上，或者重伤3人以上的。②造成直接经济损失50万元以上的。③发生矿山生产安全事故，造成直接经济损失100万元以上的。④其他造成严重后果的情形。

3. 某消防安全评估机构（二级资质）受某单位委托，对该单位的重大火灾隐患整改进行咨询指导，并出具了书面结论报告，根据《社会消防技术服务管理规定》，该评估机构超越了其资质许可范围从事社会消防技术服务活动，消防机构可对其处以（　　）的处罚。

A. 五千元以上一万元以下罚款　　　　B. 一万元以上二万元以下罚款
C. 二万元以上三万元以下罚款　　　　D. 三万元以上五万元以下罚款

【参考答案】B 根据《社会消防技术服务管理规定》第四十七条规定，消防技术服务机构超越资质许可范围从事社会消防技术服务活动的，责令改正，处一万元以上二万元以下罚款。

4. 关于消防安全管理人及其职责的说法，错误的是（　　）。
A. 消防安全管理人应是单位中负有一定领导职责和权限的人员
B. 消防安全管理人应负责拟定年度消防工作计划，组织制定消防安全制度
C. 消防安全管理人应每日测试主要消防设施功能并及时排除故障
D. 消防安全管理人应组织实施防火检查和火灾隐患整改工作

【参考答案】C 《机关、团体、企业、事业单位消防安全管理规定》第七条规定，消防安全管理人对单位的消防安全责任人负责，实施和组织落实下列消防安全管理工作：①拟订年度消防工作计划，组织实施日常消防安全管理工作。②组织制订消防安全制度和保障消防安全的操作规程并检查督促其落实。③拟订消防安全工作的资金投入和组织保障方案。④组织实施防火检查和火灾隐患整改工作。⑤组织实施对本单位消防设施、灭火器材和消防安全标志的维护保养，确保其完好有效，确保疏散通道和安全出口畅通。⑥组织管理专职消防队和志愿消防队。⑦在员工中组织开展消防知识、技能的宣传教育和培训，组织灭火和应急疏散预案的实施和演练。⑧单位消防安全责任人委托的其他消防安全管理工作。由上可知，消防安全管理人是组织实施防火检查和火灾隐患整改，不是每日测试主要消防设施功能并排除故障。

第二章 注册消防工程师职业道德

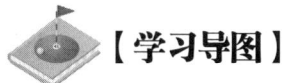
【学习导图】

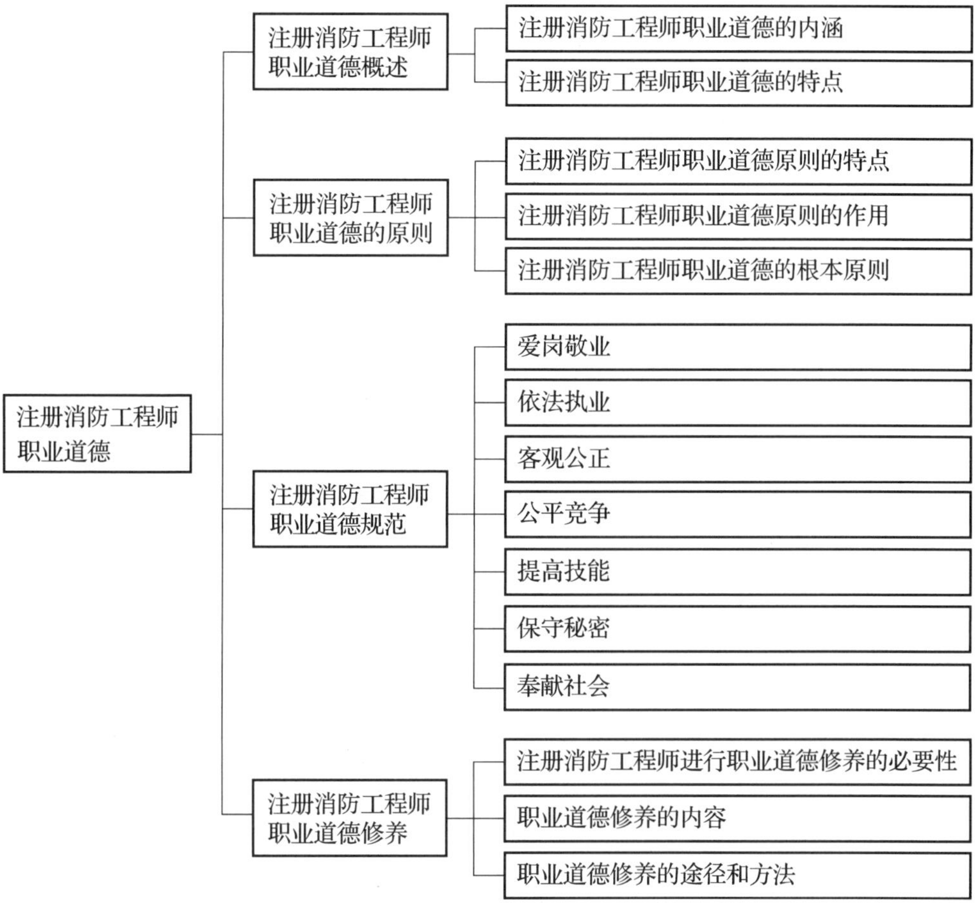

```
                            ┌─ 注册消防工程师职业道德概述 ─┬─ 注册消防工程师职业道德的内涵
                            │                              └─ 注册消防工程师职业道德的特点
                            │
                            ├─ 注册消防工程师职业道德的原则 ─┬─ 注册消防工程师职业道德原则的特点
                            │                                ├─ 注册消防工程师职业道德原则的作用
                            │                                └─ 注册消防工程师职业道德的根本原则
                            │
   注册消防工程师职业道德 ──┤                              ┌─ 爱岗敬业
                            │                              ├─ 依法执业
                            │                              ├─ 客观公正
                            ├─ 注册消防工程师职业道德规范 ─┼─ 公平竞争
                            │                              ├─ 提高技能
                            │                              ├─ 保守秘密
                            │                              └─ 奉献社会
                            │
                            └─ 注册消防工程师职业道德修养 ─┬─ 注册消防工程师进行职业道德修养的必要性
                                                           ├─ 职业道德修养的内容
                                                           └─ 职业道德修养的途径和方法
```

【知识要点】

第一节 注册消防工程师职业道德概述

一、注册消防工程师职业道德的内涵

注册消防工程师职业道德,是指注册消防工程师行业的从业人员在执业过程中所应遵循

的一种职业行为规范,主要调整注册消防工程师行业内部,注册消防工程师与消防技术服务机构、消防安全重点单位等执业单位及社会之间的道德关系。

二、注册消防工程师职业道德的特点

(1)具有执行消防法规标准的原则性。
(2)具有维护社会公共安全的责任性。
(3)具有高度的服务性。
(4)具有与社会经济联系的密切性。

第二节 注册消防工程师职业道德的原则

一、注册消防工程师职业道德原则的特点

本质性、基准性、稳定性、独特性。

二、注册消防工程师职业道德原则的作用

注册消防工程师职业道德原则在整个注册消防工程师道德体系中居于核心和主导地位,其主要作用体现在两个方面。

(1)注册消防工程师职业道德原则对于注册消防工程师职业道德规范具有指导、制约作用。
(2)注册消防工程师职业道德原则是注册消防工程师处理职业关系最基本的出发点和归宿。

三、注册消防工程师职业道德的根本原则

维护公共安全原则、诚实守信原则。

第三节 注册消防工程师职业道德规范

具体来说,注册消防工程师职业道德的基本规范可以归纳为:爱岗敬业、依法执业、客观公正、公平竞争、提高技能、保守秘密、奉献社会。

第四节 注册消防工程师职业道德修养

注册消防工程师职业道德修养包含两层含义:一是按照职业道德原则、规范进行自我反省、检查和自我批评的行为和过程;二是经过努力所达到的职业道德水平。修养的根本目的在于提高自己的职业道德素质和培养高尚的职业道德品质。

一、注册消防工程师进行职业道德修养的必要性

(1)重视职业道德修养,是促进注册消防工程师行业兴旺发达的需要。

（2）重视职业道德修养，是促进注册消防工程师进步和成才的需要。
（3）重视职业道德修养，是做好本职工作、维护服务对象合法权益和消防安全的需要。
（4）重视职业道德修养，是促进社会精神文明建设的重要措施。

二、职业道德修养的内容

理论修养、业务知识修养、人生观的修养、职业道德品质修养。

三、职业道德修养的途径和方法

（1）自我反思。
（2）向榜样学习。
（3）坚持"慎独"。
（4）提高道德选择能力。

【练习题】

单项选择题

1. 注册消防工程师应当在履行职业责任过程中加强职业责任道德修养，坚持"慎独"是进行职业道德修养的方法之一。"慎独"指的是（　　）。

　A. 学习先进模范人物，立志在本岗位建功立业
　B. 能够及时调整和修正自己的执业行为方向
　C. 加强有关专业知识的学习，提高职业道德水平
　D. 能够自觉地严格要求自己，遵守职业道德原则和规范

【参考答案】D　坚持"慎独"，即不管所在单位的制度有无规定，也不管有无人监督，领导管理是否严格，都能够自觉地严格要求自己，遵守职业道德原则的规范，坚决杜绝不正之风和违法乱纪行为。

2. 注册消防工程师职业道德最根本的原则是（　　）和诚实守信。

　A. 确保经济效益　　　　　　B. 维护公共安全
　C. 确保工程进度　　　　　　D. 团结协作配合

【参考答案】B

3. 注册消防工程师职业道德的基本规范可以归纳为爱岗敬业、公平竞争、客观公正、奉献社会、保守秘密、提高技能和（　　）。

　A. 行业协同　　　　　　　　B. 依法执业
　C. 服务业主　　　　　　　　D. 顾全大局

【参考答案】B

第二篇
建筑防火检查

第一章　建筑分类和耐火等级检查

【学习导图】

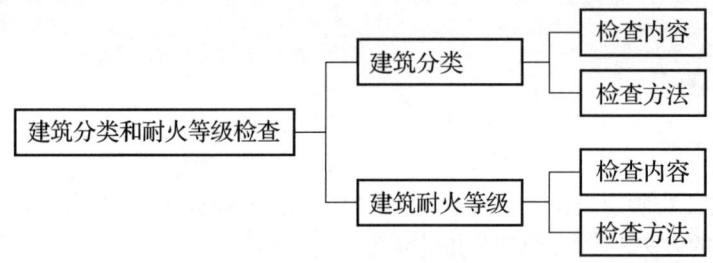

【知识要点】

第一节　建筑分类

一、厂房、仓库的分类

厂房、仓库	按建筑高度、层数	单层、多层	建筑高度不大于24 m
		高层	建筑高度大于24 m且非单层
	按火灾危险性	甲、乙、丙、丁、戊类	
民用建筑	住宅	单层、多层	建筑高度不大于27 m
		高层	建筑高度大于27 m（包括设置商业服务网点的住宅）
	公共建筑	单层、多层	建筑高度不大于24 m
		高层	建筑高度大于24 m且非单层

二、检查内容

（一）建筑高度

（1）建筑屋面为坡屋面时，建筑高度为建筑室外设计地面至檐口与屋脊的平均高度。

（2）建筑屋面为平屋面（包括有女儿墙的平屋面）时，建筑高度为建筑室外设计地面至屋面面层的高度。

（3）同一座建筑有多种形式的屋面时，建筑高度按上述方法分别计算后，取其中最大值。

（4）对于台阶式地坪，当位于不同高程地坪上的同一建筑之间有防火墙分隔，各自有符合规范规定的安全出口，且可沿建筑的两个长边设置贯通式或尽头式消防车道时，可分别确定各自的建筑高度。否则，建筑高度按其中建筑高度最大者确定。

（5）局部凸出屋顶的瞭望塔、冷却塔、水箱间、微波天线间或设施、电梯机房、排风和排烟机房以及楼梯出口小间等辅助用房占屋面面积不大于 1/4 时，不需计入建筑高度。

（6）对于住宅建筑，设置在底部且室内高度不大于 2.2 m 的自行车库、储藏室、敞开空间，室内外高差或建筑的地下或半地下室的顶板面高出室外设计地面的高度不大于 1.5 m 的部分，不计入建筑高度。

（二）建筑层数

建筑层数按照建筑的自然层数确定，如下图所示。

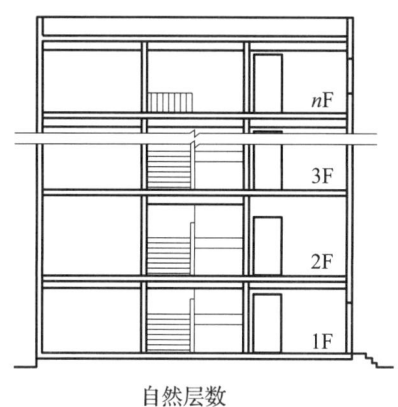

自然层数

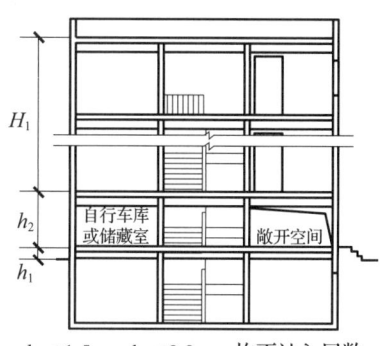

$h_1 \leq 1.5$m，$h_2 \leq 2.2$m，均不计入层数；
任意一个大于，则大于的计入层数。

检查建筑层数时，需要注意不计入建筑层数的几种情况：室内顶板面高出室外设计地面的高度不大于 1.5 m 的地下或半地下室，设置在建筑底部且室内高度不大于 2.2 m 的自行车库、储藏室、敞开空间，以及建筑屋顶上凸出的局部设备用房、出屋面的楼梯间等，可不计入建筑层数内。

（三）生产的火灾危险性

生产的火灾危险性分类根据生产中使用或产生的物质性质及其数量等因素进行确定，分为甲、乙、丙、丁、戊等五类。

分类需注意问题：

（1）同一座厂房或厂房的任一防火分区内有不同火灾危险性生产时，厂房或防火分区内的生产火灾危险性类别按火灾危险性较大的部分确定。

当符合下表所列条件之一时，可按火灾危险性较小的部分确定：

厂房或厂房的任一防火分区	火灾危险性较大的生产部分占本层或本防火分区建筑面积的比例小于5%	《建筑设计防火规范》（GB 50016—2014）第3.1.2条
丁、戊类厂房	油漆工段占本层或本防火分区建筑面积的比例小于10%，且发生火灾事故时不足以蔓延到其他部位，或对火灾危险性较大的生产部分采取了有效的防火措施	《建筑设计防火规范》（GB 50016—2014）第3.1.2条
丁、戊类厂房	油漆工段采用封闭喷漆工艺，封闭喷漆空间内应保持负压，油漆工段应设置可燃气体探测报警系统或自动抑爆系统，且油漆工段占其所在防火分区面积的比例不大于20%	《建筑设计防火规范》（GB 50016—2014）第3.1.2条

（2）当生产过程中使用或产生易燃、可燃物的量较少，不足以构成爆炸或火灾危险时，按实际情况确定。即在生产过程中虽然使用或产生了易燃、可燃物质，但是数量很少，即使气体全部放出或可燃液体全部燃烧，气体也不能在整个厂房内达到爆炸极限，可燃物也不能使建筑物起火，造成灾害，此时可以按实际情况确定其火灾危险性的类别。如机械修配厂或修理车间，虽然使用少量的汽油等甲类溶剂清洗零件，但不会因此而产生爆炸，所以该厂房不能按甲类厂房处理，仍应按戊类考虑。

具体内容	确定原则
同一座仓库或仓库的任一防火分区内储存不同火灾危险性物品	按火灾危险性最大的物品确定
丁、戊类储存物品	当可燃包装重量大于物品本身重量1/4或者可燃包装（如泡沫塑料等）体积大于物品本身体积的1/2时，仓库的火灾危险性类别要相应提高，按照丙类确定

（四）储存物品的火灾危险性

仓库储存物品的火灾危险性根据储存物品的性质和储存物品中的可燃物数量等因素进行确定，分为甲、乙、丙、丁、戊等五类。

（五）民用建筑类别

民用建筑类别是根据建筑高度、使用功能、火灾危险性和扑救难易程度确定的，分为住宅建筑和公共建筑两大类。

（1）对于住宅建筑，以建筑高度27 m为界区分多层住宅和高层住宅，高层住宅建筑又以54 m为界划分一类高层住宅建筑和二类高层住宅建筑。

（2）对于公共建筑，以建筑高度24 m为界区分多层公共建筑和高层公共建筑，在高层公共建筑中又将使用性质重要、火灾危险性大、疏散和扑救难度大的建筑划分为一类高层公共建筑。

检查民用建筑类别时，需要注意以下方面：

（1）在防火方面，除住宅建筑外，宿舍、公寓等非住宅类居住建筑的火灾危险性与公共建筑接近，防火要求按照公共建筑的有关规定执行。

（2）对于建筑高度大于24 m的单层公共建筑，在实际检查中情况往往比较复杂，可能存在单层和多层组合建造的情况，难以确定是按单层建筑、多层建筑还是高层公共建筑进行检查。这时需要根据建筑各层的使用功能和建筑高度综合确定。

（3）建筑防火检查中，如果遇到规范中未列举的建筑，需要根据建筑功能的具体情况，通过类比，确定建筑类别。

（六）汽车库、修车库、停车场的类别

汽车库、修车库、停车场类别是根据停车（车位）数量和总建筑面积确定的，分为Ⅰ、Ⅱ、Ⅲ、Ⅳ四类。

检查汽车库、修车库、停车场类别时，需要注意：

（1）当屋面露天停车场与下部汽车库共用汽车坡道时，停车数量计算在汽车库的车辆总数内。

（2）室外坡道、屋面露天停车场的建筑面积可不计入汽车库的建筑面积之内。

（3）公交汽车的建筑面积可按规定值增加2倍。

第二节　建筑耐火等级

建筑耐火等级是判定建筑物整体耐火性能的基本依据，决定了建筑抗御火灾的能力。建筑耐火等级由组成建筑物的墙、柱、梁、楼板等主要构件的燃烧性能和最低耐火极限决定，分为一级、二级、三级、四级。

一、检查内容

（一）建筑构件的燃烧性能和耐火极限

（1）建筑主要构件的燃烧性能和耐火极限不得低于建筑相应耐火等级的要求。主要检查要求：一级耐火等级建筑的主要构件都是不燃烧体；二级耐火等级建筑的主要构件，除吊顶为难燃烧体外，其余构件都要求是不燃烧体；三级耐火等级建筑的主要构件，除吊顶（包括吊顶格栅）和房间隔墙可采用难燃烧体外，其余构件都是不燃烧体；四级耐火等级建筑的主要构件，除防火墙需采用不燃烧体外，其余构件可采用难燃烧体或可燃烧体。以木柱承重且以不燃材料作为墙体的建筑物，其耐火等级按四级确定。

（2）建筑的金属建筑构件耐火极限检查要求：

1）一级耐火等级的单、多层厂房（仓库），当采用自动喷水灭火系统进行全保护时，其屋顶承重构件的耐火极限不应低于1.00 h。需要注意的是，对于厂房内虽设置了自动灭火系统，但对这些构件无保护作用时，屋顶承重构件的耐火极限不应低于1.50 h。

2）建筑内预制钢筋混凝土结构金属构件的节点和明露的钢结构承重构件部位，需要采取防火保护措施并保证节点的耐火极限不低于该节点部位连接构件中要求的耐火极限最高者。

3）民用建筑的中庭和屋顶承重构件采用金属构件时，通过采取外包敷不燃材料、设置自动喷水灭火系统和喷涂防火涂料等措施，保证其耐火极限不低于耐火等级的要求。

4）二级耐火等级的散装粮食平房仓可采用无防火保护的金属承重构件。

(二)耐火等级与建筑分类的适应性

1. 厂房和仓库

不低于二级耐火极限厂房、仓库	(1)使用或储存特殊贵重的机器、仪表、仪器等设备或物品时,建筑耐火等级不低于二级 (2)高层厂房,甲、乙类厂房,使用或产生丙类液体的厂房和有火花、赤热表面、明火的丁类厂房;油浸变压器室、高压配电装置室、锅炉房,其耐火等级不低于二级 (3)高架仓库、高层仓库、甲类仓库、多层乙类仓库和储存可燃液体的多层丙类仓库,粮食筒仓,其耐火等级不低于二级
不低于三级耐火极限厂房、仓库	(1)单、多层丙类厂房和多层丁、戊类厂房,单层乙类仓库,单层丙类仓库,储存可燃固体的多层丙类仓库和多层丁、戊类仓库,粮食平房仓,其耐火等级不低于三级 (2)建筑面积不大于300 m²的独立甲、乙类单层厂房,建筑面积不大于500 m²的单层丙类厂房或建筑面积不大于1 000 m²的单层丁类厂房,燃煤锅炉房且锅炉的总蒸发量不大于4 t/h时,可采用三级耐火等级的建筑

2. 民用建筑

地下或半地下建筑(室)和一类高层建筑的耐火等级不应低于一级;单、多层重要公共建筑和二类高层建筑的耐火等级不应低于二级。

3. 汽车库、修车库

(1)地下、半地下和高层汽车库,甲、乙类物品运输车的汽车库、修车库和Ⅰ类汽车库、修车库,耐火等级不应低于一级。

(2)Ⅱ、Ⅲ类汽车库、修车库的耐火等级不应低于二级。

(3)Ⅳ类汽车库、修车库的耐火等级不应低于三级。

(三)最多允许层数与耐火等级的适应性

1. 厂房

甲类	宜采用单层,不应设置在地下或半地下
乙类	耐火等级一级不限层数,二级最多6层,不应设置在地下或半地下
丙类	耐火等级一、二级不限层数,三级最多2层
丁类	耐火等级一、二级不限层数,三级最多3层,四级1层
戊类	耐火等级一、二级不限层数,三级最多3层,四级1层

2. 仓库

最多1层	甲类仓库,三级耐火等级的乙类仓库,四级耐火等级的丁、戊类仓库,都只能为单层建筑
最多3层	一、二级耐火等级的乙类易燃液体、固体、氧化剂仓库存,三级耐火等级的丙类固体(丙2类)仓库、丁类、戊类仓库建筑层数最多为3层
最多5层	一、二级耐火等级的乙类易燃气体、助燃气体、氧化自燃物品和丙类液体(丙1类)仓库建筑层数最多为5层
不限层数	一、二级耐火等级的丙类固体、丁类、戊类仓库不限层数

3. 民用建筑

（1）对耐火等级为三级的建筑，其允许建筑层数最多为 5 层；对耐火等级为四级的建筑，其允许建筑层数最多为 2 层。

（2）商店建筑、展览建筑、托儿所、幼儿园的儿童用房、老年人活动场所、儿童游乐厅等儿童活动场所、医院和疗养院的住院部分、教学建筑、食堂、菜市场、剧场、电影院、礼堂等采用三级耐火等级时，建筑层数不超过 2 层。

（3）除剧场、电影院、礼堂的上述建筑如采用四级耐火等级时，只能为单层建筑。

二、检查方法

检查钢结构防火涂料时，按照下列要求操作：

对比样品	与选用的样品对比，检查用于工程上的钢结构防火涂料的品种与颜色是否与设计选用及规定的相符。对于室内裸露钢结构、轻型屋盖钢结构及有装饰要求的钢结构，当规定其耐火极限在 1.50 h 及以下时，宜选用薄涂型钢结构防火涂料。对于室内隐蔽钢结构、高层全钢结构及多层厂房钢结构，当规定其耐火极限在 1.50 h 以上时，应选用厚涂型钢结构防火涂料。对于露天钢结构，应选用适合室外用的钢结构防火涂料
检查涂层外观	目测涂层颜色及漏涂和裂缝情况，用 0.75～1 kg 锤子轻击涂层检测其强度等，用 1 m 直尺检测涂层平整度；检查防火涂层有无开裂、脱落；用黑色平绒布轻擦薄涂型钢结构防火涂层表面 5 次，平绒布应不变色；涂层与钢基材之间和各涂层之间，应黏结牢固，无空鼓、脱层和松散等情况；薄涂型钢结构防火涂层表面如有个别裂缝，其宽度不应大于 0.5 mm
检查涂层厚度	现场选取至少 5 个不同的涂层部位，用测厚仪分别测量其厚度。涂层厚度为测厚点的平均值。对须满足的耐火极限，现场已施工涂层厚度不应低于型式检验合格报告描述的对应厚度。厚涂型钢结构防火涂层最薄处厚度不应低于设计要求的 85%，且厚度不足部位的连续面积的长度不应大于 1 m，并在 5 m 范围内不再出现类似情况
检查膨胀倍数	当采用薄型、超薄型钢结构防火涂料时，需检查涂料的膨胀倍数。在已施工涂料的构件上，随机选取 3 个不同的涂层部位，分别用磁性测厚仪测量其厚度。然后点燃 2 L 汽油喷灯分别对准选定的 3 个位置，喷灯外焰应充分接触涂层，供火时间不低于 10 min。停止供火后观察涂层是否膨胀发泡，用精度为 0.1 mm 的游标卡尺测量其发泡层厚度。膨胀倍数为试验前涂层厚度（单位为 mm）与试验后涂料发泡层厚度（单位为 mm）的比值，结果以 3 个测试值的平均值表示。其中，薄型钢结构防火涂料的膨胀倍数 ≥ 5；超薄型钢结构防火涂料的膨胀倍数 ≥ 10

【练习题】

单项选择题

1. 某多层丙类仓库，采用预应力钢筋混凝土楼板，耐火极限为 0.85 h；钢结构屋顶承重构件采用防火涂料保护，耐火极限为 0.90 h；吊顶采用轻钢龙骨石膏板，耐火极限为 0.15 h；外墙采用难燃性墙体，耐火极限为 0.50 h；仓库内设有自动喷水灭火系统，该仓库的下列构件中，不满足二级耐火等级建筑要求的是（　　）。

A. 预应力混凝土楼板　　　　　　　　B. 钢结构屋顶承重构件

C. 轻钢龙骨石膏板吊顶　　　　　　D. 难燃性外墙

【参考答案】B　题干中，采用预应力钢筋混凝土楼板，耐火极限为0.85 h。依据《建筑设计防火规范》(GB 50016—2014)（以下简称《建规》）第3.2.14条：二级耐火等级多层厂房和多层仓库内采用预应力钢筋混凝土的楼板，其耐火极限不应低于0.75 h，故选项A满足二级耐火等级要求。题干中，吊顶采用轻钢龙骨石膏板，耐火极限为0.15 h。依据《建规》第3.2.1条：二级耐火等级建筑内采用不燃材料的吊顶，其耐火极限不限。故选项C满足二级耐火等级要求。题干中，外墙采用难燃性墙体，耐火极限为0.50 h。依据《建规》第3.2.12条：除甲、乙类仓库和高层仓库外，一、二级耐火等级建筑的非承重外墙，当采用不燃性墙体时，其耐火极限不应低于0.25 h；当采用难燃性墙体时，不应低于0.50 h。故选项D满足二级耐火等级要求。题干中，钢结构屋顶承重构件采用防火涂料保护，耐火极限为0.90 h。依据《建规》第3.2.1条：二级耐火等级的屋顶承重构件，其耐火极限不应低于1.00 h，故选项B不满足二级耐火等级要求。

2. 在对某化工厂的电解食盐车间进行防火检查时，查阅资料得知，该车间耐火等级为一级。该车间的下列做法中，不符合现行国家消防技术标准的是（　　）。

A. 丙类中间仓库设置在该车间的地上二层

B. 该车间生产线贯通地下一层到地上三层

C. 丙类中间仓库与其他部位的分隔墙为耐火极限3.00 h的防火墙

D. 丙类中间仓库无独立的安全出口

【参考答案】B　电解食盐产生氢气，依据《建规》第3.1.1条及其注释规定，该车间火灾危险性为甲类。依据《建规》第3.3.4条规定，甲、乙类生产场所（仓库）不应设置在地下或半地下。故选项B错误。

3. 对工业建筑进行防火检查时，应注意检查工业建筑的火灾危险性、耐火等级和建筑面积，在检查的下列工业建筑中，可以采用三级耐火等级的是（　　）。

A. 建筑面积为1 500 m² 的金属冶炼车间

B. 建筑面积为350 m² 的氨压缩机房

C. 蒸发量为7 t/h 的燃煤锅炉房

D. 独立建造的建筑面积为280 m² 的单层制氧车间

【参考答案】D　金属冶炼车间为丁类火灾危险性，依据《建规》第3.2.3条第二款，建筑面积不大于1 000 m² 的单层丁类厂房，可采用三级耐火等级的建筑。故选项A错误。氨压缩机房为乙类厂房，依据《建规》第3.2.2条，甲、乙类厂房的耐火等级不应低于二级，建筑面积不大于300 m² 的独立甲、乙类单层厂房可采用三级耐火等级的建筑，故选项B错误。依据《建规》第3.2.5条，燃煤锅炉房且锅炉的总蒸发量不大于4 t/h 时，可采用三级耐火等级的建筑，故选项C错误。制氧车间为乙类厂房，依据上述《建规》第3.2.2条规定，选项D为正确答案。

第二章 总平面布局与平面布置检查

【学习导图】

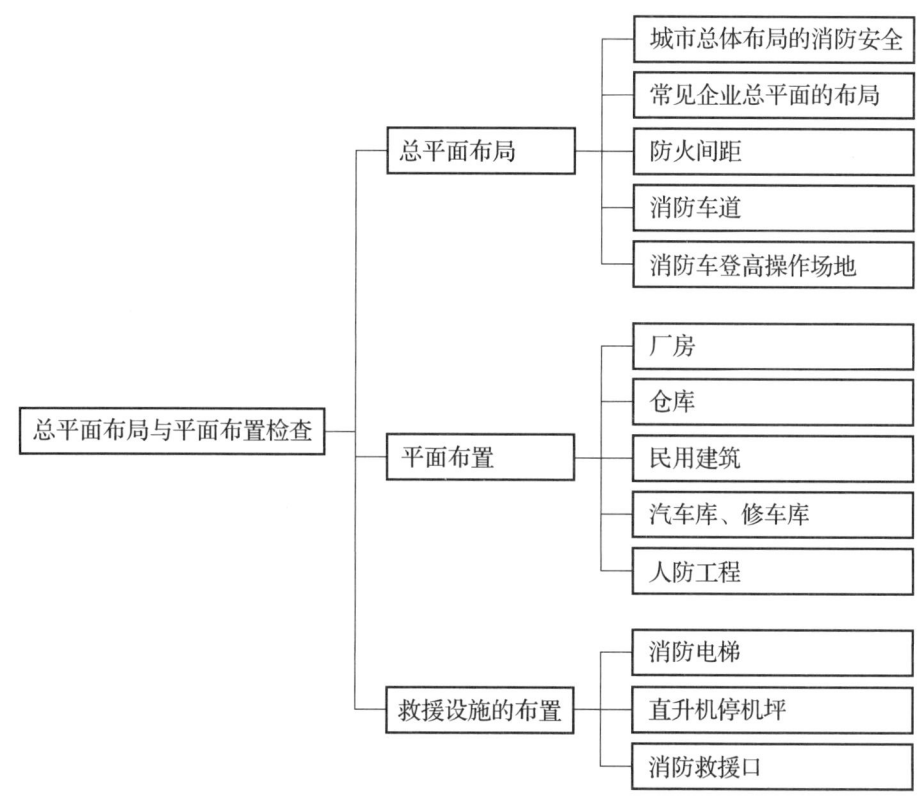

【知识要点】

第一节 总平面布局

总平面布局主要根据建筑的使用性质、建筑规模、火灾危险性、所在地区常年主导风向和地形地势等因素，对单位内各类建（构）筑物、设施、管线以及罐区、堆场等进行合理布局，避免建筑火灾、爆炸后可能造成的严重后果，为火灾扑救提供可靠的保障。防火检查中，主要通过对平面布置、防火间距、消防车道、灭火救援场地等进行检查，核实建筑的总平面布局是否符合现行国家工程建设消防技术标准的规定。

一、城市总体布局的消防安全

项目	布置位置
易燃易爆危险品的工厂、仓库,甲、乙、丙类液体储罐区,液化石油气储罐区,可燃、助燃气体储罐区,可燃材料堆场等	布置在城市(区域)的边缘或者相对独立的安全地带,并布置于城市(区域)全年最小频率风向的上风侧;与影剧院、会堂、体育馆、大型商场、游乐场等人员密集的公共建筑或场所保持足够的防火安全距离
甲、乙、丙类液体储罐(区)	尽量布置在地势较低的地带;当条件受限确需布置在地势较高的地带时,需设置可靠的安全防护设施,如加强防火堤设置,或者增设防护墙等
散发可燃气体、可燃蒸气和可燃粉尘的工厂和大型液化石油气储存基地	布置在城市全年最小频率风向的上风侧;液化石油气储罐(区)宜布置在地势平坦、开阔等不易积存液化石油气的地带,并与居住区、商业区或其他人员集中地区保持足够的防火安全距离
大中型石油化工企业、石油库、液化石油气储罐站等	沿城市河流布置时,应布置在城市河流的下游,并采取防止液体流入河流的可靠措施
汽车加油、加气站	在城市建成区不宜建一级加油站、一级加气站、一级加油加气合建站、CNG①加气母站。在城市中心区不应建一级加油站、一级加气站、一级加油加气合建站、CNG 加气母站 输油、输送可燃气体的干管上不得有违法修建的建筑物、构筑物或堆放物质
地下建筑(包括地铁、城市隧道等)	与加油站的埋地油罐及其他用途的埋地可燃液体储罐应保持不小于 50 m 的防火安全距离,其出口和风亭等设施与邻近建筑保持足够的防火安全距离
汽车库、修车库、停车场	远离易燃、可燃液体或可燃气体的生产装置区和储存区 汽车库不应与甲、乙类的厂房、仓库贴邻或组合建造
装运液化石油气和其他易燃易爆化学品的专用码头、车站	布置在城市或港区的独立安全地段。装运液化石油气和其他易燃易爆化学品的专用码头,与装运其他物品的码头之间的距离不小于最大装运船舶长度的两倍,距主航道的距离不小于最大装运船舶长度的一倍
城市消防站、街区道路、市政消火栓	城市消防站的布置应结合城市交通状况和各区域的火灾危险性进行合理布局;街区道路布置和市政消火栓的布局能满足灭火救援需要;街区道路中心线间距离一般在 160 m 以内,市政消火栓沿可通行消防车的街区道路布置,间距不得大于 120 m
耐火等级低的建筑密集区和棚户区	要结合改造工程,拆除一些破旧房屋,建造一、二级耐火等级的建筑;对一时不能拆除重建的,可划分占地面积不大于 2 500 m² 的防火分区,各分区之间留出不小于 6 m 的防火通道或设置高出建筑屋面不小于 50 cm 的防火墙。对于无市政消火栓或消防给水不足、无消防车通道的区域,要结合本区域内给水管道的改建,增加给水管道管径和消火栓,或根据具体条件修建容量为 100~200 m³ 的消防水池

---

① CNG 即压缩天然气,是英文 Compressed Natural Gas 的缩写。

二、常见企业总平面的布局

(一) 石油化工企业

项目	检查内容
企业区域规划	(1) 石油化工企业的生产区宜位于邻近城镇或居民区全年最小频率风向的上风侧 (2) 在山区或丘陵地区，石油化工企业的生产区应避免布置在窝风地带 (3) 石油化工企业的生产区沿江河岸布置时，宜位于邻近江河的城镇、重要桥梁、大型锚地、船厂等重要建筑物或构筑物的下游 (4) 石油化工企业应采取防止泄漏的可燃液体和受污染的消防水排出厂外的措施 (5) 公路和地区架空电力线路严禁穿越生产区 (6) 当区域排洪沟通过厂区时：不宜通过生产区；应采取防止泄漏的可燃液体和受污染的消防水流入区域排洪沟的措施 (7) 地区输油（输气）管道不应穿越厂区
主要出入口	(1) 厂区主要出入口不少于两个，且应设置在不同方位 (2) 工艺装置区、液化烃储罐区、可燃液体的储罐区、装卸区及化学危险品仓库区按规定设置环形消防车道。消防车道的路面宽度不应小于 6 m，路面内缘转弯半径不宜小于 12 m，路面上净空高度不应低于 5 m (3) 当受地形条件限制（布置在山丘地区的小容积可燃液体的储罐区及装卸区、化学危险品仓库区）时，也可设能满足消防车辆回车用的有回车场的尽头式消防车道
企业消防站	(1) 消防站的服务范围应按行车路程计，行车路程不宜大于 2.5 km，并且接火警后消防车到达火场的时间不宜超过 5 min。对丁、戊类的局部场所，消防站的服务范围可加大到 4 km (2) 应便于消防车迅速通往工艺装置区和罐区 (3) 宜避开工厂主要人流道路 (4) 宜远离噪声场所 (5) 宜位于生产区全年最小频率风向的下风侧

(二) 火力发电厂

项目	检查内容
厂区选址	(1) 厂区布置在地势较低的边缘地带，安全防护设施可以布置在地形较高的边缘地带 (2) 对于布置在厂区内的点火油罐区，其围栅高度不小于 1.8 m；当利用厂区围墙作为点火油罐区的围栅时，实体围墙的高度不小于 2.5 m
主要出入口	厂区的出入口不少于两个，其位置应便于消防车出入。主厂房、点火油罐区及储煤场周围应设置环形消防车道

(三) 钢铁冶金企业

项目	检查内容
厂区选址	储存或使用甲、乙、丙类液体，可燃气体，明火或散发火花以及产生大量烟气、粉尘、有毒有害气体的车间，须布置在厂区边缘或主要生产车间、职工生活区全年最小频率风向上风侧
围墙的设置	煤气罐区四周须设置围墙，实地测量罐体外壁与围墙的间距。当总容积不超过 200 000 m^3 时，罐体外壁与围墙的间距不宜小于 15.0 m；当总容积大于 200 000 m^3 时，罐体外壁与围墙的间距不宜小于 18.0 m

储罐间距	露天布置的可燃气体与不可燃气体固定容积储罐之间的净距，氧气固定容积储罐与不可燃气体固定体积储罐之间的净距，不可燃气体固定容积储罐之间的净距；露天布置的液氧储罐与不可燃的液化气体储罐之间的净距，不可燃的液化气体储罐之间的净距，均不得小于2.0 m
管道的敷设	高炉煤气、发生炉煤气、转炉煤气和铁合金电炉煤气的管道不能埋地敷设。氧气管道不得与燃油管道、腐蚀性介质管道和电缆、电线同沟敷设，动力电缆不得与可燃、助燃气体和燃油管道同沟敷设

三、防火间距

（一）防火间距的测量

对防火间距实地进行测量时，沿建筑周围选择相对较近处测量间距，测量值的允许负偏差不得大于规定值的5%。

项目	防火间距测量方法
建筑物之间的防火间距	按相邻建筑外墙的最近水平距离计算，当外墙有凸出的可燃或难燃构件时，从其凸出部分外缘算起
建筑物与储罐、堆场的防火间距	为建筑外墙至储罐外壁或堆场中相邻堆垛外缘的最近水平距离
储罐之间的防火间距	为相邻两储罐外壁的最近水平距离
储罐与堆场的防火间距	为储罐外壁至堆场中相邻堆垛外缘的最近水平距离
堆场之间的防火间距	为两堆场中相邻堆垛外缘的最近水平距离
变压器之间的防火间距	为相邻变压器外壁的最近水平距离
变压器与建筑物、储罐或堆场的防火间距	为变压器外壁至建筑外墙、储罐外壁或相邻堆垛外缘的最近水平距离
建筑物、储罐或堆场与道路、铁路的防火间距	为建筑外墙、储罐外壁或相邻堆垛外缘距道路最近一侧路边或铁路中心线的最小水平距离

（二）防火间距不足时的处理

当防火间距不足时，检查建筑是否采取满足现行国家工程建设消防技术标准要求的加强措施。确因场地等条件限制无法满足要求时，根据具体情况，可以采取下列相应的措施：

（1）改变建筑物的生产或使用性质，尽量减少建筑物的火灾危险性；改变房屋部分结构的耐火性能，提高建筑物的耐火等级。

（2）调整生产厂房的部分工艺流程和库房储存物品的数量，调整部分构件的耐火性能和燃烧性能。

（3）将建筑物的普通外墙改为防火墙。

（4）拆除部分耐火等级低、占地面积小、适用性不强且与新建建筑相邻的原有建筑物。

（5）设置独立的防火墙等。

四、消防车道

(一)检查内容

消防车道常见的设置形式有环形消防车道、尽头式消防车道、穿越建筑的消防车道和与环形消防车道相连的中间消防车道等。针对不同类别的建筑、露天堆场和储罐区等,按照下列要求进行检查:

知识点		主要内容
场所设置要求	工厂、仓库	工厂、仓库区内应设置消防车道。高层厂房,占地面积大于 3 000 m² 的甲、乙、丙类厂房和占地面积大于 1 500 m² 的乙、丙类仓库,消防车道的设置形式为环形,确有困难时,可沿建筑物的两个长边设置消防车道
	民用建筑	高层民用建筑,超过 3 000 个座位的体育馆,超过 2 000 个座位的会堂,占地面积大于 3 000 m² 的商店建筑、展览建筑等单层、多层公共建筑,消防车道的设置形式为环形,确有困难时,可沿建筑的两个长边设置消防车道。对于高层住宅建筑和山坡地或河道边临空建造的高层民用建筑,消防车道可沿建筑的一个长边设置,但该长边所在建筑立面应为消防车登高操作面
	沿街建筑和设有封闭内院或天井的建筑物	对于沿街道部分的长度大于 150 m 或总长度大于 220 m 的建筑,应设置穿过建筑物的消防车道,确有困难时,可沿建筑四周设置环形消防车道。对于设有短边且长度大于 24 m 的有封闭内院或天井的建筑物,宜设置进入内院或天井的消防车道
	汽车库、修车库	除 IV 类汽车库和修车库以外,消防车道设置形式为环形,确有困难时,可沿建筑物的一个长边和另一边设置消防车道
	露天堆场区、储罐区	可燃材料露天堆场区(棉、麻、毛、化纤 > 1 000 t;秸秆、芦苇 > 5 000 t;木材 > 5 000 m³),液化石油气储罐区(> 500 m³),甲、乙、丙类液体储罐区(> 1 500 m³)和可燃气体储罐区(> 30 000 m³),设置环形消防车道。对液化石油气储罐区,甲、乙、丙类液体储罐区,可燃气体储罐区和占地面积大于 30 000 m² 的可燃材料堆场,还需设置与环形消防车道相连通的中间消防车道
消防车道的净宽和净高		消防车道的净宽度和净空高度均不应小于 4.0 m,其坡度不宜大于 8%。消防车道与建筑之间不应设置妨碍消防车操作的树木、架空管线等障碍物,消防车道靠建筑外墙一侧的边缘距离建筑外墙不宜小于 5 m
消防车道的荷载		消防车道的路面、救援操作场地及其下面的管道和暗沟等应能承受重型消防车的压力
消防车道的最小转弯半径		普通消防车转弯半径为 9 m,登高车转弯半径为 12 m,一些特种车辆转弯半径为 16 ~ 20 m
消防车道的回车场		环形消防车道至少应有两处与其他车道相通。对于尽头式消防车道,应设置回车道或回车场。回车场面积一般不小于 12 m × 12 m;高层民用建筑的回车场面积不宜小于 15 m × 15 m;供重型消防车使用时,回车场面积不宜小于 18 m × 18 m

（二）检查方法

（1）沿消防车道全程查看消防车道路面情况，消防车道与厂房（仓库）、民用建筑之间不得设置妨碍消防车作业的树木、架空管线等障碍物；消防车道利用交通道路时，合用道路需满足消防车通行与停靠的要求。

（2）选择消防车道路面相对较窄部位以及消防车道 4.0 m 净空高度内两侧凸出物最近距离处进行测量，将最小宽度确定为消防车道宽度。宽度测量值的允许负偏差不得大于规定值的 5%，且不影响正常使用。

（3）选择消防车道正上方距车道相对较低的凸出物进行测量，测量点不少于 5 个，将凸出物与车道的垂直高度确定为消防车道净高，高度测量值的允许负偏差不得大于规定值的 5%。

（4）不规则回车场以消防车可以利用场地的内接正方形为回车场地或根据实际设置情况进行消防车通行试验，满足消防车回车的要求。

（5）查阅施工记录、消防车通行试验报告，核查消防车道设计承受荷载。当消防车道设置在建筑红线外时，还须取得权属单位的同意，确保消防车道正常使用。

五、消防车登高操作场地

（一）检查内容

1. 消防车登高面的设置

（1）高层建筑至少沿一个长边或周边长度的 1/4 且不小于一个长边长度的底边连续布置消防车登高面，此范围内裙房的进深不大于 4 m。

（2）对于建筑高度不大于 50 m 的建筑，消防车登高面可间隔布置，间隔的距离不宜大于 30 m。

2. 消防车登高操作场地的设置

（1）场地与建筑物之间不应设置妨碍消防车操作的树木、架空管线等障碍物和车库出入口。

（2）场地的长度和宽度分别不应小于 15 m 和 10 m。对于建筑高度大于 50 m 的建筑，场地的长度和宽度分别不应小于 20 m 和 10 m。

（3）场地应与消防车道连通，场地靠建筑外墙一侧的边缘距离建筑外墙不宜小于 5 m，且不应大于 10 m；场地的坡度不宜大于 3%。

（4）建筑物与消防车登高操作场地相对应的范围内，应设置直通室外的楼梯或直通楼梯间的入口。

3. 消防车登高操作场地的荷载

场地及其下面的建筑结构、管道和暗沟等，应能承受重型消防车的压力。对于举升高度为 112 m、车长 19 m、展开支腿跨度为 8 m、车重 75 t 的消防车，一般情况下，灭火救援场地的平面尺寸不小于 20 m×10 m，场地的承载力不小于 10 kg/cm^2，转弯半径不小于 18 m。

（二）检查方法

（1）沿消防车道全程查看消防车登高操作场地路面情况，确保消防车登高操作场地与厂房、仓库、民用建筑间不得设置妨碍消防车操作的架空高压电线、树木、车库出入口等障碍。

（2）沿消防车登高面全程测量消防车登高操作场地的长度、宽度、坡度，以及场地靠建筑外墙一侧的边缘至建筑外墙的距离等。长度、宽度测量值的允许负偏差不得大于规定值的5%。

（3）查验施工记录、消防车通行及登高操作试验报告，核查消防车登高操作场地设计承受荷载。当消防车登高操作场地设置在建筑红线外时，还需查验是否取得权属单位的同意，确保消防登高操作场地正常使用。

第二节 平 面 布 置

一、厂房

检查项目		检查内容
员工宿舍设置		厂房内严禁设置员工宿舍
办公室、休息室的布置	甲、乙类厂房	办公室、休息室等不得设置在甲、乙类厂房内。确需贴邻本厂房时，其耐火等级不应低于二级，并采用耐火极限不低于3.00 h的防爆墙与厂房分隔，且设置独立的安全出口
	丙类厂房	丙类厂房可设置用于管理、控制或调度生产的办公室及工人的休息室，但要采用耐火极限不低于2.50 h的防火隔墙和耐火极限不低于1.00 h的楼板与其他部位分隔，并至少设置1个独立的安全出口；为方便沟通而设置的、与生产区域相通的门须采用乙级防火门
中间仓库的布置	甲、乙类中间仓库	采用防火墙和耐火极限不低于1.50 h的不燃性楼板与其他部位分隔，储量要尽量控制在一昼夜的需用量内。对于需用量较少的厂房，则可适当调整到存放1~2昼夜的用量
	丙、丁、戊类中间仓库	火灾危险性大的物品库房要尽量设置在建筑的上部。在厂房内设置的丙类中间仓库须采用防火墙和耐火极限不低于1.50 h的不燃性楼板与其他部位分隔；丁、戊类中间仓库须采用耐火极限不低于2.00 h的防火隔墙和耐火极限不低于1.00 h的楼板与其他部位分隔
	（1）中间仓库与所服务车间的建筑面积之和不得大于该类厂房有关一个防火分区的最大允许建筑面积。例如，在一级耐火等级的丙类多层厂房内设置丙类2项物品库房，厂房每个防火分区的最大允许建筑面积为6 000 m²，每座仓库的最大允许占地面积为4 800 m²，每个防火分区的最大允许建筑面积为1 200 m²，则该中间仓库与所服务车间的防火分区最大允许建筑面积之和不应大于6 000 m²，其中，用于中间库房的最大允许建筑面积一般不能大于1 200 m²；当设置自动喷水灭火系统时，仓库的占地面积和防火分区的建筑面积可按规定相应增加 （2）在厂房内设置中间仓库时，生产车间和中间仓库的耐火等级应当一致，且该耐火等级要按仓库和厂房两者中要求较高者确定。对于丙类仓库，需要采用防火墙和耐火极限不低于1.50 h的不燃性楼板与生产作业部位隔开。对于建筑功能以分拣、加工等作业为主的物流建筑，按照中间仓库的相关标准对其仓储部分进行抽查	

续表

检查项目	检查内容
中间储罐的布置	厂房内的丙类液体中间储罐须设置在单独房间内，其容量不应大于 5 m³。设置中间储罐的房间，采用耐火极限不低于 3.00 h 的防火隔墙和耐火极限不低于 1.50 h 的楼板与其他部位分隔，房间门采用甲级防火门
变、配电站的布置	变、配电站不得设置在甲、乙类厂房内或贴邻建造，且不得设置在爆炸性气体、粉尘环境的危险区域内。如果生产上确有需要，变、配电站仅向与其贴邻的甲、乙类厂房供电，而不向其他厂房供电时，可在厂房的一面外墙贴邻建造，并用无门、窗、洞口的防火墙隔开
	对于乙类厂房的配电站，如氨压缩机房的配电站，为观察设备、仪表运转情况而需要设置观察窗时，允许在配电站的防火墙上设置采用不燃材料制作并且不能开启的甲级防火窗

二、仓库

检查项目		检查内容
员工宿舍的设置		仓库内严禁设置员工宿舍
附属办公室、休息室的布置	甲、乙类仓库	严禁在仓库内设置办公室、休息室等，并不得贴邻建造
	丙、丁类仓库	在仓库内可设置办公管理用房、临时休息用房等，须采用耐火极限不低于 2.50 h 的防火隔墙和耐火极限不低于 1.00 h 的楼板与其他部位分隔，并设置独立的安全出口；隔墙上开设的连通门采用乙级防火门

三、民用建筑

检查项目		检查内容
营业厅、展览厅	设置层数	营业厅、展览厅不得设置在地下三层及以下；设置在三级耐火等级建筑内的营业厅、展览厅，只能布置在首层或二层，设置在四级耐火等级建筑内时，布置在首层
	放置物品种类	地下或半地下营业厅、展览厅不得经营、储存和展示甲、乙类火灾危险性物品
	地下或半地下商店的防火分隔	地下或半地下商店的总建筑面积大于 20 000 m² 时，采用无门、窗、洞口的防火墙和耐火极限不低于 2.00 h 的楼板分隔为多个建筑面积不大于 20 000 m² 的区域。相邻区域确需局部连通时，采用下沉式广场等室外开敞空间、防火隔间、避难走道、防烟楼梯间等方式进行连通

续表

检查项目		检查内容
儿童用房，儿童、老年人活动场所	与建筑其他部位的防火分隔	儿童用房、儿童游乐厅和老年人活动场所宜设置在独立建筑内；设置在其他民用建筑内时，采用耐火极限不低于 2.00 h 的防火隔墙和耐火极限不低于 1.00 h 的楼板与其他场所或部位隔开，墙上必须开设门、窗的，采用乙级防火门、窗
	设置层数	托儿所、幼儿园的儿童用房，老年人活动场所和儿童游乐厅等儿童活动场所不得设置在地下、半地下。采用一、二级耐火等级的建筑时，不超过三层；设置在一、二级耐火等级的民用建筑内时，布置在首层、二层或三层。采用三级耐火等级的建筑时，不超过两层；设置在三级耐火等级的民用建筑内时，布置在首层、二层。采用四级耐火等级的建筑时，应为单层；设置在四级耐火等级的民用建筑内时，布置在首层
	安全出口的设置	设置在单、多层建筑内时，宜设置单独的安全出口和疏散楼梯。设置在高层建筑内时，应设置独立的安全出口和疏散楼梯。这些场所的安全出口和疏散楼梯要完全独立于其他场所，不与其他场所内的疏散人员共用，而仅供托儿所、幼儿园或老年人活动场所等的人员疏散使用
医院和疗养院的住院部分	设置层数	医院和疗养院的住院部分不得设置在地下、半地下。采用三级耐火等级的建筑时，不得超过两层；设置在三级耐火等级的建筑内时，布置在首层或二层。采用四级耐火等级的建筑时，应为单层；设置在四级耐火等级的建筑内时，布置在首层
	相邻护理单元间的防火分隔	医院和疗养院的病房楼内相邻护理单元之间采用耐火极限不低于 2.00 h 的防火隔墙分隔，隔墙上的门应为乙级防火门，设置在走道上的防火门采用常开防火门
	避难间的设置	具体检查要求见本篇第四章第四节相关内容
教学建筑、食堂、菜市场	设置层数	采用三级耐火等级的建筑时，不得超过两层；设置在三级耐火等级的建筑内时，布置在首层或二层；采用四级耐火等级的建筑时，应为单层；设置在四级耐火等级的建筑内时，布置在首层。对于一、二级耐火等级的建筑，小学教学楼的主要教学用房不得设置在四层以上，中学教学楼的主要教学用房不得设置在五层以上
剧场、电影院、礼堂	与建筑其他部位的防火分隔	剧场、电影院、礼堂宜设置在独立的建筑内。设置在其他民用建筑内时，至少设置 1 个独立的安全出口和疏散楼梯，并采用耐火极限不低于 2.00 h 的防火隔墙和甲级防火门与其他区域分隔
	设置层数	设置在地下或半地下时，宜设置在地下一层，不得设置在地下三层及以下楼层。设置在一、二级耐火等级的建筑内时，观众厅宜布置在首层、二层或三层。设置在三级耐火等级的建筑内时，不得布置在三层及以上楼层
	观众厅的布置	观众厅如布置在四层及以上楼层时，每个观众厅的建筑面积不宜大于 400 m^2，且一个厅、室的疏散门不少于 2 个

续表

检查项目		检查内容
歌舞娱乐放映游艺场所	与建筑其他部位的防火分隔	采用耐火极限不低于2.00 h的防火隔墙和耐火极限不低于1.00 h的楼板与其他场所或部位分隔，设置在厅、室墙上的门和该场所与建筑内其他部位相通的门均应采用乙级防火门
	设置层数	不得布置在地下二层及以下楼层。宜布置在一、二级耐火等级建筑物内的首层、二层或三层的靠外墙部位；不宜布置在袋形走道的两侧或尽端。受条件限制布置在地下一层时，须检查地下一层地面与室外出入口地坪的高差不得大于10 m
	厅、室的布局	歌舞娱乐放映游艺场所如布置在袋形走道的两侧或尽端时，直通疏散走道的房间疏散门至最近安全出口的直线距离不超过9 m。厅、室之间采用耐火极限不低于2.00 h的防火隔墙和耐火极限不低于1.00 h的不燃性楼板分隔，厅、室墙上的门均采用乙级防火门；建筑面积大于50 m^2的厅、室的疏散门不得少于2个；布置在地下一层或地上四层及以上楼层时，一个厅、室的建筑面积不得大于200 m^2。即使设置自动喷水灭火系统，该面积也不能增加
与其他使用功能建筑合建的住宅建筑	住宅部分与其他使用功能之间的防火分隔	二者之间采用耐火极限不低于2.00 h且无门、窗、洞口的防火隔墙和耐火极限不低于1.50 h的不燃性楼板完全分隔；当为高层建筑时，采用无门、窗、洞口的防火隔墙和耐火极限不低于2.00 h的不燃性楼板完全分隔
	安全出口与疏散楼梯的设置	住宅部分与非住宅部分的安全出口和疏散楼梯应分别独立设置；为住宅部分服务的地上车库设置独立的疏散楼梯或安全出口，地下车库的疏散楼梯当与地上部分共用楼梯间时，在首层须采用耐火极限不低于2.00 h的防火隔墙和乙级防火门将地下部分与地上部分的连通部位完全分隔并设置明显的标志
燃油或燃气锅炉房	设置要求	燃油或燃气锅炉房宜设置在建筑外的专用房间内。当锅炉房受条件限制确需贴邻民用建筑时，专用房间的耐火等级不得低于二级，与所贴邻的建筑采用防火墙分隔，且不得贴邻人员密集场所
	布置在民用建筑或汽车库、修车库内的锅炉房设置要求	（1）设置部位。锅炉房不得布置在人员密集场所的上一层、下一层或贴邻，应设置在首层或地下一层的靠外墙部位，如为常（负）压燃油或燃气锅炉，可设置在地下二层或屋顶上。设置在屋顶上的常（负）压燃气锅炉，距离通向屋面的安全出口不应小于6 m。采用相对密度（与空气密度的比值）不小于0.75的可燃气体为燃料的锅炉，不得设置在地下或半地下 （2）与建筑其他部位的防火分隔。与其他部位之间采用耐火极限不低于2.00 h的防火隔墙和耐火极限不低于1.50 h的不燃性楼板分隔。确需在隔墙上开设的门、窗采用甲级防火门、窗 （3）疏散门的设置。锅炉房的疏散门直通室外或安全出口 （4）储油间的设置。锅炉房内设置的储油间总储存量不得大于1 m^3，且储油间采用耐火极限不低于3.0 h的防火隔墙与锅炉间分隔；确需在防火隔墙上开设的门，采用甲级防火门 （5）储油罐的设置。布置在建筑外的储油罐，与建筑间防火间距应符合相关规定；当设置中间罐时，中间罐的容量不得大于1 m^3，并设置在一、二级耐火等级的单独房间，房间门采用甲级防火门

续表

检查项目		检查内容
燃油或燃气锅炉房	布置在民用建筑或汽车库、修车库内的锅炉房设置要求	（6）锅炉的容量。锅炉的容量应符合有关规定 （7）燃料供给管道的设置。在进入建筑物前和设备间内的管道上均设置自动和手动切断阀；储油间的油箱密闭且设置通向室外的通气管，通气管上设置带阻火器的呼吸阀，油箱的下部设置防止油品流散的设施 （8）设施的配置。锅炉房内应设置火灾报警装置、独立的通风系统、与锅炉容量及建筑规模相适应的灭火设施，当建筑内其他部位设置自动喷水灭火系统时，锅炉房也要相应设置自动喷水灭火系统；燃气锅炉房还须设置爆炸泄压设施
变压器室	设置要求	变压器室设有油浸变压器、充有可燃油的高压电容器和多油开关时，宜设置在建筑外的专用房间内。当与民用建筑贴邻布置时，须采用防火墙与所贴邻的建筑分隔，且不得贴邻人员密集场所，设置变压器室的专用房间耐火等级不得低于二级
	布置在民用建筑、汽车库或修车库内的变压器室设置要求	（1）设置部位。变压器室不得布置在人员密集场所的上一层、下一层或贴邻，应设置在建筑首层或地下一层的靠外墙部位 （2）与建筑其他部位的防火分隔。变压器室之间、变压器室与配电室之间、变压器室与其他部位之间应采用耐火极限不低于 2.00 h 的防火隔墙和耐火极限不低于 1.50 h 的不燃性楼板分隔。确需在隔墙上开设的门、窗，采用甲级防火门、窗 （3）疏散门的设置。变压器室的疏散门应直通室外或安全出口 （4）变压器的容量。油浸变压器的总容量不大于 1 260 kV·A，单台容量不大于 630 kV·A （5）设施的配置。油浸变压器、多油开关室、高压电容器室，应设置防止油品流散的设施；变压器室内应设置火灾报警装置，以及与变压器、电容器和多油开关等的容量及建筑规模相适应的灭火设施；当建筑内其他部位设置自动喷水灭火系统时，变压器室也相应设置自动喷水灭火系统；对于油浸变压器，还需要检查其下面是否设置能储存变压器全部油量的事故储油设施
柴油发电机房	设置层数	柴油发电机房不应布置在人员密集场所的上一层、下一层或贴邻，宜布置在建筑物的首层或地下一、二层
	与建筑其他部位的防火分隔	采用耐火极限不低于 2.00 h 的防火隔墙和耐火极限不低于 1.50 h 的不燃性楼板与其他部位分隔，门采用甲级防火门
	储油间的设置	机房内设置储油间的，总储存量不应大于 1 m³，且储油间采用耐火极限不低于 3.00 h 的防火隔墙与发电机间分隔；确需在防火隔墙上开门时，设置甲级防火门
	燃料供给管道的设置	在进入建筑物前和设备间内的管道上设置自动和手动切断阀；储油间的油箱密闭且设置通向室外的通气管，通气管上设置带阻火器的呼吸阀，油箱的下部设置防止油品流散的设施
	设施的配置	柴油发电机房设置火灾报警装置、与柴油发电机容量和建筑规模相适应的灭火设施，当建筑内其他部位设置自动喷水灭火系统时，机房内相应设置自动喷水灭火系统

续表

检查项目		检查内容
瓶装液化石油气瓶组间	建筑间距	（1）瓶组间独立设置且不得与住宅建筑、重要公共建筑和其他高层公共建筑贴邻 （2）液化石油气气瓶采用自然气化方式供气时，总容积不大于 $1~m^3$ 的瓶组间可以与所服务的其他建筑贴邻；总容积大于 $1~m^3$、不大于 $4~m^3$ 的独立瓶组间，与所服务建筑的防火间距应符合相关规定
	设施的配置	瓶组间应设置可燃气体浓度报警装置；在瓶组间的总出气管道上应设置紧急事故自动切断阀
供建筑内使用的丙类液体储罐	设置要求	当设置中间罐时，中间罐的容量不得大于 $1~m^3$，并应设置在一、二级耐火等级的单独房间内，房间门采用甲级防火门
消防控制室	设置部位	消防控制室设置在建筑物的首层或地下一层靠外墙部位时，应远离电磁场干扰较强及其他可能影响消防控制设备工作的房间；如单独建造，建筑物的耐火等级不应低于二级
	与其他部位的防火分隔	采用耐火极限不低于 2.00 h 的防火隔墙和耐火极限不低于 1.50 h 的楼板与其他部位分隔，开向建筑内的门采用乙级防火门
	疏散门的设置	消防控制室的疏散门直通室外或安全出口
	设施的设置	设置挡水门槛等挡水措施，如消防控制室设置在地下时，还需检查是否设置排水沟等防淹措施
消防水泵房	设置部位	附设在建筑内的消防水泵房，不得设置在地下三层及以下或室内地面与室外出入口地坪高差大于 10 m 的地下楼层内；如单独建造，建筑物的耐火等级不应低于二级
	与其他部位的防火分隔	消防水泵房应采用耐火极限不低于 2.00 h 的防火隔墙和耐火极限不低于 1.50 h 的楼板与其他部位分隔，开向建筑内的门采用乙级防火门
	疏散门的设置	消防水泵房的疏散门直通室外或安全出口
	设施的设置	需设置挡水门槛等挡水措施，如消防水泵房设置在地下时，还需检查是否设置排水沟等防淹措施

四、汽车库、修车库

（一）为车库服务的附属建筑

（1）为车库服务的附属建筑包括：①储存量不大于 1.0 t 的甲类物品库房；②总安装容量不大于 5.0 m^3/h 的乙炔发生器间和储存量不超过 5 个标准钢瓶的乙炔气瓶库；③1 个车位的非封闭喷漆间或不大于 2 个车位的封闭喷漆间；④建筑面积不大于 200 m^2 的充电间和其他甲类生产场所。

（2）与车库的分隔。与汽车库、修车库之间采用防火墙隔开，并设置直通室外的安全出口。

（二）为车库服务的附属设施

（1）地下、半地下汽车库内不得设置修理车位、喷漆间、充电间、乙炔间和甲、乙类物品库房。

（2）汽车库和修车库内不得设置汽油罐、加油机、液化石油气或液化天然气储罐、加气机。

（三）与汽车库组合建造的其他建筑功能

汽车库不应与火灾危险性为甲、乙类的厂房、仓库贴邻或组合建造。如汽车库设置在托儿所、幼儿园、中小学校的教学楼、老年人建筑、病房楼等建筑内时，须检查其是否只设置在建筑的地下部分，并采用耐火极限不低于 2.00 h 的楼板与其他部位完全分隔；汽车库的安全出口和疏散楼梯与其他部位应分别独立设置。

（四）与修车库组合建造的其他建筑功能

Ⅰ类修车库应单独建造；Ⅱ、Ⅲ、Ⅳ类修车库可设置在一、二级耐火等级建筑的首层或与其贴邻，但不得与甲、乙类厂房、仓库、明火作业的车间或托儿所、幼儿园、中小学校的教学楼、老年人建筑、病房楼及人员密集场所组合建造或贴邻。

五、人防工程

（一）不允许设置的场所或设施

（1）哺乳室、幼儿园、托儿所、游乐厅等儿童活动场所和残疾人员活动场所。

（2）使用、储存液化石油气、相对密度（与空气密度比值）大于或等于 0.75 的可燃气体和闪点小于 60℃ 的液体作燃料的场所。

（3）油浸电力变压器和其他油浸电气设备。

（二）地下商店

（1）设置层数。地下商店营业厅不得设置在地下三层及以下层。

（2）商品种类。营业厅经营和储存商品的火灾危险性不得为甲、乙类。

（3）营业厅的防火分隔。当总建筑面积大于 20 000 m^2 时，采用不开设门、窗、洞口的防火墙进行分隔。对确需局部连通的相邻区域，采取下沉式广场、防火隔间、避难走道和防烟楼梯间等措施进行防火分隔。

（三）歌舞娱乐放映游艺场所

（1）与其他部位的防火分隔。采用耐火极限不低于 2.00 h 的不燃烧体墙和耐火极限不低于 1.00 h 的楼板与其他场所隔开，墙上必须开设门的，应为乙级防火门。

（2）设置部位。布置在袋形走道的两侧或尽端时，最远房间的疏散门至最近安全出口的距离不大于 9 m。

（3）设置层数。歌舞娱乐放映游艺场所不得布置在地下二层及以下。当布置在地下一层时，地下一层地面与室外出入口地坪的高差不应大于 10 m。

（4）房间布局。一个厅、室的建筑面积不应大于 200 m^2；建筑面积大于 50 m^2 的厅、室，疏散出口不少于 2 个；厅、室隔墙上的门为乙级防火门。

（四）医院病房

人防工程内的医院病房不得设置在地下二层及以下；设置在地下一层时，室内地面与室外出入口地坪的高差不大于 10 m。

（五）消防控制室

（1）设置部位。设置在地下一层，并邻近直接通向地面的安全出口。当地面建筑设有消防控制室时，可与地面建筑消防控制室合用。

（2）与其他部位的防火分隔。采用耐火极限不低于 2.00 h 的防火隔墙和耐火极限不低于 1.50 h 的楼板与其他部位隔开。

（六）柴油发电机房

除参照民用建筑内设置柴油发电机房的要求进行检查，还需检查以下内容：

（1）储油间的设置。机房内设置储油间的总储存量不应大于 1 m^3，且储油间采用防火墙和常闭甲级防火门与发电机间隔开，并设置高 150 mm 的不燃烧、不渗漏的门槛，防止地面渗漏油的外流。地面不得设置地漏。

（2）与电站控制室的防火分隔。与电站控制室之间的连接通道处设置一道常闭甲级防火门，与电站控制室之间的密闭观察窗达到甲级防火窗性能。

（七）燃油或燃气锅炉房

（1）设置部位。燃油或燃气锅炉房应设置在地下一层的靠外墙部位。

（2）防火分隔。①锅炉房与其他部位之间应采用耐火极限不低于 2.00 h 的防火隔墙和耐火极限不低于 1.50 h 的不燃性楼板分隔。在隔墙和楼板上不应开设洞口，确需在隔墙上设置门、窗时，应采用甲级防火门、窗。②锅炉房内设置储油间时，其总储存量不应大于 1 m^3，且储油间应采用耐火极限不低于 3.00 h 的防火隔墙与锅炉间分隔；确需在防火隔墙上设置门时，应采用甲级防火门。

（3）设施的设置。①应设置火灾报警装置。②应设置自动喷水灭火系统。③燃气锅炉房应设置爆炸泄压设施。④应设置独立的通风系统。

第三节　救援设施的布置

一、消防电梯

（一）哪些建筑应设置供消防员专用的消防电梯

（1）建筑高度大于 33 m 的住宅建筑。

（2）一类高层公共建筑和建筑高度大于 32 m 的二类高层公共建筑。

（3）设置消防电梯的建筑的地下或半地下室、埋深大于 10 m 且总建筑面积大于 3 000 m^2 的其他地下或半地下建筑（室）。

（二）检查内容

（1）消防电梯设置的数量。消防电梯应分别设置在不同防火分区内，且每个防火分区不少于 1 台。

（2）消防电梯前室的设置。

1）前室宜靠外墙设置，并应在首层直通室外或经过长度不大于 30 m 的通道通向室外。

2）前室的使用面积不应小于 6.0 m^2；与防烟楼梯间合用的前室的使用面积不应小于 12.0 m^2，且短边不应小于 2.4 m。

3）除前室的出入口、前室内设置的正压送风口和采用乙级防火门的户门外，前室内不应开设其他门、窗、洞口。

4）前室或合用前室的门不允许采用防火卷帘。

（3）消防电梯井、机房的防火分隔。消防电梯井、机房与相邻其他电梯井、机房之间采用耐火极限不低于 2.00 h 的防火隔墙隔开；在隔墙上开设的门采用甲级防火门。

（4）消防电梯的配置。

1）应能每层停靠。

2）电梯的载重量不应小于 800 kg。

3）电梯从首层至顶层的运行时间不宜大于 60 s。

4）电梯的动力与控制电缆、电线、控制面板应采取防水措施。

5）在首层的消防电梯入口处应设置供消防队员专用的操作按钮。

6）电梯轿厢的内部装修应采用不燃材料。

7）电梯轿厢内部应设置专用消防对讲电话。

（5）消防电梯的排水。消防电梯的井底应设置排水设施，排水井的容量不小于 2 m^3，排水泵的排水量不小于 10 L/s。消防电梯间前室的门口宜设置挡水设施。

二、直升机停机坪

（一）哪些建筑需要设置直升机停机坪

建筑高度大于 100 m 且标准层建筑面积大于 2 000 m^2 的公共建筑，在屋顶宜设置直升机停机坪或供直升机救助的设施。

（二）检查内容

（1）与周边凸出物的间距。设在屋顶平台上的停机坪，与设备机房、电梯机房、水箱间、共用天线等凸出物和屋顶的其他邻近建筑设施的距离，不小于 5 m。

（2）直通出口的设置。从建筑主体通向停机坪的出口不少于 2 个，且每个出口的宽度不小于 0.90 m。

（3）设施的配置。停机坪四周设置航空障碍灯、应急照明和消火栓等。

三、消防救援口

（1）消防救援口的设置位置。厂房、仓库、公共建筑的外墙应在每层的适当位置设置可供消防救援人员进入的窗口。消防救援口设置位置与消防车登高操作场地相对应。

（2）消防救援口洞口的尺寸。消防救援口的净高度和净宽度均不小于 1.00 m，窗口下沿距室内地面不宜大于 1.20 m。

（3）消防救援口的设置数量。消防救援口沿建筑外墙在每层设置，设置间距不宜大于 20 m，且保证每个防火分区不少于 2 个。

（4）专用消防口的设置。洁净厂房同层洁净室（区）外墙设置可供消防员通往厂房洁净室（区）的门窗，门窗洞口间距大于 80 m 时，在该段外墙的适当部位设置专用消防口，宽度不小于 750 mm，高度不小于 1 800 mm，并设有明显标志。楼层的专用消防口设置阳台，并从二层开始向上层架设钢梯。

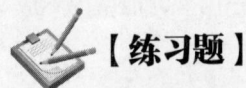【练习题】

一、单项选择题

1. 对民用建筑的附属用房进行防火检查,下列检查结果中,不符合现行国家消防技术标准的是( )。

A. 住宅建筑地下车库的疏散楼梯与地上部分共用楼梯间,并按规范采取分隔措施

B. 将常压燃油锅炉房设置在高层建筑的地下二层

C. 将柴油发电机房布置在商业建筑的地下二层

D. 将油浸变压器室设置在剧场建筑的地下二层

【参考答案】D 油浸变压器不应布置在人员密集场所的上一层、下一层或贴邻,故选项D错误。

2. 下列关于消防电梯的说法中,正确的是( )。

A. 建筑高度大于24 m 的住宅应设置消防电梯

B. 消防电梯轿厢的内部装修应采用难燃材料

C. 消防电梯应专用于消防灭火救援

D. 满足消防电梯要求的客梯或货梯可以兼作消防电梯

【参考答案】D 建筑高度大于33 m 的住宅建筑应设置消防电梯,因此选项A错误。电梯轿厢的内部装修应采用不燃材料,因此选项B错误。消防电梯是在火灾情况下运送消防器材和消防人员的专用消防设施,考虑到节约投资并便于平时使用,可以一梯多用,消防电梯兼作客梯或工作电梯,因此选项C错误。满足消防电梯要求的客梯或货梯可以兼作消防电梯,因此选项D正确。

3. 对某33层住宅建筑的消防电梯进行防火检查,下列检查内容中,不属于防火检查内容的是( )。

A. 消防电梯内的安防摄像头

B. 电梯的载重量

C. 首层设置的消防员专用操作按钮

D. 消防电梯从首层直达顶层的时间

【参考答案】A 电梯的载重量不应小于800 kg,选项B不符合题意;在首层的消防电梯入口处应设置供消防队员专用的操作按钮,选项C不符合题意;消防电梯的行驶速度从首层至顶层的运行时间不宜大于60 s,选项D不符合题意。

二、多项选择题

1. 对某地下一层人防工程进行消防安全检查,下列检查结果中,不符合现行国家消防技术标准要求的有( )。

A. 设置了排烟机房,且采用防火墙和常闭甲级防火门与其他场所隔开

B. 设置了一个建筑面积为200 m² 的电子游艺厅,并采取了相应的防火分隔措施

C. 设置了一个建筑面积为2 000 m² 的超市,并采取了相应的防火分隔措施

D. 设置了一个建筑面积为200 m² 的幼儿早教中心,并采取了相应的防火分隔措施

E. 设置了一个建筑面积为150 m² 的餐厅,其操作间采用液化石油气做燃料

【参考答案】DE 人防工程内不得使用和储存液化石油气、相对密度（与空气密度比值）大于或等于0.75的可燃气体和闪点小于60℃的液体燃料，不应设置哺乳室、托儿所、幼儿园、游乐厅等儿童活动场所和残疾人员活动场所。故选项D、E不符合现行国家消防技术标准要求。

2. 某办公楼，设置1部消防电梯和2部防烟楼梯间，消防电梯单独设置。在检查消防电梯及其前室时，下列做法中，符合规定的有（　　）。

A. 消防电梯从首层到顶层的运行时间为60 s

B. 在首层的消防电梯入口设置供消防队员专用的操作按钮

C. 在消防电梯前室的入口处采用防火卷帘分隔

D. 地下层为无人员经常停留的汽车库，消防电梯不停靠

E. 消防电梯前室的建筑面积为6 m²

【参考答案】AB 消防电梯从首层至顶层的运行时间不得超过60 s，故选项A正确。在首层的消防电梯入口处应设置供消防队员专用的操作按钮，故选项B正确。消防电梯前室或合用前室的门应采用乙级防火门，不应设置卷帘，故选项C错误。消防电梯应能每层停靠，故选项D错误。消防电梯前室的使用面积不应小于6 m²，故选项E错误。

第三章　防火防烟分区检查

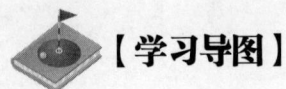
【学习导图】

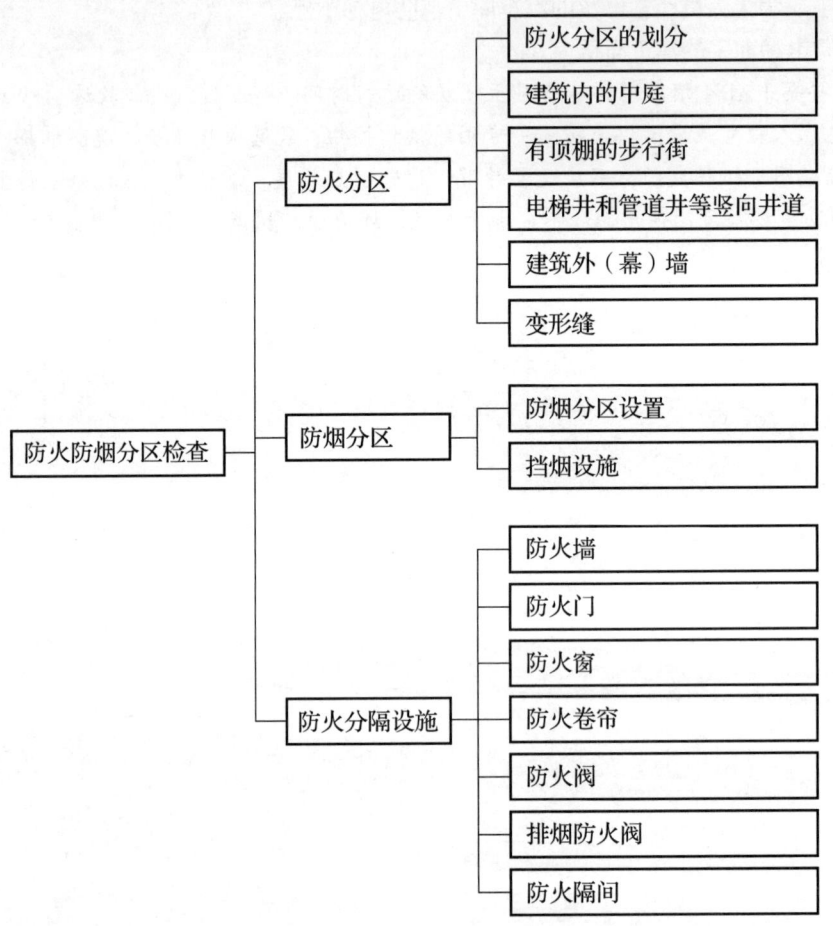

【知识要点】

第一节　防火分区

一、防火分区的划分

防火分区是指在建筑内部采用防火墙、楼板及其他防火分隔设施分隔而成，能在一定时间内防止火灾向同一建筑的其余部分蔓延的局部空间。

防火分区主要包括水平防火分区和垂直防火分区两部分。所谓水平防火分区，就是用防火墙或防火门、防火卷帘等将各楼层在水平方向分隔为两个或几个防火分区；所谓垂直防火分区，就是采用耐火的楼板和窗间墙将上下层隔开。

检查项目	检查内容
防火分区的建筑面积	（1）工业建筑检查时，根据火灾危险性类别、建筑物耐火等级、建筑层数等因素确定每个防火分区的最大允许建筑面积 （2）在同一座库房或同一个防火墙间内如储存数种火灾危险性不同的物品时，其库房或隔间的最大允许建筑面积，按其中火灾危险性最大的物品确定
	（1）民用建筑检查时，根据建筑物耐火等级、建筑高度或层数、使用性质等确定每个防火分区的最大允许建筑面积 （2）当裙房与高层建筑主体之间设置防火墙时，裙房的防火分区可按单、多层建筑的要求确定
	人防工程检查时，对于溜冰馆的冰场、游泳馆的游泳池、射击馆的靶道区，保龄球馆的球道区等，其面积可不计入溜冰馆、游泳馆、射击馆、保龄球馆的防火分区建筑面积；水泵房、污水泵房、水池、厕所、盥洗间等无可燃物的房间面积可不计入防火分区的建筑面积；设置的避难走道无须划分防火分区
	建筑内设置自动扶梯、敞开楼梯、传送带、中庭等开口部位时，其防火分区的建筑面积应将上下相连通的建筑面积叠加计算；同样，对于敞开式、错层式、斜楼板式的汽车库，其上下连通层的防火分区面积也需要叠加计算
	对于一些机场候机楼的候机厅，体育馆、剧院的观众厅，展览建筑的展览厅等有特殊功能要求的区域，其防火分区最大允许建筑面积，在最大限度提高建筑消防安全水平并进行充分论证的基础上，可以根据专家评审纪要中的评审意见适当放宽
防火分隔的完整性	对防火分区间代替防火墙分隔的防火卷帘，耐火极限不得低于所设置部位墙体的耐火极限要求，并检查防火卷帘与楼板、梁、墙、柱之间的空隙是否采用防火封堵材料封堵严实
	对设在变形缝处附近的防火门，检查是否设置在楼层较多的一侧，且门开启后不得跨越变形缝
	对建筑内的隔墙，包括房间隔墙和疏散走道两侧的隔墙、住宅分户墙和单元之间的墙，检查是否从楼地面基层隔断砌至顶板底面基层

二、建筑内的中庭

建筑物内设置中庭时，首先按上下层相连通的建筑面积叠加计算其防火分区的建筑面积，当计算后超过一个防火分区最大允许建筑面积时，主要检查以下内容：

检查项目	检查内容
防火分隔措施	中庭与周围连通空间的防火分隔措施有多种。当采用防火隔墙时,其耐火极限不应低于1.00 h;采用防火玻璃墙时,其耐火隔热性和耐火完整性不应低于1.00 h;采用耐火完整性不低于1.00 h的非隔热性防火玻璃墙时,应设置自动喷水灭火系统进行保护;采用防火卷帘时,其耐火极限不应低于3.00 h,并符合相关规定;与中庭相连通的门、窗采用火灾时能自行关闭的甲级防火门、窗
消防设施的设置	消防设施的设置检查,主要检查中庭排烟设施,如为高层民用建筑,还需检查中庭回廊自动喷水灭火系统和火灾自动报警系统的设置
中庭的使用功能	中庭内不得布置任何经营性商业设施、可燃物,不得用于人员通行外的其他用途
与中庭连通部位的装修材料	建筑内上下层相连通的中庭,其连通部位的顶棚、墙面装修材料燃烧性能等级须为A级,其他部位可采用燃烧性能等级不低于B_1级的装修材料

三、有顶棚的步行街

餐饮、商店等商业设施通过有顶棚的步行街连接,当步行街两侧建筑利用步行街进行安全疏散时,步行街的长度不宜大于300 m,步行街内不应布置可燃物。主要检查以下内容:

检查项目	检查内容
步行街两侧建筑	(1)步行街两侧建筑的耐火等级不应低于二级 (2)两侧建筑相对面的最近距离均不小于对相应高度建筑的防火间距要求,且不小于9 m (3)当步行街两侧的建筑为多层时,每层面向步行街一侧的商铺须设置防止火灾竖向蔓延的措施并符合相关规定 (4)设置回廊或挑檐时,其出挑宽度不应小于1.2 m (5)步行街两侧建筑内的疏散楼梯应靠外墙设置并宜直通室外,确有困难时,可在首层直接通至步行街
两侧建筑的商铺	步行街两侧建筑的商铺,每间建筑面积不宜大于300 m²,商铺之间设置耐火极限不低于2.00 h的防火隔墙。商铺面向步行街一侧的围护构件宜采用耐火极限不低于1.00 h的实体墙,其门、窗应采用乙级防火门、窗或符合规定的防火玻璃墙;相邻商铺之间面向步行街一侧应设置宽度不小于1.0 m、耐火极限不低于1.00 h的实体墙。步行街两侧的商铺在上部各层设置回廊和连接天桥时,应保证步行街上部各层的开口面积不小于步行街地面面积的37%,且开口宜均匀布置
步行街的端部	步行街的端部在各层均不宜封闭,确需封闭时,在外墙上须设置可开启的门窗,且可开启门窗的开口面积不小于该层外墙面积的一半
步行街的顶棚	步行街的顶棚采用不燃或难燃材料,其承重结构的耐火极限不应低于1.00 h。顶棚下檐距地面的高度不小于6.0 m,顶棚应设置自然排烟设施并宜采用常开式排烟口,自然排烟口的有效面积不应小于步行街地面面积的25%。常闭式自然排烟设施应设置在火灾时能手动和自动开启的装置
步行街的消防设施	步行街两侧建筑的商铺外,每隔30 m设置DN65 mm的消火栓,并配备消防软管卷盘或消防水龙。商铺内应设置自动喷水灭火系统和火灾自动报警系统。商铺内外均应设置疏散照明、灯光疏散指示标志和消防应急广播系统。每层回廊均应设置自动喷水灭火系统。步行街内宜设置自动跟踪定位射流灭火系统

四、电梯井和管道井等竖向井道

检查项目	检查内容
竖向井道设置	（1）建筑的电缆井、管道井、排烟（气）道、垃圾道等竖向井道，均应分别独立设置。井壁耐火极限不应低于 1.00 h，井壁上的检查门采用丙级防火门 （2）建筑内的垃圾道排气口应直接开向室外，该前室的门应采用丙级防火门。垃圾斗采用不燃材料制作，并能自行关闭 （3）电梯井独立设置。井内严禁敷设可燃气体和甲、乙、丙类液体管道，且不得敷设与电梯无关的电缆、电线等。井壁除开设电梯门、安全逃生门和通气孔洞外，不得开设其他开口。电梯门的耐火极限不应低于 1.00 h，并同时符合相关完整性和隔热性要求
缝隙、孔洞的封堵	（1）建筑内电缆井、管道井与房间、走道等相连通的孔隙，应采用防火封堵材料封堵 （2）建筑内电缆井、管道井应在每层楼板处采用不低于楼板耐火极限的不燃材料或防火封堵材料封堵

五、建筑外（幕）墙

检查项目	检查内容
外立面开口之间的防火措施	（1）建筑外墙上、下层开口之间应设置高度不小于 1.2 m 的实体墙或挑出宽度不小于 1.0 m、长度不小于开口宽度的防火挑檐；当室内设置自动喷水灭火系统时，上、下层开口之间的实体墙高度不应小于 0.8 m。当上、下层开口之间设置实体墙确有困难时，可设置防火玻璃墙，但高层建筑的防火玻璃墙的耐火完整性不应低于 1.00 h，多层建筑的防火玻璃墙的耐火完整性不应低于 0.50 h。外窗的耐火完整性不应低于防火玻璃墙的耐火完整性要求 （2）住宅建筑外墙上相邻户开口之间的墙体宽度不应小于 1.0 m；小于 1.0 m 时，应在开口之间设置凸出外墙不小于 0.6 m 的隔板
幕墙缝隙的封堵	幕墙与每层楼板、隔墙处的缝隙应采用防火封堵材料封堵

六、变形缝

检查项目	检查内容
变形缝的材质	变形缝的填充材料和变形缝的构造基层须采用不燃材料
管道的敷设	变形缝内不得设置电缆、电线、可燃气体和甲、乙、丙类液体的管道。确需穿过时，在穿过处加设不燃材料制作的套管或采取其他防变形措施，并采用防火封堵材料封堵。当通风、空调系统的风管穿越防火分隔处的变形缝时，其两侧设置公称动作温度为 70℃ 的防火阀

第二节 防烟分区

防烟分区是指在建筑内部采用挡烟设施分隔而成,能在一定时间内防止火灾烟气向同一防火分区的其余部分蔓延的局部空间。

一、防烟分区设置

检查项目	检查内容
防烟分区的划分	(1)防烟分区一般根据建筑内部的功能分区和排烟系统的设计要求,按其用途、面积、楼层划分 (2)防烟分区不得跨越防火分区 (3)有特殊用途的场所,如防烟楼梯间、消防电梯、避难层间等,必须独立划分防烟分区;不设排烟设施的部位(包括地下室)可不划分防烟分区
防烟分区的面积	防烟分区如果面积过大,会使烟气波及面积扩大,增加受灾面,不利于安全疏散和扑救;如果面积过小,不仅影响使用,还会提高工程造价。因此,对于公共建筑和工业建筑(包括地下建筑和人防工程),需要根据具体情况确定合适的防烟分区大小,空间净高(H)≤3.0 m时,最大允许面积为500 m²;3.0 m<空间净高(H)≤6.0 m时,最大允许面积为1 000 m²;6.0 m<空间净高(H)≤9.0 m时,最大允许面积为2 000 m²

二、挡烟设施

挡烟垂壁是指用不燃材料制成,垂直安装在建筑顶棚、横梁或吊顶下,能在火灾时形成一定蓄烟空间的挡烟分隔设施。

检查项目	检查内容
挡烟高度	不得小于500 mm
挡烟垂壁	对挡烟垂壁的外观、材料、尺寸与搭接宽度、控制运行性能等进行逐项检查
挡烟垂壁的外观	应标牌牢固、标识清楚、金属零部件表面无明显凹痕或机械损伤,各零部件的组装处、拼接处无错位
挡烟垂壁的搭接宽度	卷帘式挡烟垂壁挡烟部件由两块或两块以上织物缝制时,搭接宽度不得小于20 mm;当单节挡烟垂壁的宽度不能满足防烟分区要求,采用多节垂壁搭接的形式使用时,卷帘式挡烟垂壁的搭接宽度不得小于100 mm;翻板式挡烟垂壁的搭接宽度不得小于20 mm。宽度测量值的允许负偏差不得大于规定值的5%
挡烟垂壁边沿与建筑物结构表面的最小距离	不得大于20 mm,测量值的允许正偏差不得大于规定值的5%
活动式挡烟垂壁的下降	卷帘式挡烟垂壁的运行速度应≥0.07 m/s;翻板式挡烟垂壁的运行时间应<7 s。挡烟垂壁应设置限位装置,当其运行至上、下限位时,能自动停止

第三节　防火分隔设施

防火分隔设施可分为两种：一种是固定式的，如建筑中的内外墙体、楼板、防火墙、防火隔间等；另一种是活动式（可启闭式）的，如防火门、防火窗、防火卷帘等。

一、防火墙

检查项目	检查内容
防火墙的设置位置	（1）设置在建筑物的基础或钢筋混凝土框架、梁等承重结构上的防火墙，应从楼地面基层隔断至梁、楼板或屋面结构层的底面 （2）如设置在转角附近，内转角两侧墙上的门、窗、洞口之间最近边缘的水平距离不应小于 4.0 m；当采取设置乙级防火窗等防止火灾水平蔓延的措施时，距离可不限 （3）防火墙的构造应能够保证在防火墙任意一侧的屋架、梁、楼板等受到火灾的影响而破坏时，不会导致防火墙倒塌 （4）紧靠防火墙两侧的门、窗、洞口之间最近边缘的水平距离不得小于 2.0 m；采取设置乙级防火窗等防止火灾水平蔓延的措施时，距离可不限
防火墙墙体材料	防火墙的耐火极限一般要求为 3.00 h。对甲、乙类厂房和甲、乙、丙类仓库，防火墙耐火极限要保持不低于 4.00 h。防火墙上一般不开设门、窗、洞口，必须开设时，需设置不可开启或火灾时能自动关闭的甲级防火门、窗，防止建筑内火灾的浓烟和火焰穿过门、窗、洞口蔓延扩散
穿越防火墙的管道	防火墙内不得设置排气道，以及可燃气体和甲、乙、丙类液体的管道。穿过防火墙的其他管道，应采用防火封堵材料将墙与管道之间的空隙紧密填实；穿过防火墙处的管道保温材料，应采用不燃材料；当管道为难燃及可燃材料时，应在防火墙两侧的管道上采取防火措施
防火封堵的严密性	防火墙、隔墙墙体与梁、楼板的结合应紧密，无孔洞、缝隙；墙上的施工孔洞应采用不燃材料填塞密实；墙体上嵌有箱体时应在其背部采用不燃材料封堵，并满足墙体相应耐火极限要求

二、防火门

检查项目	检查内容
防火门的选型	防火门按开启状态分为常闭防火门和常开防火门。对设置在建筑内经常有人通行处的防火门优先选用常开防火门，其他位置均采用常闭防火门。对于常闭防火门，应在门扇的明显位置设置"保持防火门关闭"等提示标志
防火门的外观	防火门门框、门扇及各配件表面应平整、光洁，并无明显凹凸、擦痕等缺陷，在其明显部位设有耐久性铭牌，铭牌内容应清晰，设置牢靠。常闭防火门装有闭门器等，双扇和多扇防火门装有顺序器；常开防火门装有火灾时能自动关闭门扇的装置和现场手动控制装置。防火插销安装在双扇门或多扇门相对固定一侧的门扇上
防火门的安装质量	除特殊情况外，用于疏散的防火门应向疏散方向开启，在关闭后应能从任何一侧手动开启。设置在变形缝附近的防火门，须安装在楼层数较多的一侧，且门扇开启后不应跨越变形缝。钢质防火门门框内充填水泥沙浆，门框与墙体采用预埋钢件或膨胀螺栓等连接牢固，固定间距不宜大于 600 mm。防火门门扇与门框的搭接尺寸不小于 12 mm。防火门门框与门扇、门扇与门扇的缝隙处嵌装的防火密封件应牢固、完好

续表

检查项目	检查内容
防火门的系统功能	主要检查常闭防火门启闭功能，常开防火门联动控制功能、消防控制室手动控制功能和现场手动关闭功能
防火门门扇开启力	不得大于 80 N

三、防火窗

检查项目	检查内容
防火窗的选型	常见防火窗主要是无可开启窗扇的固定式防火窗和有可开启窗扇且装配有窗扇启闭控制装置的活动式防火窗
防火窗的外观	防火窗的表面应平整、光洁，无明显凹痕或机械损伤。在其明显部位设置永久性标牌，标牌应内容清晰、设置牢靠。活动式防火窗应装配火灾时能控制窗扇自动关闭的温控释放装置
防火窗的安装质量	有密封要求的防火窗窗框密封槽内镶嵌的防火密封件应牢固、完好。钢质防火窗窗框内充填水泥沙浆，窗框与墙体采用预埋钢件或膨胀螺栓等连接牢固，固定点间距不宜大于 600 mm。活动式防火窗窗扇启闭控制装置的安装位置明显，便于操作
防火窗的控制功能	主要检查活动式防火窗的控制功能、联动功能、消防控制室手动功能和温控释放功能

四、防火卷帘

常见的防火卷帘有钢质防火卷帘、无机纤维复合防火卷帘。

检查项目	检查内容
防火卷帘的设置部位	防火卷帘常见的设置部位有自动扶梯周围、与中庭相连通的过厅和通道等处。防火卷帘下方不得有影响其下降的障碍物，具体位置须对照建筑平面图进行检查。目前，在建筑中大量采用大面积、大跨度的防火卷帘替代防火墙进行水平防火分隔的做法，存在较大消防安全隐患。因此，对设置在中庭以外用于防火分隔的防火卷帘，须检查其设置宽度。当防火分隔部位的宽度不大于 30 m 时，防火卷帘的宽度不应大于 10 m；当防火分隔部位的宽度大于 30 m 时，防火卷帘的宽度不应大于该部位宽度的 1/3，且不大于 20 m
防火卷帘的选型	当防火卷帘的耐火极限符合耐火完整性和耐火隔热性的判定条件时，可不设置自动喷水灭火系统保护；防火卷帘类型选择的正确与否根据具体设置位置进行判断，一般不宜选用侧式防火卷帘
防火卷帘的外观	防火卷帘的帘面应平整、光洁，金属零部件的表面应无裂纹、压坑及明显的凹痕或机械损伤。每樘防火卷帘及配套的卷门机、控制器、手动按钮盒、温控释放装置均应在其明显部位设置永久性标牌，标牌应内容清晰，设置牢靠

续表

检查项目	检查内容
防火卷帘的安装质量	防火卷帘组件应齐全完好，紧固件无松动现象。门扇各接缝处、导轨、卷筒等缝隙，应有防火防烟密封措施，防止烟气窜入。防火卷帘上部、周围的缝隙应采用不低于防火卷帘耐火极限的不燃材料填充、封隔。防火卷帘的控制器和手动按钮盒分别安装在防火卷帘内外两侧墙壁的便于识别的位置，底边距地面高度宜为 1.3～1.5 m，并标出上升、下降、停止等功能。设置在通道位置的防火卷帘由感烟、感温两种不同类型的火灾探测器组联动；设置在其他位置的防火卷帘由同一防火分区两只不同的火灾探测器组联动
防火卷帘的系统功能	主要检查防火卷帘的系统功能是否正常启闭
其他项目	（1）双帘面卷帘的两个帘面同时升降，两个帘面之间的高度差不大于 50 mm （2）垂直卷帘的电动启、闭运行速度为 2～7.5 m/min；其自重下降速度不大于 9.5 m/min （3）卷帘启、闭运行的平均噪声不大于 85 dB （4）防火卷帘卷门机应具有依靠防火卷帘自重恒速下降的功能，操作臂力不得大于 70 N

五、防火阀

防火阀是指安装在通风、空调系统的送、回风管路上，平时呈开启状态，火灾时当管道内气体温度达到 70℃时关闭，在一定时间内满足耐火稳定性和耐火完整性要求，起隔烟阻火作用的阀门。

检查项目	检查内容
防火阀的外观	防火阀应外观完好无损，机械部分外表无锈蚀、变形或机械损伤。在其明显部位设置永久性标牌，标牌应内容清晰，设置牢靠
防火阀的安装位置	（1）防火阀主要安装在风管靠近防火分隔处，暗装时，安装部位应设置方便维护的检修口 （2）通风、空调系统的风管，在以下部位应设置公称动作温度为 70℃的防火阀：①穿越防火分区处；②穿越通风、空调机房的房间隔墙和楼板处；③穿越重要或火灾危险性大的房间隔墙和楼板处；④穿越防火分隔处的变形缝两侧；⑤竖向风管与每层水平风管交接处的水平管段上。当建筑内每个防火分区的通风、空调系统均独立设置时，水平风管与竖向总管的交接处可不设防火阀 （3）公共建筑的浴室、卫生间和厨房的竖向排风管，应采取防止回流措施，并宜在支管上设置防火阀 （4）公共建筑内厨房的排油烟管道，宜按防火分区设置，且在与竖向排风管连接的支管处应设置防火阀
防火阀的公称动作温度	公共建筑内厨房的排油烟管道与竖向排风管连接的支管处设置的防火阀，公称动作温度为 150℃。其他风管上安装的防火阀，公称动作温度均为 70℃
防火阀的控制功能	防火阀平时处于开启状态，可手动关闭，也可与火灾报警系统联动自动关闭，且均能在消防控制室接到防火阀动作的信号

六、排烟防火阀

排烟防火阀是安装在排烟系统管道上,平时呈开启状态,火灾时当管道内气体温度达到280℃时自动关闭,在一定时间内能满足漏烟量和耐火完整性要求,起阻火隔烟作用的阀门。排烟防火阀的组成、形状和工作原理与防火阀相似。

七、防火隔间

防火隔间主要用于将大型地下或半地下商店等分隔为多个建筑面积不大于 20 000 m² 的相互相对独立的区域,一旦某个区域着火且不能有效控制时,该空间要能防止火灾蔓延至其他区域。

检查项目	检查内容
建筑面积	不应小于 6.0 m²
防火分隔	防火隔间墙应采用耐火极限不低于 3.00 h 的防火隔墙,门应采用甲级防火门;不同防火分区通向防火隔间的门最小间距不应小于 4 m
内部装修材料	内部装修材料的燃烧性能均应为 A 级
使用用途	只能用于相邻两个独立使用场所的人员相互通行,不得用于除人员通行外的其他用途

【练习题】

一、单项选择题

1. 关于防火阀和排烟防火阀在建筑通风和排烟系统中的设置要求,下列说法中,错误的是( )。

A. 排烟防火阀开启和关闭的动作信号应反馈至消防联动控制器

B. 防火阀和排烟防火阀应具备温感器控制方式

C. 公共建筑的浴室的竖向排风管,应采取防止回流措施

D. 当建筑内每个防火分区的通风、空调系统均独立设置时,水平风管与竖向总管的交接处应设置防火阀

【参考答案】D 依据《建规》9.3.11 规定,当建筑内每个防火分区的通风、空调系统均独立设置时,水平风管与竖向总管的交接处可不设置防火阀。

2. 下列关于防火分区的做法,错误的是( )。

A. 建筑局部设有自动灭火系统,防火分区的增加面积按该局部面积增加 0.5 倍计算

B. 建筑第一至三层设置自动扶梯,防火分区的建筑面积按连通 3 个楼层的建筑面积叠加计算,并按照规范规定划分防火分区

C. 叠加计算错层式汽车库上下连通层的建筑面积,防火分区的最大允许建筑面积可按规范增加 1 倍

D. 人防工程中的水泵房、污水泵房、水池、厕所等无可燃物的房间面积可不计入防火分区面积

【参考答案】A 建筑内设置自动灭火系统时,可按规定增加1.0倍;局部设置时,防火分区的增加面积可按该局部面积的1.0倍计算。

3. 某三层内廊式办公楼,建筑高度12.5 m,三级耐火等级,设置自动喷水灭火系统,每层建筑面积均为1 400 m²,有2部采用双向弹簧门的封闭式楼梯间。该办公楼每层一个防火分区的最大建筑面积为(　　)m²。

A. 1 200
B. 2 400
C. 2 800
D. 1 400

【参考答案】D 三级耐火等级的单、多层建筑,防火分区最大允许建筑面积1 200 m²;当建筑内设置自动灭火系统时,可按规定增加1.0倍;局部设置时,防火分区的增加面积可按该局部面积的1.0倍计算。该建筑每层防火分区最大允许建筑面积可以为2 400 m²,但该建筑每层建筑面积均只有1 400 m²,故选D。

二、多项选择题

某消防机构对建筑面积为30 000 m²的大型地下商场进行消防检查,在对防火隔间进行检查时发现,防火分区通向防火隔间的门为乙级防火门,两个乙级防火门的间距为4 m,隔间的装修为轻钢龙骨石膏板吊顶、阻燃壁纸装饰墙面,隔间内有几位顾客坐在座椅上休息。根据现行国家消防技术标准,该防火隔间不符合现行国家消防技术标准规定的有(　　)。

A. 防火隔间的门为乙级防火门
B. 采用轻钢龙骨石膏板吊顶
C. 设置供人员休息用的座椅
D. 不同防火分区通向防火隔间门的间距为4 m
E. 采用阻燃壁纸装饰墙面

【参考答案】ACE 防火隔间的门应为甲级防火门,故选项A不符合现行国家消防技术标准规定;防火隔间只能用于相邻两个独立使用场所的人员相互通行,不得用于除人员通行外的其他用途,故选项C不符合现行国家消防技术标准规定;防火隔间内部装修材料的燃烧性能应为A级,而阻燃壁纸为B_1级材料,故选项E不符合现行国家消防技术标准规定。

第四章 安全疏散设施检查

【学习导图】

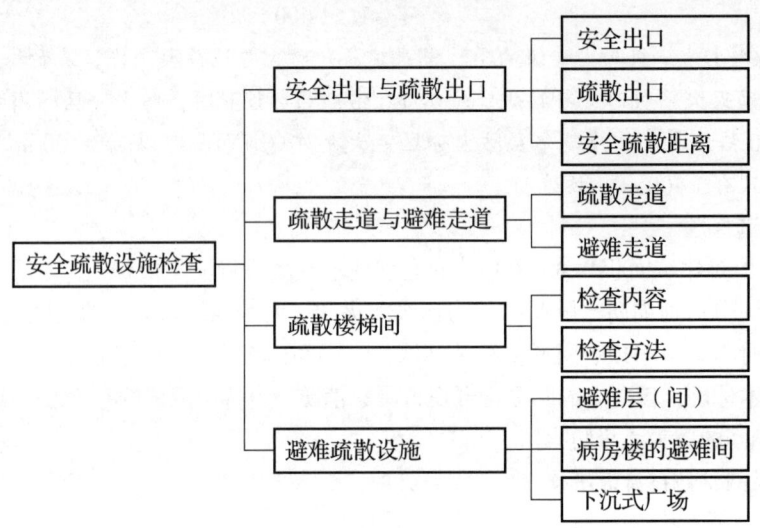

【知识要点】

第一节 安全出口与疏散出口

一、安全出口

检查项目	检查内容
安全出口的数量	（1）安全出口的数量与安全出口总宽度、安全疏散距离有直接关系。当安全出口总宽度足够时，还需要保证在不同人员分布条件下的安全疏散距离 （2）建筑内的每个防火分区或一个防火分区的每个楼层安全出口不少于2个 （3）对于仅设一个安全出口的建筑，必须检查各种类别的建筑是否满足相关要求： 1）公共建筑。公共建筑内每个防火分区或一个防火分区的每个楼层，安全出口不少于2个。当公共建筑仅设1个安全出口或1部疏散楼梯时，检查内容以及检查结果应符合下列要求：①除托儿所、幼儿园外的单层公共建筑或多层公共建筑的首层，建筑面积不大于200 m²且人数不超过50人。②除医疗建筑，老年人建筑，托儿所、幼儿园的儿童用房，儿童游乐厅等儿童活动场所和歌舞娱乐放映游艺场所等外的公共建筑，耐火等级、最多建筑层数、每层最大建筑面积和使用人数应符合相关规定。③除歌舞

检查项目	检查内容
安全出口的数量	娱乐放映游艺场所外，地下或半地下设备间防火分区的建筑面积不应大于200 m^2；其他地下或半地下建筑（室）防火分区建筑面积不应大于50 m^2，且经常停留人数不超过15人 2）住宅建筑。住宅建筑安全出口数量与建筑单元每层的建筑面积和户门至最近安全出口的距离有关，一般要求住宅建筑单元每层的安全出口不少于2个。检查内容以及检查结果应符合下列要求：①建筑高度不大于27 m的住宅建筑，当每个单元任一层的建筑面积大于650 m^2，或任一户门至最近安全出口的距离大于15 m时，每个单元每层的安全出口不应少于2个。②建筑高度大于27 m、不大于54 m的住宅建筑，当每个单元任一层的建筑面积大于650 m^2，或任一户门至最近安全出口的距离大于10 m时，每个单元每层的安全出口不应少于2个。③建筑高度大于54 m的住宅建筑，每个单元每层的安全出口不应少于2个。④建筑高度大于27 m、不大于54 m的住宅建筑，每个单元设置一部疏散楼梯时，户门须采用乙级防火门，疏散楼梯均通至屋面并能通过屋面与其他单元的疏散楼梯连通。对于疏散楼梯不能通至屋面或不能通过屋面连通的住宅建筑，每个单元需要设置2个安全出口 3）厂房。厂房每个防火分区或一个防火分区的每个楼层的安全出口不应少于2个。当厂房仅设1个安全出口时，检查内容以及检查结果应符合下列要求：①甲类厂房，每层建筑面积不大于100 m^2，且同一时间的作业人数不超过5人。②乙类厂房，每层建筑面积不大于150 m^2，且同一时间的作业人数不超过10人。③丙类厂房，每层建筑面积不大于250 m^2，且同一时间的作业人数不超过20人。④丁、戊类厂房，每层建筑面积不大于400 m^2，且同一时间的作业人数不超过30人。⑤地下或半地下厂房（包括地下或半地下室），每层建筑面积不大于50 m^2，且同一时间的作业人数不超过15人。⑥地下、半地下厂房或厂房的地下室、半地下室，如有防火墙隔成多个防火分区且每个防火分区至少有1个直通室外的安全出口时，每个防火分区可利用防火墙上通向相邻分区的甲级防火门作为第二安全出口 4）仓库。每座仓库的安全出口不少于2个。当仓库仅设1个安全出口时，检查内容以及检查结果应符合下列要求：①仓库占地面积不大于300 m^2。②地下、半地下仓库（包括地下或半地下室）的建筑面积不大于100 m^2。③地下、半地下仓库（包括地下或半地下室），如有防火墙隔成多个防火分区且每个防火分区设有至少1个直通室外的安全出口时，每个防火分区可利用防火墙上通向相邻分区的甲级防火门作为第二安全出口 5）汽车库、修车库。汽车库、修车库每个防火分区内的人员安全出口不应少于2个，Ⅳ类汽车库和Ⅲ、Ⅳ类修车库可设置1个安全出口 6）人防工程。每个防火分区的安全出口不应少于2个。当人防工程仅设1个安全出口时，检查内容以及检查结果应符合下列要求：①如有防火墙隔成多个防火分区且每个防火分区设有1个直通室外的安全出口时，每个防火分区可利用防火墙上通向相邻分区的甲级防火门作为第二安全出口。②建筑面积不大于500 m^2，且室内地面与室外出入口地坪高差不大于10 m，容纳人数不大于30人的防火分区，当设置仅用于采光或进风的竖井且竖井内有金属梯直通地面时，可设1个安全出口或1个与相邻防火分区相通的防火门。③建筑面积不大于200 m^2，且经常停留人数不大于3人的防火分区，可只设置1个通向相邻防火分区的防火门
安全出口的宽度	（1）首层外门的总宽度按该建筑疏散人数最多一层的疏散人数计算确定；不供其他楼层人员疏散的外门，可按本层疏散人数计算确定。首层外门的最小净宽度与建筑类别有关，如厂房不应小于1.20 m，高层医疗建筑不应小于1.30 m，其他高层公共建筑不应小于1.20 m，住宅建筑不应小于1.10 m

续表

检查项目	检查内容
安全出口的宽度	（2）当每层疏散人数不等时，疏散楼梯的总宽度可分层计算，地上建筑内下层楼梯的总宽度按该层及以上疏散人数最多一层的疏散人数计算 （3）地下建筑内上层楼梯的总宽度，按该层及以下疏散人数最多一层的人数计算
安全出口的间距	每个防火分区、一个防火分区的每个楼层，其相邻2个安全出口最近边缘之间的水平距离不小于5 m
安全出口的畅通性	建筑物的安全出口在使用时应保持畅通，不得设有影响人员疏散的凸出物和障碍物，安全出口的门应向疏散方向开启

二、疏散出口

检查项目	检查内容
疏散门的数量	（1）公共建筑。公共建筑内各房间疏散门的数量不应少于2个。除托儿所、幼儿园、老年人建筑、医疗建筑、教学建筑内位于走道尽端的房间外，当房间仅设1个疏散门时，检查内容以及检查结果应符合下列要求： 1）位于两个安全出口之间或袋形走道两侧的房间，对于托儿所、幼儿园、老年人建筑，建筑面积不应大于50 m^2；对于医疗建筑、教学建筑，建筑面积不应大于75 m^2；对于其他建筑或场所，建筑面积不应大于120 m^2 2）位于走道尽端的房间，建筑面积应小于50 m^2且疏散门的净宽度不应小于0.90 m，或由房间内任一点至疏散门的直线距离不应大于15 m、建筑面积不应大于200 m^2且疏散门的净宽度不应小于1.40 m 3）位于歌舞娱乐放映游艺场所内的厅、室，建筑面积不应大于50 m^2且经常停留人数不应超过15人 4）位于地下或半地下的房间，设备间的建筑面积不应大于200 m^2；其他房间的建筑面积不应大于50 m^2且经常停留人数不应超过15人 （2）剧院、电影院和礼堂的观众厅。根据人员从一、二级耐火等级建筑的观众厅疏散出去的时间不大于2 min，从三级耐火等级的剧场、电影院等的观众厅疏散出去的时间不大于1.5 min的原则，剧院、电影院和礼堂的观众厅每个疏散门的平均疏散人数不应超过250人；当容纳人数超过2 000人时，其超过2 000人的部分，每个疏散门的平均疏散人数不应超过400人 （3）体育馆的观众厅。体育馆观众厅容纳的人数变化幅度较大，三四千人到一两万人都有可能。观众厅每个疏散门平均担负的疏散人数也相应地有个变化的幅度，而这个变化又与观众厅疏散门的设计宽度密切相关。体育馆建筑均为一、二级耐火等级，依据容量的不同，人员从观众厅疏散出去的时间一般按3～4 min控制，每个疏散门的平均疏散人数一般不超过400～700人
疏散门的宽度	公共建筑内疏散门和住宅建筑户门的净宽度不得小于0.9 m；观众厅及其他人员密集场所的疏散门净宽度不得小于1.4 m
疏散门的形式	（1）民用建筑和厂房的疏散门，采用向疏散方向开启的平开门，不得采用推拉门、卷帘门、吊门、转门和折叠门。除甲、乙类生产车间外，人数不超过60人且每樘门的平均疏散人数不超过30人的房间，其疏散门的开启方向不限。仓库的疏散门采用向疏散方向开启的平开门，但丙、丁、戊类仓库首层靠墙的外侧可采用推拉门或卷帘门。电影院、剧场的疏散门采用甲级自动推门式外开门

检查项目	检查内容
疏散门的形式	（2）人员密集场所内平时需要控制人员随意出入的疏散门和设置门禁系统的住宅、宿舍、公寓建筑的外门，要保证火灾时不需使用钥匙等任何工具即能从内部易于打开，并在显著位置设置标识和使用提示
疏散门的间距	每个房间相邻2个疏散门最近边缘之间的水平距离不应小于5 m
疏散门的畅通性	开向疏散楼梯或疏散楼梯间的门完全开启时，不得减少楼梯平台的有效宽度。疏散门在使用时要保持畅通，不得上锁或在其附近设有影响人员疏散的凸出物和障碍物。尤其是人员密集的公共场所、观众厅的疏散门，其净宽度不应小于1.40 m，不得设置门槛且紧靠门口内外各1.40 m范围内不得设置踏步

三、安全疏散距离

安全疏散距离是建筑物内最远处到外部出口或楼梯的最大允许距离。安全疏散距离直接影响疏散所需要的时间。

（一）民用建筑

民用建筑的安全疏散距离，主要包括房间内任一点至直通疏散走道的疏散门之间的距离、直通疏散走道的房间疏散门到最近安全出口之间的距离；厂房的安全疏散距离是指厂房内任一点至最近安全出口的距离。民用建筑分为公共建筑和住宅建筑，疏散距离见以下两表。

公共建筑直通疏散走道的房间疏散门至最近安全出口的直线距离　　（单位：m）

名称			位于两个安全出口之间的疏散门			位于袋形走道两侧或尽端的疏散门		
			一、二级	三级	四级	一、二级	三级	四级
托儿所、幼儿园、老年人照料设施			25	20	15	20	15	10
歌舞娱乐放映游艺场所			25	20	15	9	—	—
医疗建筑	单、多层		35	30	25	20	15	10
	高层	病房部分	24	—	—	12	—	—
		其他部分	30	—	—	15	—	—
教学建筑	单、多层		35	30	25	22	20	10
	高层		30	—	—	15	—	—
高层旅馆、展览建筑			30	—	—	15	—	—
其他建筑	单、多层		40	35	25	22	20	15
	高层		40	—	—	20	—	—

注：（1）建筑物内全部设置自动喷水灭火系统时，安全疏散距离可按规定增加25%。
（2）建筑内开向敞开式外廊的房间疏散门至最近安全出口的直线距离可按规定增加5 m。
（3）直通疏散走道的房间疏散门至最近敞开楼梯间的距离，当房间位于两个楼梯间之间时，按规定减少5 m；当房间位于袋形走道两侧或尽端时，按规定减少2 m。

住宅建筑直通疏散走道的户门至最近安全出口的直线距离（m） （单位：m）

住宅建筑类别	位于两个安全出口之间的户门			位于袋形走道两侧或尽端的户门		
	一、二级	三级	四级	一、二级	三级	四级
单、多层	40	35	25	22	20	15
高层	40	—	—	20	—	—

注：（1）开向敞开式外廊的户门至最近安全出口的最大直线距离可按规定增加 5 m。
（2）直通疏散走道的户门至最近敞开楼梯间的直线距离，当户门位于两个楼梯间之间时，应按规定减少 5 m；当户门位于袋形走道两侧或尽端时，应按规定减少 2 m。
（3）住宅建筑内全部设置自动喷水灭火系统时，其安全疏散距离可按规定增加 25%。
（4）跃廊式住宅的户门至最近安全出口的距离，应从户门算起，小楼梯的一段距离可按其水平投影长度的 1.50 倍计算。

（二）厂房

厂房安全疏散距离指厂房内任一点至最近安全出口的距离，见下表。

生产火灾危险性类别	耐火等级	单层厂房	多层厂房	高层厂房	地下、半地下厂房或厂房的地下室、半地下室
甲	一、二级	30	25	—	—
乙	一、二级	75	50	30	—
丙	一、二级	80	60	40	30
	三级	60	40	—	—
丁	一、二级	不限	不限	50	45
	三级	60	50	—	—
	四级	50	—	—	—
戊	一、二级	不限	不限	75	60
	三级	100	75	—	—
	四级	60	—	—	—

第二节　疏散走道与避难走道

一、疏散走道

疏散走道是疏散时人员从房间门至疏散楼梯或外部出口等安全出口的通道，通常作为火灾疏散时的第一安全地带。

检查项目	检查内容
疏散走道的宽度	疏散走道的宽度一般需要根据其通过人数和疏散净宽度指标经计算确定： （1）厂房疏散走道的净宽度不宜小于 1.40 m （2）单、多层公共建筑疏散走道的净宽度，以及住宅疏散走道净宽度不应小于 1.10 m；高层医疗建筑单面布房疏散走道净宽度不应小于 1.40 m，双面布房疏散走道净宽度不应小于 1.50 m；其他高层公共建筑单面布房疏散走道净宽度不应小于 1.30 m，双面布房疏散走道净宽度不应小于 1.40 m （3）剧院、电影院、礼堂、体育馆等人员密集场所，观众厅内疏散走道净宽度不应小于 1.00 m，边走道的净宽度不宜小于 0.80 m；人员密集公共场所的室外疏散通道的净宽度不应小于 3.00 m，并应直接通向宽敞地带
疏散距离	见本章第一节
疏散走道的畅通性	设置要简明直接，尽量避免曲折；疏散走道内不得设置阶梯、门槛、门垛、管道等影响人员疏散的凸出物和障碍物
疏散走道与其他部位的分隔	疏散走道两侧应采用一定耐火极限的隔墙与其他部位分隔，隔墙须砌至梁、板底部且不应留有缝隙。疏散走道两侧隔墙的耐火极限，一、二级耐火等级的建筑不应低于 1.00 h；三级耐火等级的建筑不应低于 0.50 h；四级耐火等级的建筑不应低于 0.25 h
疏散走道的装修材料	地上建筑的水平疏散走道，其顶棚装饰材料应采用 A 级装修材料，其他部位应采用不低于 B_1 级的装修材料。地下民用建筑的疏散走道，其顶棚、墙面和地面的装修材料均应采用 A 级装修材料

二、避难走道

避难走道是指设置防烟设施且两侧采用耐火极限不低于 3.00 h 的防火墙分隔，用于人员安全通行至室外的走道。避难走道和疏散楼梯间的作用类似，疏散时人员只要进入避难走道，就可视为进入安全区域。

检查项目	检查内容
避难走道直通地面的出口数量	避难走道直通地面的出口不应少于 2 个，并设置在不同方向。当避难走道只与一个防火分区相通且该防火分区至少有 1 个直通室外的安全出口时，可设置 1 个直通地面的出口
避难走道的净宽度	避难走道的净宽度不得小于任一防火分区通向避难走道的设计疏散总净宽度
避难走道入口处的前室	防火分区至避难走道入口处所设前室的面积不得小于 6.0 m²，开向前室的门应采用甲级防火门，前室开向避难走道的门应采用乙级防火门
避难走道消防设施的设置	避难走道内设置消火栓、消防应急照明、应急广播和消防专线电话，防火分区至避难走道入口处的前室应设置相应的防烟设施
避难走道的装修材料	燃烧性能等级必须为 A 级

第三节 疏散楼梯间

一、疏散楼梯间的设置形式

疏散楼梯间分为敞开楼梯间、封闭楼梯间、防烟楼梯间和室外楼梯四种形式。其中,封闭楼梯间是用建筑构件、配件分隔,能防止烟和热气进入的楼梯间;防烟楼梯间是在楼梯间入口处设有防烟前室,或设有专供排烟用的阳台、凹廊等,且通向前室和楼梯间的门均为乙级防火门的楼梯间;室外楼梯可以作为辅助的防烟楼梯。

检查项目	检查内容
厂房、库房	甲、乙、丙类多层厂房和高层厂房的疏散楼梯应采用封闭楼梯间或室外楼梯;建筑高度大于 32 m 且任一层人数超过 10 人的厂房,应采用防烟楼梯间或室外楼梯。高层仓库采用封闭楼梯间
民用建筑	(1)地下或半地下建筑(室)。3 层及以上或室内地面与室外出入口地坪高差大于 10 m 的地下或半地下建筑(室),其疏散楼梯应采用防烟楼梯间;其他地下或半地下建筑(室),其疏散楼梯可采用封闭楼梯间。 (2)住宅。①建筑高度不大于 21 m 的住宅建筑可采用敞开楼梯间;与电梯井相邻布置的疏散楼梯应采用封闭楼梯间,当户门采用乙级防火门时,仍可采用敞开楼梯间。②建筑高度大于 21 m、不大于 33 m 的住宅建筑应采用封闭楼梯间,当户门采用乙级防火门时,可采用敞开楼梯间。③建筑高度大于 33 m 的住宅建筑应采用防烟楼梯间;户门不宜直接开向前室,确有困难时,每层开向同一前室的户门不应大于 3 樘且应采用乙级防火门。 (3)多层公共建筑。医疗建筑、旅馆、老年人建筑及类似使用功能的建筑,设置歌舞娱乐放映游艺场所的建筑,商店、图书馆、展览建筑、会议中心及类似使用功能的建筑,6 层及以上的其他建筑等,均应采用封闭楼梯间。 (4)高层公共建筑。一类高层公共建筑和建筑高度大于 32 m 的二类高层公共建筑,应采用防烟楼梯间;裙房和建筑高度不大于 32 m 的二类高层公共建筑,应采用封闭楼梯间
汽车库、修车库	建筑高度大于 32 m 的高层汽车库、室内地面与室外出入口地坪的高差大于 10 m 的地下汽车库应采用防烟楼梯间;其他汽车库、修车库应采用封闭楼梯间
人防工程	设有电影院、礼堂,建筑面积大于 500 m^2 的医院、旅馆,建筑面积大于 1 000 m^2 的商场、餐厅、展览厅、公共娱乐场所、健身体育场所等公共活动场所的人防工程,当底层室内地面与室外出入口地坪高差大于 10 m 时,应采用防烟楼梯间;当地下为两层,且地下第二层的室内地面与室外出入口地坪高差不大于 10 m 时,应采用封闭楼梯间

二、疏散楼梯的平面布置

检查项目	检查内容
封闭楼梯间	（1）楼梯间宜靠外墙布置，并能直接天然采光和自然通风。首层如将走道和门厅等包括在楼梯间内形成扩大的封闭楼梯间时，须采用乙级防火门等措施与其他走道和房间隔开 （2）除楼梯间的出入口和外窗外，楼梯间的墙上不得开设其他门、窗、洞口 （3）高层建筑，人员密集的公共建筑，人员密集的多层丙类厂房，甲、乙类厂房，其封闭楼梯间的门应采用乙级防火门，并向疏散方向开启；其他建筑封闭楼梯间的门可采用双向弹簧门 （4）楼梯间的顶棚、墙面和地面的装修材料必须采用不燃材料
防烟楼梯间	（1）楼梯间的首层如将走道和门厅等包括在楼梯间前室内形成扩大的防烟前室时，应采用乙级防火门等措施与其他走道和房间分隔 （2）防烟楼梯间前室的使用面积为：公共建筑、高层厂房（仓库）不应小于 6.0 m²，住宅建筑不应小于 4.5 m²；所设前室可与消防电梯间前室合用，合用前室的使用面积为：公共建筑、高层厂房（仓库）不应小于 10.0 m²，住宅建筑不应小于 6.0 m² （3）除住宅建筑的楼梯间前室外，防烟楼梯间和前室内的墙上不应开设除疏散门和送风口外的其他门、窗、洞口 （4）疏散走道通向前室以及前室通向楼梯间的门应采用乙级防火门 （5）防烟楼梯间和前室的顶棚、墙面和地面的装修材料必须采用不燃材料
室外楼梯	（1）室外楼梯和每层出口处平台，采用不燃材料制作，平台的耐火极限不低于 1.00 h （2）在楼梯周围 2.0 m 内的墙面上，除疏散门外，不应开设其他门、窗、洞口。疏散门应采用向外开启的乙级防火门，且不正对梯段设置 （3）梯段耐火极限不应低于 0.25 h，楼梯的净宽度不应小于 0.9 m，倾斜角度不应大于 45°，栏杆扶手的高度不应小于 1.1 m （4）用作疏散的楼梯不宜采用螺旋楼梯和扇形踏步；确需采用，踏步上下两级所形成的平面角不大于 10°，每级离扶手 25 cm 处的踏步深度不小于 22 cm （5）公共建筑的疏散楼梯，两梯段扶手之间的水平净距不小于 15 cm

三、疏散楼梯的净宽度

疏散楼梯的净宽度是指梯段一侧的扶手中心线或墙面到梯段另一侧的扶手中心线或墙面之间的最小水平距离。

检查项目	检查内容
一般公共建筑疏散楼梯	不应小于 1.10 m
高层医疗建筑疏散楼梯	不应小于 1.30 m
其他高层公共建筑疏散楼梯	不应小于 1.20 m
住宅建筑疏散楼梯	不应小于 1.10 m
住宅建筑高度不大于 18 m 且疏散楼梯一边设置栏杆时的疏散楼梯	不应小于 1.0 m

续表

检查项目	检查内容
厂房、汽车库、修车库的疏散楼梯	不应小于 1.10 m
人防工程中商场、公共娱乐场所、健身体育场所疏散楼梯	不应小于 1.40 m
人防工程中医院疏散楼梯	不应小于 1.30 m
人防工程中其他建筑疏散楼梯	不应小于 1.10 m

四、疏散楼梯的安全性

疏散楼梯间内不得设置烧水间、可燃材料储存室、垃圾道，不得设有影响疏散的凸出物或其他障碍物，严禁敷设甲、乙、丙类液体管道。公共建筑的疏散楼梯间内不得敷设可燃气体管道；住宅建筑的疏散楼梯间不得敷设可燃气体管道，不得设置天然气体计量表，当住宅建筑必须设置此类设施时，须检查是否采用金属管道和设置切断气源的装置等保护措施。

第四节 避难疏散设施

避难疏散设施主要包括避难层、避难间和下沉式广场等。

一、避难层（间）

建筑高度大于 100 m 的民用建筑应设避难层（间）。常见避难层的类型有敞开式、半敞开式和封闭式三种。

检查项目	检查内容
设置位置	从首层到第一个避难层（间）之间的高度不应大于 50 m。两个避难层（间）之间的高度以不大于 50 m 为宜
可供避难的面积	净面积应能满足设计避难人员避难的要求，并宜按 5.0 人 /m^2 计算
疏散楼梯	通向避难层（间）的疏散楼梯应在避难层分隔、同层错位或上下层断开，人员均须经避难层方能上下
消防设施	避难层（间）应设置消防电梯出口、消防专线电话和应急广播、消火栓和消防卷盘、防烟设施。在避难层（间）进入楼梯间的入口处和疏散楼梯通向避难层（间）的出口处，应设置明显的指示标志
其他项目	当建筑内的避难人数较少而不需将整个楼层用作避难层时，除上述检查内容外，还需要检查该避难层除设置火灾危险性小的设备用房外，不能用于其他使用功能；避难层应采用防火墙将该楼层分隔成不同的区域；从非避难区进入避难区的部位，要采取防止非避难区的火和烟气进入避难区的措施

二、病房楼的避难间

检查项目	检查内容
设置场所	病房楼使用人员的自我疏散能力较差,高层病房楼设置在二层及以上的病房楼层和洁净手术区域
设置位置	避难间位置应靠近楼梯间并应采用耐火极限不低于 2.00 h 的防火隔墙和甲级防火门与其他部位分隔;服务的护理单元不得超过 2 个
可供避难的面积	净面积应能满足设计避难人员避难的要求,并按每个护理单元不小于 25.0 m² 确定。当避难间兼作其他用途时,须保证其避难安全和可供避难的净面积不变
消防设施	应设置防烟设施、消防专线电话和消防应急广播。入口应设置明显的指示标志

三、下沉式广场

检查项目	检查内容
开敞空间的规模	分隔后的不同区域通向下沉式广场等室外开敞空间的开口最近边缘之间的水平距离不应小于 13 m
广场直通地面的疏散楼梯	直通地面的疏散楼梯不得少于 1 部。当连接下沉式广场的防火分区需利用下沉式广场进行疏散时,该区域通向地面的疏散楼梯要均匀布置,使人员的疏散距离尽量短。疏散楼梯的总净宽度不得小于任一防火分区通向室外开敞空间的设计疏散总净宽度
广场防风雨棚	防风雨棚不得完全封闭,四周开口部位要均匀布置,开口的面积不得小于室外开敞空间地面面积的 25%,开口高度不得小于 1.0 m;开口设置百叶时,百叶的有效排烟面积可按百叶通风口面积的 60% 设置
使用功能	室外开敞空间除用于人员疏散外不得用于其他商业用途或可能导致火灾蔓延的用途,其中用于疏散的净面积不应小于 169 m²

【练习题】

一、单项选择题

1. 依据《建筑设计防火规范》(GB 50016—2014),对某高层公共建筑进行的下列防火检查项目中,符合规范要求的是( )。

A. 疏散走道通向防烟楼梯前室的门采用乙级防火门
B. 位于内走道的卡拉 OK 房间内最远点到房间门的距离为 14.9 m
C. 首层疏散外门宽度为 1.10 m
D. 位于内走道尽端的网吧房间门到最近的安全出口的距离为 12 m

【参考答案】A 疏散走道通向前室以及前室通向楼梯间的门应采用乙级防火门,故 A 正确。位于内走道的卡拉 OK 房间内最远点到房间门的距离不应大于 9 m,故 B 错误。除高层医疗建筑外的其他高层公共建筑首层疏散外门的净宽度不应小于 1.20 m，故 C 错误。位于内走道尽端的网吧房间门到最近的安全出口的距离不应大于 9 m，故 D 错误。

2. 下列疏散出口的检查结果中，不符合现行国家消防技术标准的是（　　）。

A. 容纳 200 人的观众厅，其 2 个外开疏散门的净宽度均为 1.20 m

B. 教学楼内位于两个安全出口之间的建筑面积 55 m^2，使用人数 45 人的教室设有 1 个净宽 1.00 m 的外开门

C. 单层的棉花储备仓库在外墙上设置净宽 4.00 m 的金属卷帘门作为疏散门

D. 建筑面积为 200 m^2 的房间，其相邻 2 个疏散门洞净宽均为 1.5 m，疏散门中心线之间的距离为 6.5 m

【参考答案】A　人员密集的公共场所、观众厅的疏散门不应设置门槛，其净宽度不应小于 1.40 m，且紧靠门口内外各 1.40 m 范围内不应设置踏步，故选项 A 不符合现行国家消防技术标准。位于两个安全出口之间或袋形走道两侧的教学建筑，建筑面积不大于 75 m^2，可设置 1 个疏散门，故选项 B 不符合题意。仓库的疏散门应采用向疏散方向开启的平开门，但丙、丁、戊类仓库首层靠墙的外侧可采用推拉门或卷帘门，故选项 C 不符合题意。相邻两个疏散门最近边缘之间的水平距离不应小于 5 m，6.5 m－1.5 m＝5 m，满足规范要求，故选项 D 不符合题意。

3. 楼梯间是重要的竖向安全疏散设施。下列建筑设置的楼梯间，不符合相关防火规范要求的是（　　）。

A. 建筑高度 30 m 的写字楼，设置封闭楼梯间

B. 地上 10 层的医院病房楼，设置防烟楼梯间

C. 一类高层公共建筑的裙房，设置封闭楼梯间

D. 地上 2 层的内廊式老年人公寓，设置敞开楼梯间

【参考答案】D　建筑高度不大于 21 m 的住宅建筑可采用敞开楼梯间；建筑高度大于 21 m、小于等于 33 m 的住宅建筑应采用封闭楼梯间，故 A 不符合题意。一类高层公共建筑和建筑高度大于 32 m 的二类高层公共建筑应采用防烟楼梯间，医疗建筑为一类高层公共建筑，故 B 不符合题意。裙房和建筑高度不大于 32 m 的二类高层公共建筑应采用封闭楼梯间，故 C 不符合题意。老年人建筑应采用封闭楼梯间，故 D 错误。

二、多项选择题

下列安全出口的检查结果中，符合现行国家消防技术标准的有（　　）。

A. 防烟楼梯间在首层直接对外的出口门采用向外开启的安全玻璃门

B. 服装厂房设置的封闭楼梯间各层均采用常闭式乙级防火门，并向楼梯间开启

C. 多层办公楼封闭楼梯间的入口门采用常开的乙级防火门，并有自行关闭和信号反馈功能

D. 室外地坪标高 －0.15 m，室内地坪标高 －10.00 m 的地下 2 层建筑，其疏散楼梯采用封闭楼梯

E. 高层宾馆中连接"一"字型内走廊的 2 个防烟楼梯间前室的入口中心线之间的距离为 60 m

【参考答案】CDE　疏散走道通向防烟楼梯间前室以及前室通向楼梯间的门应采用乙级防火门，故选项 A 错误。人员密集的多层丙类厂房其封闭楼梯间的门应采用乙级防火门，并应向疏散方向开启，故选项 B 错误。高层建筑、人员密集的公共建筑，其封闭楼梯间的门应采

用乙级防火门，并应向疏散方向开启；其他建筑，可采用双向弹簧门，故选项 C 正确。室内地面与室外出入口地坪高差大于 10 m 或 3 层及以上的地下、半地下建筑（室），其疏散楼梯应采用防烟楼梯间；其他地下或半地下建筑（室），其疏散楼梯应采用封闭楼梯间，选项 D 的室内外高差为 9.85 m，故正确。高层宾馆直通疏散走道的房间疏散门至最近安全出口的直线距离不应大于 30×1.25=37.5（m），而连接"一"字型内走廊的 2 个防烟楼梯间前室的入口中心线之间的距离为 60 m，则房间门至防烟楼梯间入口的距离为 30 m，满足规范要求，故选项 E 正确。

第五章 防爆检查

【学习导图】

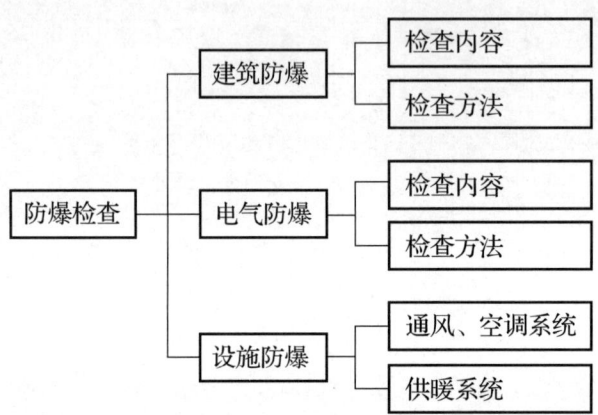

【知识要点】

第一节 建筑防爆

检查项目	检查内容
爆炸危险区域的确定	（1）爆炸危险区域按场所内存在物质的物态不同，分为爆炸性气体环境和爆炸性粉尘环境 （2）爆炸性气体环境危险区域范围主要根据释放源的级别和位置、易燃易爆物质的性质、通风条件、障碍物及生产条件、运行经验等经技术经济比较后综合确定 （3）爆炸性粉尘环境危险区域范围主要根据粉尘量、释放率、浓度和物理特性，以及同类企业相似厂房的运行经验确定
有爆炸危险的厂房的总体布局	（1）有爆炸危险的甲、乙类厂房宜独立设置 （2）有爆炸危险的甲、乙类厂房的总控制室应独立设置；分控制室宜独立设置，当采用耐火极限不低于3.00 h的防火隔墙与其他部位分隔时，可贴邻外墙设置 （3）净化有爆炸危险粉尘的干式除尘器和过滤器宜布置在厂房外的独立建筑内，且建筑外墙与所属厂房的防火间距不应小于10 m。对符合一定条件可以布置在厂房内的单独房间内时，需检查是否采用耐火极限分别不低于3.00 h的防火隔墙和耐火极限不低于1.50 h的楼板与其他部位分隔

续表

检查项目	检查内容
有爆炸危险的厂房的平面布置	（1）有爆炸危险的甲、乙类生产部位，宜布置在单层厂房靠外墙的泄压设施附近或多层厂房顶层靠外墙的泄压设施附近 （2）有爆炸危险的设备宜避开厂房的梁、柱等主要承重构件布置 （3）在爆炸危险区域内的楼梯间、室外楼梯或有爆炸危险的区域与相邻区域连通处，应设置门斗等防护措施。门斗的隔墙应采用耐火极限不低于2.00 h的防火隔墙，门采用甲级防火门并与楼梯间的门错位设置 （4）办公室、休息室不得布置在有爆炸危险的甲、乙类厂房内。确需贴邻本厂房时，其耐火等级不应低于二级，并采用耐火极限不低于3.00 h的防爆墙与厂房分隔，还要设置独立的安全出口 （5）排除有燃烧或爆炸危险气体、蒸气和粉尘的排风系统，排风设备不得布置在地下或半地下建筑（室）内
采取的防爆措施	（1）散发较空气重的可燃气体、可燃蒸气的甲类厂房和有粉尘、纤维爆炸危险的乙类厂房，应采用不发火花的地面；采用绝缘材料作整体面层时，应采取防静电措施 （2）散发可燃粉尘、纤维的厂房，其地面应平整、光滑，并易于清扫 （3）厂房内不宜设置地沟，确需设置时，其盖板应严密，地沟应采取防止可燃气体、可燃蒸气和粉尘、纤维在地沟积聚的有效措施，且在与相邻厂房连通处采用不燃烧防火材料密封 （4）甲、乙、丙类液体仓库应设置防止液体流散的设施。例如，在桶装仓库门洞处修筑高为150～300 mm的慢坡；或是在仓库门口砌筑高度为150～300 mm的门槛，再在门槛两边填沙土形成慢坡，便于装卸 （5）遇湿会发生燃烧爆炸的物品仓库应采取防止水浸渍的措施。例如，使室内地面高出室外地面，将仓库屋面严密遮盖；为防止渗漏雨水，装卸这类物品的仓库栈台应设防雨水的遮挡等
泄压设施的设置	（1）有爆炸危险的甲、乙类厂房宜采用敞开或半敞开式，承重结构宜采用钢筋混凝土或钢框架、排架结构 （2）泄压设施宜采用轻质屋面板、轻质墙体和易于泄压的门、窗等，并应采用安全玻璃等在爆炸时不产生尖锐碎片的材料。作为泄压设施的轻质屋面板和墙体，每平方米的质量不宜大于60 kg （3）泄压设施的设置应避开人员密集场所和主要交通道路，并宜靠近有爆炸危险的部位。有粉尘爆炸危险的筒仓，泄压设施应设置在顶部盖板。屋顶上的泄压设施要采取防冰雪积聚措施 （4）散发较空气轻的可燃气体、可燃蒸气的甲类厂房，宜采用轻质屋面板作为泄压面积。顶棚尽量平整、无死角，厂房上部空间保证通风良好 （5）有爆炸危险的厂房、粮食筒仓工作塔和上通廊设置的泄压面积严格按计算确定
与爆炸危险场所毗连的变、配电所的布置	（1）爆炸危险场所的正上方或正下方，不得设置变、配电所。必须毗连时，变、配电所尽量靠近楼梯间和外墙布置 （2）根据爆炸危险场所的危险等级，确定变、配电所与之共用墙面的数量，共用隔墙和楼板应为抹灰的实体和非燃烧体 （3）当变、配电所为正压室且布置在1区、2区内时，室内地面宜高出室外地面0.6 m左右

第二节　电气防爆

检查项目	检查内容
导线材质	应选用铜芯绝缘导线或电缆。选用铜芯绝缘导线或电缆时，铜芯导线或电缆的截面 1 区应为 2.5 mm² 以上，2 区应为 1.5 mm² 以上
导线允许载流量	绝缘电线和电缆的允许载流量不得小于熔断器熔体额定电流的 1.25 倍和断流器长延时过电流脱扣器整定电流的 1.25 倍
线路的敷设方式	（1）当爆炸环境中气体、蒸气的密度比空气大时，电气线路应敷设在高处或埋入地下。架空敷设时选用电缆桥架；电缆沟敷设时沟内应填充沙并设置有效的排水措施 （2）当爆炸环境中气体、蒸气的密度比空气小时，电气线路应敷设在较低处或用电缆沟敷设。敷设电气线路的沟道、钢管或电缆，在穿过不同区域之间墙或楼板处的孔洞时，应采用不燃材料严密堵塞，防止爆炸性混合物或蒸气沿沟道、电缆管道流动
线路的连接方式	电气线路之间原则上不能直接连接。如必须连接或封端时，检查是否采用压接、熔焊或钎焊，并保证接触良好，防止局部过热。线路与电气设备的连接，特别是铜铝线相接时，应采用适当的过渡接头
电气设备的选择	（1）爆炸性气体环境应根据爆炸危险区域的分区、电气设备的种类和防爆结构的要求，选择相应的电气设备。防爆电气设备的级别和组别，不得低于该爆炸性气体环境内爆炸性气体混合物的级别和组别。当存在有两种以上易燃性物质形成的爆炸性气体混合物时，需要按危险程度较高的级别和组别选用防爆电气设备 （2）爆炸性粉尘环境防爆电气设备的选择，应根据粉尘的种类，选择防尘结构或尘密结构的粉尘防爆电气设备
以下不需要接地的部分，在爆炸危险场所内仍需要接地	（1）在不良导电地面处，交流额定电压为 1 000 V 以下和直流额定电压为 1 500 V 及以下的电气设备正常时不带电的金属外壳 （2）在干燥环境，交流额定电压为 127 V 及以下，直流电压为 110 V 及以下的电气设备正常时不带电的金属外壳 （3）安装在已接地的金属结构上的电气设备 （4）敷设铠装电缆的金属构架

第三节　设施防爆

一、通风、空调系统

检查项目	检查内容
空调系统的选择	（1）甲、乙类厂房内的空气不应循环使用 （2）丙类厂房内含有燃烧或爆炸危险粉尘、纤维的空气，在循环使用前应经净化处理，并使空气中的含尘浓度低于其爆炸下限的 25% （3）民用建筑内空气中含有容易起火或爆炸危险物质的房间，应设置自然通风或独立的机械通风设施，且其空气不应循环使用

续表

检查项目	检查内容
管道的敷设	（1）厂房内用于有爆炸危险场所的排风管道，严禁穿过防火墙和有爆炸危险的房间隔墙 （2）甲、乙、丙类厂房内的送、排风管道宜分层设置
通风设备的选择	（1）对空气中含有易燃易爆危险物质的房间，其送、排风系统应选用防爆型的通风设备 （2）当送风机布置在单独分隔的通风机房内且送风干管上设置防止回流设施时，可采用普通型的通风设备 （3）燃气锅炉房应选用防爆型的事故排风机，且事故排风量满足换气次数不少于12次/h
除尘器和过滤器的设置	（1）对含有燃烧和爆炸危险粉尘的空气，在进入排风机前应采用不产生火花的除尘器进行处理 （2）对于遇水可能形成爆炸的粉尘，严禁采用湿式除尘器
接地装置的设置	排除有燃烧或爆炸危险气体、蒸气和粉尘的排风系统及燃油或燃气锅炉房的机械通风设施，应设置导除静电的接地装置

二、供暖系统

常见容易发生火灾或爆炸的厂房主要有：

（1）生产过程中散发的可燃气体、蒸气、粉尘、纤维与供暖管道、散热器表面接触，虽然供暖温度不高，也可能引起燃烧的厂房，例如，散发二硫化碳气体、黄磷蒸气及其粉尘的厂房。

（2）生产过程中散发的粉尘受到水、水蒸气的作用，能引起自燃和爆炸的厂房，例如，生产和加工钾、钠、钙等物质的厂房。

（3）生产过程中散发的粉尘受到水、水蒸气的作用，能产生爆炸性气体的厂房，例如，电石、碳化铝、氢化钾、氢化钠、硼氢化钠等释放出的可燃气体的厂房。

检查项目	检查内容
供暖方式的选择	对一些容易发生火灾或爆炸的厂房，须检查其供暖系统是否采用不循环使用的热风采暖
供暖管道的敷设	（1）供暖管道不得穿过存在与供暖管道接触能引起燃烧或爆炸的气体、蒸气或粉尘的房间，必须穿过时，应采用不燃材料隔热 （2）当供暖管道的表面温度大于100℃时，两者距离不应小于100 mm或采用不燃材料隔热；当供暖管道的表面温度不大于100℃时，两者距离不应小于50 mm或采用不燃材料隔热
供暖管道和设备绝热材料的燃烧性能	对于甲、乙类厂房（仓库），建筑内供暖管道和设备的绝热材料应采用不燃材料
散热器表面的温度	在散发可燃粉尘、纤维的厂房内，散热器表面平均温度不得超过82.5℃。输煤廊的散热器表面平均温度不得超过130℃

 【练习题】

一、单项选择题

1. 某氯酸钾厂房通风、空调系统的下列做法中，不符合现行国家消防技术标准的是（ ）。

A. 通风设施设置导除静电的接地装置

B. 排风系统采用防爆型通风设备

C. 厂房内的空气在循环使用前经过净化处理，并使空气中的含尘浓度低于其爆炸下限的25%

D. 厂房内选用不发生火花的除尘器

【参考答案】C 氯酸钾厂房为甲类厂房，甲、乙类厂房内的空气不应循环使用。故C不符合消防技术标准。

2. 有爆炸危险区域内的楼梯间、室外楼梯或有爆炸危险的区域与相邻区域连通处，应设置门斗等防护措施。下列门斗的做法中，符合现行国家消防技术标准规定的是（ ）。

A. 门斗隔墙的耐火极限为2.0 h，门采用甲级防火门且与楼梯间门错位

B. 门斗隔墙的耐火极限为1.5 h，门采用甲级防火门且与楼梯间门正对

C. 门斗隔墙的耐火极限为2.0 h，门采用乙级防火门且与楼梯间门正对

D. 门斗隔墙的耐火极限为2.5 h，门采用乙级防火门且与楼梯间门错位

【参考答案】A 有爆炸危险区域内的楼梯间、室外楼梯或有爆炸危险的区域与相邻区域连通处，应设置门斗等防护措施。门斗的隔墙应为耐火极限不应低于2.00 h的防火隔墙，门应采用甲级防火门并应与楼梯间的门错位设置。

二、多项选择题

某设计院对有爆炸危险的甲类厂房进行设计。下列防爆设计方案中，符合现行国家标准的有（ ）。

A. 厂房承重结构采用钢筋混凝土结构

B. 厂房的总控制室独立设置

C. 厂房的地面采用不发火花地面

D. 厂房的分控制室贴邻厂房外墙设置，并采用耐火极限不低于3 h的防火隔墙与其他部位分隔

E. 厂房利用门窗作为泄压设施，窗玻璃采用普通玻璃

【参考答案】ABCD 有爆炸危险的甲、乙类厂房承重结构宜采用钢筋混凝土或钢框架、排架结构，故选项A正确。有爆炸危险的甲、乙类厂房的总控制室应独立设置，故选项B正确。散发较空气重的可燃气体、可燃蒸气的甲类厂房和有粉尘、纤维爆炸危险的乙类厂房，应采用不发火花的地面，故选项C正确。有爆炸危险的甲、乙类厂房的分控制室宜独立设置，当贴邻外墙设置时，应采用耐火极限不低于3.00 h的防火隔墙与其他部位分隔，故选项D正确。泄压设施宜采用轻质屋面板、轻质墙体和易于泄压的门、窗等，应采用安全玻璃等在爆炸时不产生尖锐碎片的材料，故选项E错误。

第六章 建筑装修和保温系统检查

【学习导图】

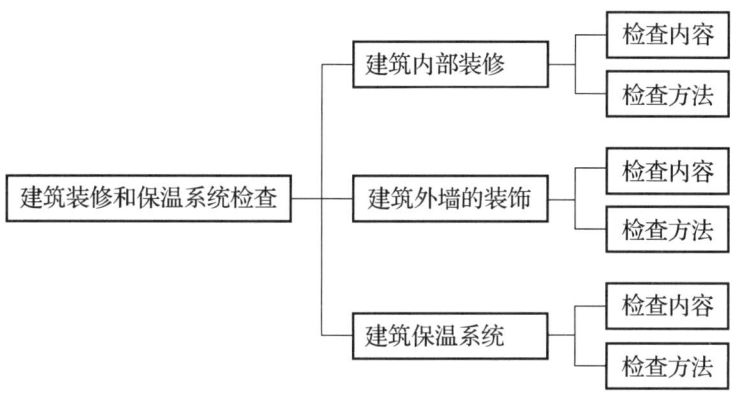

【知识要点】

第一节 建筑内部装修

根据装修材料种类的不同,建筑内部装修工程可以划分为纺织织物子分部、高分子合成材料子分部、复合材料子分部和其他材料子分部四种装修工程类型。

检查项目	检查内容
装修功能与原建筑类别的一致性	(1)装修工程的使用功能应与所在建筑原设计功能保持一致,不得改变原有建筑类别 (2)当装修工程的使用功能与原建筑设计不一致时,检查中需根据现有功能判断是否引起整栋建筑的性质变化,是否需要重新确定建筑类别,并明确所检查装修工程的装修范围和建筑面积
装修工程的平面布置	主要检查装修工程的平面布置是否满足相关要求,即由疏散楼梯间、疏散走道、防火分区组成的立体疏散体系是否完整与畅通
装修材料燃烧性能等级	(1)对重要建筑比一般建筑要求严,对地下建筑比地上建筑要求严,对 100 m 以上的建筑比一般高层建筑要求严 (2)对建筑物防火的重点部位,如公共活动区、楼梯、疏散走道及危险性大的场所等,比一般建筑部位要求严

续表

检查项目	检查内容
装修材料燃烧性能等级	（3）对顶棚的要求严于墙面，对墙面的要求又严于地面，对悬挂物（如窗帘、幕布等）的要求严于粘贴在基材上的物件 （4）安装在金属龙骨上燃烧性能达到 B_1 级的纸面石膏板、矿棉吸声板，可作为燃烧性能等级为 A 级的装修材料；每平方米质量小于 300 g 的纸质、布质壁纸，当直接粘贴在 A 级基材上时，可作为 B_1 级装修材料；施涂于 A 级基材上的无机装修涂料，可作为 A 级装修材料；施涂于 A 级基材上，湿涂覆比每平方米小于 1.5 kg，且涂层干膜厚度不大于 1.0 mm 的有机装修涂料，可作为 B_1 级装修材料 （5）当采用不同装修材料进行分层装修时，各层装修材料的燃烧性能等级均要符合相关规定。对于复合型装修材料，可通过提交专业检测机构进行整体测试后确定其燃烧性能等级
装修对疏散设施的影响	疏散走道两侧和安全出口附近不得设置有误导人员安全疏散的反光镜子、玻璃等装修材料
装修对消防设施的影响	消火栓箱门不得被装饰物遮掩，箱门的颜色与四周装修材料的颜色应有明显区别；建筑内部装修不得遮挡消火栓箱、手动报警按钮、喷头、火灾探测器以及安全疏散指示标志和安全出口标志等消防设施
照明灯具和配电箱的安装	（1）开关、插座、配电箱不得直接安装在燃烧性能等级低于 B_1 级的装修材料上；安装在燃烧性能等级 B_1 级以下的材料基座上时，必须采用具有良好隔热性能的不燃材料隔绝 （2）白炽灯、卤钨灯、荧光高压汞灯、镇流器等不得直接设置在可燃装修材料或可燃构件上 （3）照明灯具的高温部位，当靠近燃烧性能等级非 A 级装修材料时，应采取隔热、散热等防火保护措施。灯饰所用材料的燃烧性能等级不得低于 B_1 级
公共场所内阻燃制品标识张贴	公共场所内建筑制品、织物、塑料或橡胶、泡沫塑料、家具及组件、电线电缆六类产品需使用阻燃制品并加贴阻燃标识

第二节　建筑外墙的装饰

检查项目	检查内容
装饰材料的燃烧性能	室外大型广告牌和条幅的材质要便于发生火灾时破拆；建筑外墙的装饰层应采用燃烧性能为 A 级的材料，但建筑高度不大于 50 m 时，可采用 B_1 级材料
广告牌的设置位置	（1）户外广告牌设置在灭火救援窗或自然排烟窗的外侧时，不利于建筑的排烟和人员在紧急情况下的逃生及外部灭火救援 （2）在消防车登高面一侧的外墙上，不得设置凸出的广告牌，以免影响消防车登高操作
设置发光广告牌墙体的燃烧性能	户外电致发光广告牌不得直接设置在有可燃、难燃材料的墙体上

第三节　建筑保温系统

建筑保温系统包括建筑内、外保温系统，主要对建筑的基层墙体或屋面板进行保温。其中，建筑的屋面采用外保温系统。

检查项目	检查内容
保温材料的燃烧性能	用于建筑保温系统的保温材料主要包括有机高分子类、有机无机复合类和无机类三大类；根据燃烧性能等级的不同，主要有 A、B_1、B_2 三个等级
防护层的设置	建筑的外墙外保温系统外侧应按要求设置不燃材料制作的防护层，并将保温材料完全包覆。除采用保温材料与两侧墙体构成无空腔复合保温结构体外，当采用燃烧性能为 B_1、B_2 级保温材料时，防护层厚度首层不应小于 15 mm，其他层不应小于 5 mm。建筑的外墙内保温系统采用不燃材料做防护层；当采用燃烧性能为 B_1 级的保温材料时，防护层厚度不得小于 10 mm。建筑的屋面外保温系统采用燃烧性能为 B_1、B_2 级的保温材料时，按要求应设置不燃材料制作且厚度不小于 10 mm 的防护层
防火隔离带的设置	（1）当建筑的外墙外保温系统采用燃烧性能为 B_1、B_2 级的保温材料时，应在保温系统的每层沿楼板位置设置不燃材料制作的水平防火隔离带，隔离带的设置高度不应小于 300 mm，且应与建筑外墙体全面积粘贴密实 （2）当建筑的屋面和外墙外保温系统均采用燃烧性能为 B_1、B_2 级的保温材料时，还要检查外墙和屋面分隔处是否按要求设置了不燃材料制作的防火隔离带，宽度不得小于 500 mm
每层楼板处的防火封堵	建筑外墙外保温系统与基层墙体、装饰层之间的空腔，在每层楼板处应采用防火封堵材料封堵
电气线路和电器配件的安装	（1）电气线路不得穿越或敷设在燃烧性能为 B_1 级或 B_2 级的保温材料中；对确需穿越或敷设的，应采取穿金属管并在金属管周围采用不燃隔热材料进行防火隔离等防火保护措施 （2）设置开关、插座等电器配件的部位周围应采用不燃隔热材料进行防火隔离等防火保护措施

【练习题】

单项选择题

1. 在对建筑外墙装饰材料进行的防火检查中，下列不符合相关规范要求的是（　　）。

A. 某综合楼，地上 10 层，建筑外墙采用铝扣板装饰

B. 某超高层办公楼的裙房建筑外墙采用木纹金属板装饰

C. 某档案馆，建筑高度 40 m，地上一至四层的建筑外墙采用 PVC 塑料护墙板装饰

D. 某星级酒店，地上 20 层，建筑外墙采用难燃仿花岗岩装饰板装饰

【参考答案】D　建筑外墙的装饰层应采用燃烧性能为 A 级的材料，但建筑高度不大于 50 m 时，可采用 B_1 级材料。选项 D 中的某星级酒店，地上 20 层，高度超过 50 m，建筑外墙的装饰层应采用燃烧性能为 A 级的材料，选 D。

2. 对建筑内部装修防火工程进行验收时，应对电气设备及灯具的设置进行检查。在对某建筑的内部装修工程检查时，下列检查结果中，不符合现行国家消防技术标准规定的是（　　）。

A. 插座安装在木质装修材料上

B. 配电箱的壳体和底板采用金属材料制作，安装在轻钢龙骨纸面石膏板墙上

C. 吊顶内的电线采用金属管保护

D. 开关安装在水泥板隔墙上

【参考答案】A　各类天然木材属于B_2级材料。开关、插座、配电箱不得直接安装在燃烧性能等级低于B_1级的装修材料上。

第三篇
消防设施安装、检测与维护管理

第一章　消防设施质量控制、维护管理与消防控制室管理

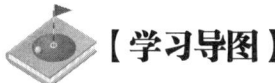【学习导图】

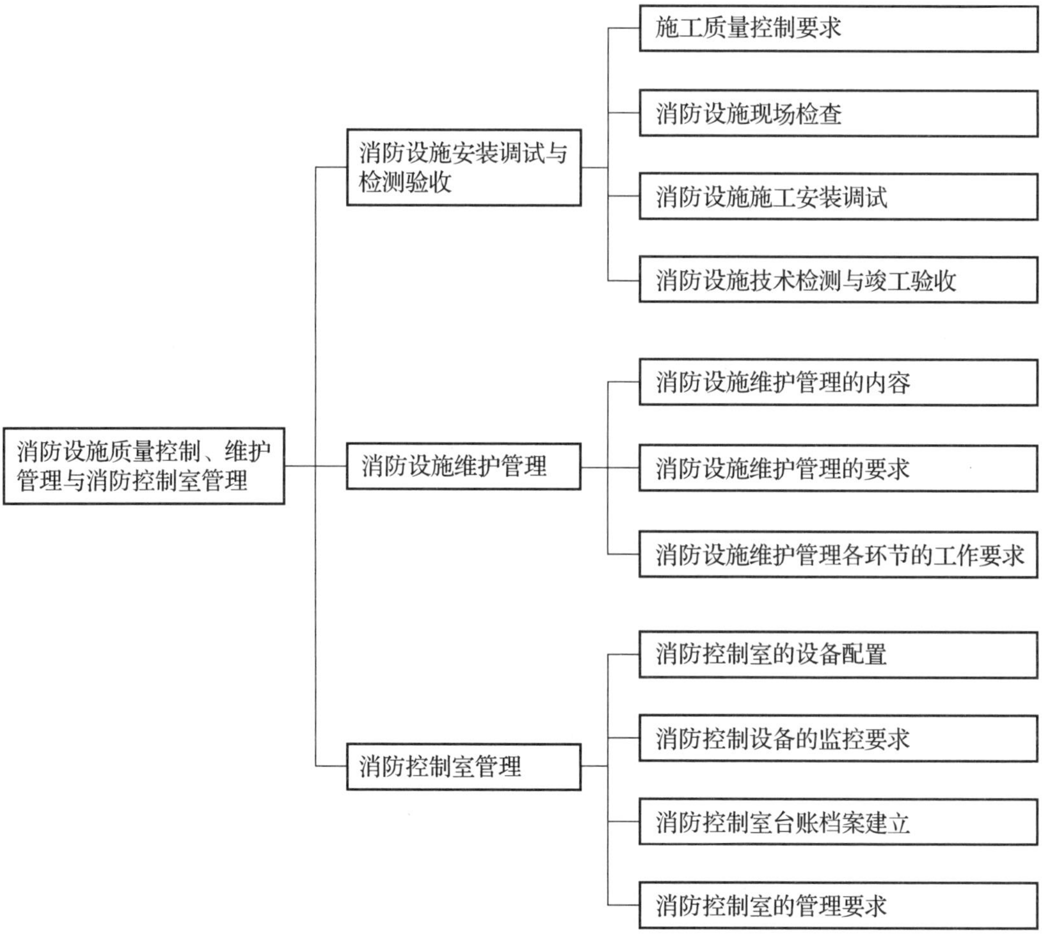

```
                                        ┌── 施工质量控制要求
                                        │
                          ┌─ 消防设施安装调试与 ─┼── 消防设施现场检查
                          │  检测验收           │
                          │                    ├── 消防设施施工安装调试
                          │                    │
                          │                    └── 消防设施技术检测与竣工验收
                          │
                          │                    ┌── 消防设施维护管理的内容
消防设施质量控制、维护     │                    │
管理与消防控制室管理 ──────┼─ 消防设施维护管理 ──┼── 消防设施维护管理的要求
                          │                    │
                          │                    └── 消防设施维护管理各环节的工作要求
                          │
                          │                    ┌── 消防控制室的设备配置
                          │                    │
                          └─ 消防控制室管理 ────┼── 消防控制设备的监控要求
                                               │
                                               ├── 消防控制室台账档案建立
                                               │
                                               └── 消防控制室的管理要求
```

【知识要点】

第一节 消防设施安装调试与检测验收

一、施工过程质量控制

施工环节	主要要求
进场检查	对到场的各类消防设施的设备、组件以及材料进行现场检查,经检查合格后方可用于施工
工序检查	各工序按照施工技术标准进行质量控制,每道工序完成后进行检查,经检查合格后方可进入下一道工序
监理	相关各专业工种之间交接时,应进行检验认可,经监理工程师签证后,方可进行下一道工序
施工调试	消防设施安装完毕,施工单位按照相关专业调试规定进行调试
资料	调试结束后,施工单位向建设单位提供质量控制资料和各类消防设施施工过程质量检查记录
监理质量检查	监理工程师组织施工单位人员对消防设施施工过程进行质量检查,施工过程质量检查记录按照各消防设施施工及验收规范的要求填写
资料填写	施工过程质量控制资料按照相关消防设施施工及验收规范的要求填写、整理

二、产品及施工安装质量问题处理

消防设施的设备、组件以及材料存在产品质量问题或者施工安装质量问题,不能满足国家工程建设相关消防技术标准的,按照下列要求进行处理:

处理方式	主要要求
更换	更换相关消防设施的设备、组件以及材料,进行施工返工处理,重新组织产品现场检查、技术检测或者竣工验收
返修	返修处理,能够满足相关标准规定和使用要求的,按照经批准的处理技术方案和协议文件,重新组织现场检查、技术检测或者竣工验收
判定不合格	返修或者更换相关消防设施的设备、组件以及材料的,经重新组织现场检查、技术检测、竣工验收,仍然不符合要求的,判定为现场检查、技术检测、竣工验收不合格
强制不使用	未经现场检查合格的消防设施的设备、组件以及材料,不得用于施工安装;消防设施未经竣工验收合格的,其建设工程不得投入使用

三、消防设施现场检查

检查项目	检查内容
合法性检查	1. 市场准入文件 （1）强制认证证书。纳入强制性产品认证的消防产品，查验其依法获得的强制认证证书 （2）技术鉴定证书。新研制的尚未制定国家或者行业标准的消防产品，查验其依法获得的技术鉴定证书 （3）型式检验报告。尚未纳入强制性产品认证的非新产品类的消防产品，查验其经国家法定消防产品检验机构检验合格的型式检验报告 （4）质量保证文件。非消防产品类的管材管件以及其他设备，查验其法定质量保证文件
	2. 产品质量检验文件 （1）查验所有消防产品的型式检验报告、其他相关产品的法定检验报告 （2）查验所有消防产品、管材管件及其他设备的出厂检验报告或者出厂合格证
一致性检查	（1）与其设备清单、使用说明书等核对无误 （2）与经国家消防产品法定检验机构检验合格的型式检验报告一致 （3）符合经法定机构批准或者备案的消防设计文件要求
产品质量检查	（1）外观检查 （2）组件装配及其结构检查 （3）基本功能试验 （4）灭火剂质量检测

四、消防设施施工安装调试

项目		主要要求
消防设施调试要求	时间	各消防设施施工结束后
	主体	施工单位或者其委托的具有调试能力的其他单位
	内容	消防设施单机设备、组件调试和系统联动调试等内容
消防设施调试条件	系统供电	系统供电正常，电气设备（主要是火灾自动报警系统）具备与系统联动调试的条件
	组件	水源、动力源和灭火剂储存等满足设计要求和系统调试要求，各类管网、管道、阀门等密封严密，无泄漏
	测试仪器、仪表	调试使用的测试仪器、仪表等性能稳定可靠，其精度等级及其最小分度值能够满足调试测定的要求，符合国家有关计量法规以及检定规程的规定
	通电试验	对火灾自动报警系统及其组件、其他电气设备分别进行通电试验，确保其工作正常

五、消防设施竣工验收

消防设施竣工验收分为资料检查、现场检查和质量验收判定三个环节。

项目	类型		判定标准
施工质量验收判定	严重缺陷项（A）、重缺陷项（B）、轻缺陷项（C）	消防给水及消火栓系统	A=0，B≤2，且B+C≤6时判定为合格；否则为不合格
		自动喷水灭火系统	
		防烟排烟系统	
		灭火器	A=0，B≤1，且B+C≤4时判定为合格；否则为不合格
		火灾自动报警系统	A=0，B≤2，且B+C≤检查项的5%时判定为合格；否则为不合格
		泡沫灭火系统	功能验收不合格时，判定为不合格
		气体灭火系统	验收项目有一项为不合格时，判定为不合格

第二节 消防设施维护管理

一、消防设施维护管理要求

项目		管理要求
一般要求		建筑使用管理单位需要对其消防设施的维护管理明确归口管理部门、管理人员及其工作职责，建立消防设施值班、巡查、检测、维修、保养、建档等管理制度
多产权要求		同一建筑物有2个及2个以上产权、使用单位的，明确消防设施的维护管理责任，实行统一管理，以合同方式约定各自的权利与义务；委托物业管理单位、消防技术服务机构等实施统一管理的，物业管理单位、消防技术服务机构等严格按照合同约定，履行消防设施维护管理职责，确保管理区域内的消防设施正常运行
人员从业资格要求	消防技术服务机构项目经理、技术人员	一级或者二级注册消防工程师的执业资格证书
	消防设施操作、值班、巡查的人员	初级技能（含，下同）以上等级的职业资格证书
	消防设施检测、保养人员	高级技能以上等级的职业资格证书
	消防设施维修人员	技师以上等级的职业资格证书

二、消防设施维护管理各环节的工作要求

环节	管理要求	
值班	建筑使用管理单位根据工作、生产、经营特点，建立值班制度	
巡查	建筑使用管理单位按照下列频次组织巡查： （1）公共娱乐场所营业期间，每 2 h 组织 1 次综合巡查。期间，将部分或者全部消防设施巡查纳入综合巡查内容，并保证每日至少对全部建筑消防设施巡查一遍 （2）消防安全重点单位每日至少对消防设施巡查 1 次 （3）其他社会单位每周至少对消防设施巡查 1 次 （4）举办具有火灾危险性的大型群众性活动的，承办单位根据活动现场实际需要确定巡查频次	
检测	（1）检测对象包括全部消防设施系统设备、组件等 （2）检测频次要求如下： 1）消防设施每年至少检测 1 次。重大节日或者重大活动，根据要求安排消防设施检测 2）设有自动消防设施的宾馆、饭店、商场、市场、公共娱乐场所等人员密集场所、易燃易爆单位以及其他一类高层公共建筑等消防安全重点单位，自消防设施投入运行后的每年年底，将年度检测记录报当地消防机构备案	
维修	填写《建筑消防设施故障维修记录表》，向建筑使用管理单位消防安全管理人报告；通知维修人员或者委托具有资质的消防设施维修保养单位进行维修	
保养	填写《建筑消防设施维护保养记录表》，并进行相应功能试验	
档案建立与管理	档案内容	（1）消防设施基本情况 （2）消防设施动态管理情况
	保存期限	（1）值班、巡查记录，不少于 1 年 （2）检测、维修、保养记录，不少于 5 年 （3）原始技术资料，长期保存

第三节　消防控制室管理

消防控制室是指挥火灾扑救，引导人员安全疏散的信息、指挥中心，是消防安全管理的核心场所。

项目	管理要求
消防控制设备的监控要求	（1）大型建筑群要根据其不同建筑功能需求、火灾危险性特点和消防安全监控需要，设置 2 个及 2 个以上的消防控制室，并确定主消防控制室、分消防控制室，以实现分散与集中相结合的消防安全监控模式 （2）主消防控制室的消防设备能够对系统内共用消防设备进行控制，显示其状态信息，并能够显示各个分消防控制室内消防设备的状态信息，具备对分消防控制室内消防设备及其所控制的消防系统、设备的控制功能 （3）各个分消防控制室的消防设备之间，可以互相传输、显示状态信息，不能互相控制消防设备

续表

项目	管理要求
消防控制室台账档案建立	消防控制室内至少保存有下列纸质台账档案和电子资料： （1）建（构）筑物竣工后的总平面布局图、消防设施平面布置图和系统图以及安全出口布置图、重点部位位置图等 （2）消防安全管理规章制度、应急灭火预案、应急疏散预案等 （3）消防安全组织结构图，包括消防安全责任人、管理人、专（兼）职和志愿消防人员等内容 （4）消防安全培训记录、灭火和应急疏散预案的演练记录 （5）值班情况、消防安全检查情况及巡查情况等记录 （6）消防设施一览表，包括消防设施的类型、数量、状态等内容 （7）消防联动系统控制逻辑关系说明、设备使用说明书、系统操作规程、系统以及设备的维护保养制度和技术规程等 （8）设备运行状况、接报警记录、火灾处理情况、设备检修检测报告等资料
消防控制室值班要求	（1）实行每日24 h专人值班制度，每班不少于2人，值班人员持有规定的消防专业技能鉴定证书 （2）消防设施日常维护管理符合相关规定 （3）确保火灾自动报警系统、固定灭火系统和其他联动控制设备处于正常工作状态，不得将应处于自动控制状态的设备设置在手动控制状态 （4）确保高位消防水箱、消防水池、气压水罐等消防储水设施水量充足，确保消防泵出水管阀门、自动喷水灭火系统管道上的阀门常开；确保消防水泵、防烟排烟风机、防火卷帘等消防用电设备的配电柜控制装置处于自动控制位置（或者通电状态）
消防控制室应急处置程序	（1）接到火灾警报后，值班人员立即以最快方式确认火灾 （2）火灾确认后，值班人员立即确认火灾报警联动控制开关处于自动控制状态，同时拨打"119"报警电话准确报警；报警时需要说明着火单位地点、起火部位、着火物种类、火势大小、报警人姓名和联系电话等 （3）值班人员立即启动单位应急疏散和初起火灾扑救灭火预案，同时报告单位消防安全负责人

【练习题】

单项选择题

1. 消防控制室应保存建筑竣工图样和与消防有关的纸质台账及电子资料。下列资料中，消防控制室可不予保存的是（　　）。

A. 消防设施施工调试记录　　　　B. 消防组织机构图
C. 消防重点部位位置图　　　　　D. 消防安全培训记录

【参考答案】A　消防控制室是建筑使用管理单位消防安全管理与消防设施监控的核心场所，需要保存能够反映建筑特征及其消防设施施工质量、运行情况的纸质台账档案和电子资料，消防控制室内至少保存有下列纸质台账档案和电子资料：①建（构）筑物竣工后的总平面布局图、消防设施平面布置图和系统图以及安全出口布置图、重点部位位置图等。②消防安全管理规章制度、应急灭火预案、应急疏散预案等。③消防安全组织结构图，包括消防安全责任人、管理人、专（兼）职和志愿消防人员等内容。④消防安全培训记录、灭火和应急疏散预案的演练记录。⑤值班情况、消防安全检查情况及巡查情况等记录。⑥消防设施一览表，包括消防设施的类型、数量、状态等内容。⑦消防联动系统控制逻辑关系说明、设备使用说明书、系统操作规程、系统以及设备的维护保养制度和技术规程等。⑧设备运行状况、接报警记录、火灾处理情况、设备检修检测报告等资料。

2.《机关、团体、企业、事业单位消防安全管理规定》（公安部令第61号）规定，消防安全重点单位应当进行每日防火巡查，并确定巡查的内容和频次。公众聚集场所在营业期间的防火巡查，应当至少每（ ）小时一次。

A. 2
B. 1
C. 3
D. 4

【参考答案】A

3. 消防设施档案应真实记录建筑消防设施的质量状况，从延续性要求及可追溯性要求出发，完整的档案内容应包括（ ）。

A. 消防设施平面布局、系统验收报告，系统维护保养记录

B. 消防设施值班、巡查、检测、维修及保养记录

C. 消防设施基本情况的各类文件资料，消防设施及相关人员动态管理的记录、资料

D. 消防设施巡查记录以及消防控制室值班记录

【参考答案】C 建筑消防设施档案至少包含下列内容：①消防设施基本情况。主要包括消防设施的验收文件和产品、系统使用说明书、系统调试记录、消防设施平面布置图、系统图等原始技术资料。②消防设施动态管理情况。主要包括消防设施的值班记录、巡查记录、检测记录、故障维修记录以及维护保养计划表、维护保养记录、自动消防控制室值班人员基本情况档案及培训记录等。

第二章 消防给水

【学习导图】

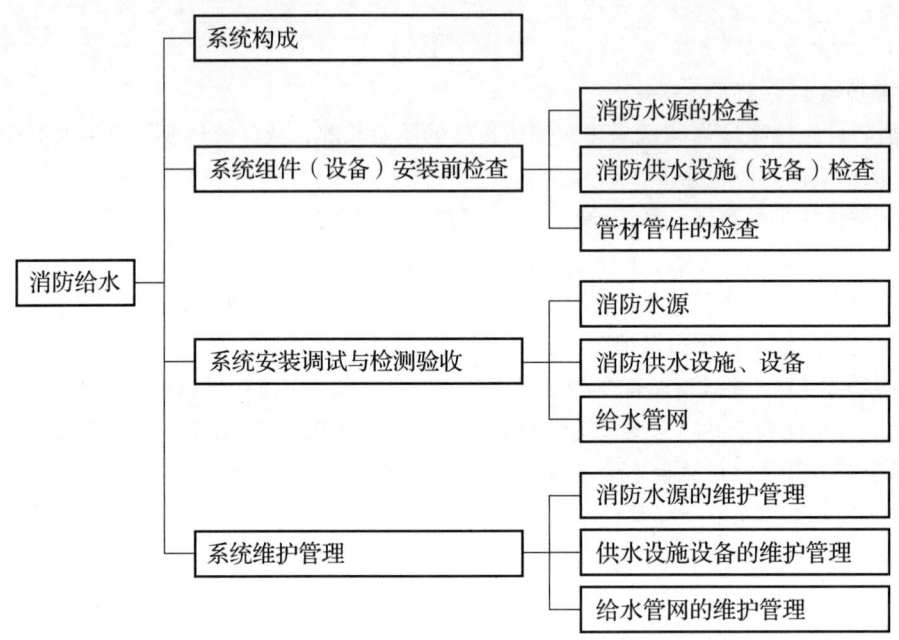

【知识要点】

第一节 系统构成

消防给水系统按水压分类,可分为高压消防给水系统、临时高压消防给水系统和低压消防给水系统;按给水范围分类,可分为独立消防给水系统和区域(集中)消防给水系统。具体内容见下表。

分类方式	系统名称	特点
按水压分	高压消防给水系统	能始终保持水灭火系统所需的工作压力和流量,火灾时无须启动消防水泵直接加压的消防给水系统
	临时高压消防给水系统	平时不能满足水灭火所需的工作压力和流量。火灾时自动启动消防水泵,以满足水灭火系统所需的工作压力和流量的消防给水系统

续表

分类方式	系统名称	特点
按水压分	低压消防给水系统	能满足车载或手抬移动消防水泵等取水所需的工作压力和流量的消防给水系统
按给水范围分	独立消防给水系统	在一栋建筑内消防给水系统自成体系、独立工作的系统
	区域（集中）消防给水系统	两栋及两栋以上的建筑共用的消防给水系统
按用途分	专用消防给水系统	仅向水灭火系统供水的独立系统的消防给水系统
	生活、消防共用给水系统	生活给水管网与消防给水管网共用的给水系统
	生产、消防共用给水系统	生产给水管网与消防给水管网共用的给水系统
	生活、生产、消防共用给水系统	大中型城镇、开发区的给水系统均为生活、生产和消防共用的给水系统，比较经济和安全可靠
按位置分	市政消防给水系统	在城镇范围由市政给水系统向水灭火系统供水
	室外消防给水系统	由进水管、室外消防给水管网和室外消火栓等构成，在建筑物外部进行灭火并向室内消防给水系统供水的消防给水系统
	室内消防给水系统	由引入管、室内消防给水管网、室内消火栓、水泵接合器和消防水箱等构成，在建筑物内部进行灭火的消防给水系统
按灭火方式分	消火栓灭火系统	由给水设施、消火栓、配水管网和阀门等构成的水灭火系统
	自动喷水灭火系统	以自动喷水喷头为主的灭火组件构成的水灭火系统
按管网形式分	环状管网消防给水系统	消防给水管网构成闭合环形，双向供水
	枝状管网消防给水系统	消防给水管网似树枝状，单向供水

第二节 系统组件（设备）安装前检查

一、消防水源的检查

消防给水系统的水源应无污染、无腐蚀、无悬浮物，水的 pH 值应为 6.0～9.0。给水水源的水质不应堵塞消火栓、报警阀、喷头等消防设施，且不影响其运行。通常，消防给水系统的水质基本上要达到生活水质的要求，消防水源的水量应充足、可靠。

消防水源的具体条件如下表所示。

消防水源类型	水源条件
市政给水管网	（1）市政给水管网可以连续供水 （2）用作两路消防供水的市政给水管网应符合下列规定： 1）市政给水厂至少有两条输水干管向市政给水管网输水 2）市政给水管网布置成环状管网 3）有不同市政给水干管上不少于两条引入管向消防给水系统供水。当其中一条发生故障时，其余引入管应仍能保证全部消防用水量 若达不到以上描述的市政两路消防供水条件时，则应视为一路消防供水
消防水池	（1）消防水池有足够的有效容积。只有在能可靠补水的情况下（两路进水），才可减去持续灭火时间内的补水容积 （2）供消防车取水的消防水池应设取水口（井） （3）在与生活或其他用水合用时，消防水池应有确保消防用水不被挪作他用的技术措施 （4）严寒、寒冷等结冰地区的消防水池还应采取相应的防冻措施 （5）取水设施有相应保护措施
天然水源	（1）利用江河湖海、水库等天然水源作为消防水源时，其设计枯水流量保证率宜为90%～97% （2）天然水源应当具备在枯水位也能确保消防车、固定和移动消防水泵取水的技术条件；若要求消防车能够到达取水口，则还需要设置满足消防车到达取水口的消防车道和消防车回车场或回车道 （3）井水作为消防水源，直接向水灭火系统供水时，水井不应少于两眼，且当每眼井的深井泵均采用一级供电负荷时，才可视为两路消防供水；若不满足，则视为一路消防供水
其他水源	雨水清水池、中水清水池、水景和游泳池等，一般只宜作为备用消防水源。但当以上所列的水源必须作为消防水源时，应有保证在任何情况下都能满足消防给水系统所需的水量和水质的技术措施

二、消防供水设施（设备）检查

在消防供水设施（设备）检查中，尤其要注意以下方面：

（一）消防水泵

（1）消防水泵泵体以及各种外露的罩壳、箱体均应喷涂大红漆。
（2）消防水泵外壳宜为球墨铸铁，水泵叶轮宜为青铜或不锈钢。
（3）泵应设置放水旋塞，放水旋塞应处于泵的最低位置以便排尽泵内余水。
（4）消防水泵控制柜有可靠的双电源或双回路电源条件。

（二）消防稳压设施

为防止消防稳压泵频繁启动，应设气压罐。各部件技术要求如下：

（1）消防稳压罐罐体以及各种外露的罩壳、箱体均喷涂大红漆。涂层质量应符合相关规定。
（2）气压罐的出水口公称直径按流量计算确定。应急消防气压给水设备其公称直径不宜小于100mm，出水口处应设有防止消防用水倒流进罐的措施。

三、管材管件的检查

（1）给水管网的主要作用是传输消防用水。
（2）管道支吊架材料除设计文件另有规定外，一般采用 Q235 普通碳素钢型材制作。
（3）管道支吊架上面的孔洞应采用电钻加工，不得用氧乙炔割孔。
（4）管卡宜用镀锌成型件，当无成型件时可用圆钢或扁钢制作，其内圆弧部分应与管子外径相符。

第三节　系统安装调试与检测验收

一、消防水池、消防水箱

（一）消防水池、消防水箱的施工、安装

（1）消防水池、消防水箱应设置于便于维护、通风良好、不结冰、不受污染的场所。在寒冷的场所，消防水箱应采取保温措施或在水箱间设置采暖措施（室内温度高于 5℃）。
（2）在施工安装时，消防水池及消防水箱的外壁与建筑本体结构墙面或其他池壁之间的净距，要满足施工、装配和检修的需要。无管道的侧面，净距不宜小于 0.7 m；有管道的侧面，净距不宜小于 1.0 m，且管道外壁与建筑本体墙面之间的通道宽度不宜小于 0.6 m；设有人孔的池顶，顶板面与上面建筑本体板底的净空不应小于 0.8 m。
（3）消防水箱采用钢筋混凝土时，在消防水箱的内部应贴白瓷砖或喷涂瓷釉涂料。采用其他材料时，消防水箱宜设置支墩，支墩的高度不宜小于 600 mm，以便于管道、附件的安装和检修。在选择材料时，除了考虑强度、造价、材料的自重、不易产生藻类外，还应考虑消防水箱的耐腐蚀性（耐久性）。

适合做消防水箱的材料有许多种，最常见的材料有碳素钢板、钢筋混凝土、搪瓷钢板、玻璃钢、不锈钢等，它们的优缺点如下：

1）碳素钢板焊接而成的钢板水箱，内表面需进行防腐处理，并且防腐材料不得有碍卫生要求。
2）钢筋混凝土现场灌注的水箱，质量大，施工周期长，与配管边接处易漏水，清洗时表面材料易脱落。
3）搪瓷钢板水箱，水质不受污染，能防止钢板锈蚀，安装方便迅速，不受土建进度的限制，结构合理，坚固美观，不变形，不漏水，适用性强。
4）玻璃钢水箱，不受建筑空间限制，适应性强，重量轻，无锈蚀，不渗漏，外形美观，保温性能好，安全可靠，安装方便，清洗维修简单，但使用寿命短。
5）不锈钢水箱，坚固，不污染水质，耐腐蚀，不漏水，清洗方便，质量轻，不滋生藻类，容易保温，美观，施工方便，但价格高。

（4）钢筋混凝土消防水池或消防水箱的进水管、出水管要加设防水套管。钢板等制作的消防水池或消防水箱的进出水等管道宜采用法兰连接，对有振动的管道应加设柔性接头。组合式消防水池或消防水箱的进水管、出水管接头宜采用法兰连接，采用其他连接时应做防锈处理。
（5）消防水池、消防水箱的溢流管、泄水管不得与生产或生活用水的排水系统直接相连，

应采用间接排水方式。

（6）消防水池和消防水箱出水管或水泵吸水管要满足最低有效水位出水不掺气的技术要求。

（二）消防水池、消防水箱的检测验收

（1）对照图样进行检查。

（2）敞口水箱装满水静置 24 h 后观察，若不渗不漏，则敞口水箱的满水试验合格；而封闭水箱在试验压力下保持 10 min，压力不降、不渗不漏则封闭水箱的水压试验合格。

（3）对照图样，用测量工具检查水箱安装位置及支架或底座安装情况，其尺寸及位置应符合设计要求，埋设平整牢固。

（4）检查水箱溢流管和泄水管应设置在排水地点附近，但不得与排水管直接连接。

二、消防供水设施、设备

（一）消防水泵

1. 消防水泵的安装调试

（1）安装前要对水泵进行手动盘车，检查其灵活性。除小型管道泵可以将水泵直接安装在管道上而不做基础外，大多数水泵的安装需要设置混凝土基础。

（2）当有减振要求时，水泵应配有减振设施，将水泵安装在减振台座上。常用的减振设施有橡胶隔振垫、橡胶剪切减振器、弹簧减振器等。

（3）水泵安装操作。水泵安装有分体安装和整体安装两种方式。

1）水泵的分体安装。水泵分体安装时，应先安装水泵，再安装电动机。小型水泵的找正，一般用水平尺放在水泵轴上测量轴向水平，放在水泵进（出）口垂直法兰面上测量径向水平。大型水泵则采用水准仪和吊线法找正，然后进行泵体固定，最后安装电动机，使电动机联轴器与水泵联轴器对接，使水泵轴中心线与电动机轴中心线在同一水平线上。

2）水泵的整体安装。整体安装时，首先清除泵座底面上的油腻和污垢，将水泵吊装放置在水泵基础上；其次通过调整水泵底座与基础之间的垫铁厚度，使水泵底座找正找平；再次对水泵的轴线、进出水口中心线进行检查和调整；最后进行泵体固定，用水泥沙浆浇灌地脚螺栓孔，待水泥沙浆凝固后，找平泵座并拧紧地脚螺栓螺母。

3）消防水泵机组外轮廓面与墙和相邻机组间的间距应符合下表的规定。

电动机容量 /kW	消防水泵相邻两个机组及机组至墙壁间的最小间距 /m
< 22	0.6
≥ 22 至 ≤ 55	0.8
> 55 至 < 255	1.2
> 255	1.5

除了以上机组间距要求外，泵房主要人行通道宽度不宜小于 1.2 m，电气控制柜前通道宽度不宜小于 1.5 m。

4）水泵机组基础的平面尺寸，有关资料如未明确，无隔振安装应较水泵机组底座四周各宽出 100 ~ 150 mm；有隔振安装应较水泵隔振台座四周各宽出 150 mm。

5）水泵机组基础的顶面标高，无隔振安装时应高出泵房地面不小于 0.10 m；有隔振安装时可高出泵房地面不小于 0.05 m。泵房内管道管外底距地面的距离：当管径 $DN \leqslant 150$ mm 时，不应小于 0.20 m；当管径 $DN \geqslant 200$ mm 时，不应小于 0.25 m。

6）水泵吸水管水平段偏心大小头应采用管顶平接，避免产生气囊和漏气现象。

2. 消防水泵控制柜的安装要求

（1）控制柜的基座，其水平度误差不应大于 ±2 mm，并应做防腐处理及防水措施。

（2）控制柜与基座采用不应小于 $\phi 12$ mm 的螺栓固定，每只柜不应少于 4 只螺栓。

（3）做控制柜的上下进出线口时，不应破坏控制柜的防护等级。

3. 消防水泵的部分检测验收要求

（1）消防水泵运转应平稳，应无不良噪声和振动。

（2）对照图样，检查系统组件的型号、规格、数量应符合设计要求；吸水管、出水管上的控制阀应锁定在常开位置，并有明显标记。

（3）消防水泵应采用自灌式引水或其他可靠的引水措施，并保证全部有效储水被有效利用。

（4）打开消防水泵出水管上试水阀，当采用主电源启动消防水泵时，消防水泵应启动正常；关掉主电源，主、备用电源应能正常切换；消防水泵就地和远程启 / 停功能应正常，并向消防控制室反馈状态信号。

（5）在阀门出口用压力表检查消防水泵停泵时，水锤消除设施后的压力不应超过水泵出口设计额定压力的 1.4 倍。

（6）消防水泵启动控制应置于自动启动挡。

（二）消防增（稳）压设施

1. 气压水罐的部分安装要求

（1）气压水罐宜有有效水容积指示器。

（2）气压水罐安装时其四周要设检修通道，其宽度不宜小于 0.7 m，消防气压给水设备顶部至楼板或梁底的距离不宜小于 0.6 m；消防稳压罐的布置应合理、紧凑。

（3）当气压水罐设置在非采暖房间时，应采取有效措施防止结冰。

2. 稳压泵的部分安装要求

（1）稳压泵的型号、规格、流量和扬程应符合设计要求，并应有产品合格证和安装使用说明书。

（2）稳压泵的安装应符合有关规定，并考虑排水的要求。

3. 稳压泵的部分验收要求

（1）稳压泵在 1 h 内的启停次数应符合设计要求，并不宜大于 15 次 /h。

（2）稳压泵供电应正常，自动手动启停应正常；关掉主电源，主、备用电源能正常切换。

（3）稳压泵吸水管应设置明杆闸阀，稳压泵出水管应设置消声止回阀和明杆闸阀。

（三）消防水泵接合器

1. 消防水泵接合器的部分安装要求

（1）组装式水泵接合器的安装，应按接口、本体、连接管、止回阀、安全阀、放空管、控制阀的顺序进行，止回阀的安装方向应使消防用水能从水泵接合器进入系统；整体式水泵接合器的安装按其使用安装说明书进行。

（2）水泵接合器接口的位置应方便操作，安装在便于消防车接近的人行道或非机动车行驶地段，距室外消火栓或消防水池的距离宜为 15～40 m。

（3）墙壁水泵接合器的安装应符合设计要求。设计无要求时，其安装高度距地面宜为 0.7 m；与墙面上的门、窗、孔、洞的净距离不应小于 2.0 m，且不应安装在玻璃幕墙下方。

（4）地下水泵接合器的安装，应使进水口与井盖底面的距离不大于 0.4 m，且不应小于井盖的半径；井内应有足够的操作空间并应做好防水和排水措施，防止地下水渗入。寒冷地区井内应做防冻保护。

（5）水泵接合器与给水系统之间不应设置除检修阀门以外的其他阀门；检修阀门应在水泵接合器周围就近设置，且应保证便于操作。

2. 消防水泵接合器的检测验收

（1）消火栓水泵接合器与消防通道之间不应设有妨碍消防车加压供水的障碍物（用于保护接合器的装置除外）。

（2）水泵接合器的安全阀及止回阀安装位置和方向应正确，阀门启闭应灵活。

（3）水泵接合器应设置明显的耐久性指示标志，当系统采用分区或对不同系统供水时，必须标明水泵接合器的供水区域及系统区别的永久性固定标志。

（4）地下消防水泵接合器应采用铸有"消防水泵接合器"标志的铸铁井盖，并在附近设置指示其位置的永久性固定标志。

（5）消防水泵接合器的数量及进水管位置应符合设计要求，并采用消防车车载消防水泵进行充水试验；当有分区供水时应确定消防车的最大供水高度和接力泵的设置位置的合理性。

三、给水管网

（一）管道连接方式

目前消防管道工程常用的连接方式有螺纹连接、焊接连接、法兰连接、承插连接、沟槽连接等。

（1）螺纹连接。螺纹连接用于低压流体输送用焊接钢管及外径可以攻螺纹的无缝钢管的连接，在消防上，当管径小于等于 DN 50 mm 时，采用螺纹连接。

（2）焊接连接。焊接连接是管道工程中最重要且应用最广泛的连接方式。其主要优点是：接口牢固耐久，不易渗漏，接头强度和严密性高，使用后不需要经常管理。钢管的焊接方式有很多，有气焊、手工电弧焊、氩弧焊、埋弧焊等。由于电焊焊缝强度比气焊高，并且比气焊经济，因此优先采用电焊焊接。

（3）法兰连接。按法兰与管子的固定方式分为螺纹法兰、焊接法兰、松套法兰等。

（4）承插连接。消防上多用到铸铁管的承插连接，铸铁管的承插连接方式分为机械式接口和非机械式接口。管径大于 DN 50 mm 的管道不应使用螺纹活接头，在管道变径处应采用单体异径接头。

（5）沟槽连接。这种连接方式具有不破坏钢管镀锌层、施工快捷、密封性好、便于拆卸等优点。

（二）架空管道的安装

（1）架空管道的安装不应影响建筑功能的正常使用，不应影响和妨碍通行以及门窗等开启。

（2）当设计无要求时，管道的中心线与梁、柱、楼板等的最小距离应符合下表规定。

管道公称直径 /mm	25	32	40	50	70	80	100	125	150	200
距离 /mm	40	40	50	60	70	80	100	125	150	200

（3）消防给水管穿过地下室外墙、构筑物墙壁以及屋面等有防水要求处时，要设防水套管。

（4）消防给水管穿过建筑物承重墙或基础时，应预留洞口，洞口高度应保证管顶上部净空不小于建筑物的沉降量，不宜小于 0.1 m，并应填充不透水的弹性材料。

（5）消防给水管穿过墙体或楼板时要加设套管，套管长度不应小于墙体厚度，或应高出楼面或地面 50 mm；套管与管道的间隙应采用不燃材料填塞，管道的接口不应位于套管内。

（6）消防给水管必须穿过伸缩缝及沉降缝时，应采用波纹管和补偿器等技术措施。

（7）消防给水管可能发生冰冻时，应采取防冻技术措施。

（8）消防给水管通过或敷设在有腐蚀性气体的房间内时，管外壁要刷防腐漆或缠绕防腐材料。

（9）架空管道外应刷红色油漆或涂红色环圈标志，并注明管道名称和水流方向标识。红色环圈标志宽度不应小于 20 mm，间隔不宜大于 4 m，在一个独立的单元内环圈不宜少于两处。

（三）管网支吊架的安装

（1）架空管道支架、吊架、防晃（固定）支架的安装应固定牢固。

（2）设计的吊架在管道的每一支撑点处应能承受 5 倍于充满水的管道质量，且管道系统支撑点应支撑整个消防给水系统。

（3）管道支架的支撑点宜设在建筑物的结构上，其结构在管道悬吊点应能承受充满水管道质量另加至少 114 kg 的阀门、法兰和接头等附加荷载。

（4）管道支架或吊架的设置间距不应大于下表的要求。

公称直径 /mm	25	32	40	50	70	80	100	150	200	250	300
最大间距 /m	3.5	4.0	4.5	5.0	6.0	6.0	6.5	7.0	8.0	11.0	12.0

（5）当管道穿梁安装时，穿梁处宜设置 1 个吊架。

（6）下列部位应设置固定支架或防晃支架：

1）配水管宜在中点设 1 个防晃支架，但当管径小于 DN 50 mm 时可不设。

2）配水干管及配水管，配水支管的长度超过 15 m，每 15 m 长度内应至少设 1 个防晃支架，但当管径不大于 DN 40 mm 时可不设。

3）管径大于 DN 50 mm 的管道拐弯、三通及四通位置处应设 1 个防晃支架。

4）防晃支架的强度，应满足管道、配件及管内水的重量再加 50% 的水平方向推力时不损坏或不产生永久变形。当管道穿梁安装时，管道再用紧固件固定于混凝土结构上，可作为 1 个防晃支架处理。

（7）架空管道每段管道设置的防晃支架应不少于 1 个；当管道改变方向时，应增设防晃支架；立管应在其始端和终端设防晃支架或采用管卡固定。

（四）管网的试压和冲洗

消防给水管网施工完成后，要进行试压和冲洗，要求如下：

（1）管网安装完毕后，要对其进行强度试验、冲洗和严密性试验。

（2）强度试验和严密性试验宜用水进行。

（3）系统试压完成后，要及时拆除所有临时盲板及试验用的管道，并与记录核对无误。

（4）管网冲洗在试压合格后分段进行。冲洗顺序应先室外、后室内，先地下、后地上；室内部分的冲洗应按配水干管、配水管、配水支管的顺序进行。

（5）系统试压前应符合下列条件：

1）试压用的压力表不应少于2只；精度不应低于1.5级，量程为试验压力值的1.5～2倍。

2）对不能参与试压的设备、仪表、阀门及附件要加以隔离或拆除；加设的临时盲板应具有凸出于法兰的边耳，且应做明显标志，并记录临时盲板的数量。

（6）系统试压过程中，当出现泄漏时，要停止试压，并放空管网中的试验介质，消除缺陷后，重新再试。

（7）管网冲洗宜用水进行。冲洗前，应对系统的仪表采取保护措施。

（8）冲洗管道直径大于 $DN\,100\,\text{mm}$ 时，应对其死角和底部进行敲打，但不得损伤管道。

（9）水压试验和水冲洗宜采用生活用水进行，不得使用海水或含有腐蚀性化学物质的水。

（10）在管材类型为钢管的压力管道的水压强度试验中，当系统设计工作压力小于或等于 1.0 MPa 时，水压强度试验压力应为设计工作压力的 1.5 倍，并不应低于 1.4 MPa；当系统设计工作压力大于 1.0 MPa 时，水压强度试验压力应为该工作压力加 0.4 MPa。

（11）水压强度试验的测试点应设在系统管网的最低点。对管网注水时，应将管网内的空气排净，并缓慢升压，达到试验压力后，稳压 30 min 后，管网应无泄漏、无变形，且压力降不大于 0.05 MPa。

（12）水压严密性试验在水压强度试验和管网冲洗合格后进行。试验压力应为系统设计工作压力，稳压 24 h，应无泄漏。

（13）水压试验时环境温度不宜低于 5℃，当低于 5℃时，水压试验应采取防冻措施。

（14）消防给水系统的水源干管、进户管和室内埋地管道应在回填前单独或与系统一起进行水压强度试验和水压严密性试验。

（15）气压严密性试验的介质宜采用空气或氮气，试验压力应为 0.28 MPa，且稳压 24 h，压力降不应大于 0.01 MPa。

（16）管网冲洗的水流流速、流量不应小于系统设计的水流流速、流量；管网冲洗宜分区、分段进行；水平管网冲洗时，其排水管位置应低于冲洗管网。

（17）管网冲洗的水流方向要与灭火时管网的水流方向一致。

（18）管网冲洗应连续进行。当出口处水的颜色、透明度与入口处水的颜色、透明度基本一致时，冲洗方可结束。

（19）管网冲洗宜设临时专用排水管道，其排放应畅通和安全。排水管道的截面面积不应小于被冲洗管道截面面积的 60%。

（20）管网的地上管道与地下管道连接前，应在管道连接处加设堵头后，再对地下管道进行冲洗。

（21）管网冲洗结束后，应将管网内的水排除干净。

（22）干式消火栓系统管网冲洗结束，管网内水排除干净后，必要时可采用压缩空气吹干。

(五)消防给水系统阀门的安装

消防给水系统阀门的安装要求如下:
(1)各类阀门型号、规格及公称压力应符合设计要求。
(2)阀门的设置应便于安装维修和操作,且安装空间能满足阀门完全启闭的要求,并作标志。
(3)阀门应有明显的启闭标志。
(4)消防给水系统干管与水灭火系统连接处应设置独立阀门,并保证各系统独立使用。

第四节 系统维护管理

一、消防水源的维护管理

(1)每月应对消防水池、高位消防水池、高位消防水箱等消防水源设施的水位等进行一次检测;消防水池(箱)玻璃水位计两端的角阀在不进行水位观察时应关闭。
(2)每季度应监测市政给水管网的压力和供水能力。
(3)每年应对天然河、湖等地表水消防水源的常水位、枯水位、洪水位,以及枯水位流量或蓄水量等进行一次检测。
(4)每年应对水井等地下水消防水源的常水位、最低水位、最高水位和出水量等进行一次测定。
(5)在冬季每天要对消防储水设施进行室内温度和水温检测,当结冰或室内温度低于5℃时,要采取确保不结冰和室温不低于5℃的措施。
(6)每年应检查消防水池、消防水箱等蓄水设施的结构材料是否完好,发现问题及时处理。

二、供水设施的维护管理

(1)每月应手动启动消防水泵运转一次,并检查供电电源的情况。
(2)每周应模拟消防水泵自动控制的条件自动启动消防水泵运转一次,且自动记录自动巡检情况,每月应检测记录。
(3)每日应对稳压泵的停泵启泵压力和启泵次数等进行检查和记录运行情况。
(4)每日应对柴油机消防水泵的启动电池的电量进行检测,每周检查储油箱的储油量,每月应手动启动柴油机消防水泵运行一次。
(5)每季度应对消防水泵的出流量和压力进行一次试验。
(6)每月应对气压水罐的压力和有效容积等进行一次检测。

三、给水管网的维护管理

(1)系统上所有的控制阀门均应采用铅封或锁链固定在开启或规定的状态,每月应对铅封、锁链进行一次检查,当有破坏或损坏时应及时修理更换。
(2)每月应对电动阀和电磁阀的供电和启闭性能进行检测。
(3)每季度应对室外阀门井中、进水管上的控制阀门进行一次检查,并应核实其处于全开启状态。

（4）每天应对水源控制阀进行外观检查，并应保证系统处于无故障状态。

（5）每季度应对系统所有的末端试水阀和报警阀的放水试验阀进行一次放水试验，并应检查系统启动、报警功能及出水情况是否正常。

（6）在市政供水阀门处于完全开启状态时，每月应对倒流防止器的压差进行检测。

【练习题】

一、单项选择题

1. 对高位消防水箱进行维护保养，应定期检查水箱水位，检查水位的周期至少应为每（　　）检查一次。

　　A. 日　　　　　　　　　　　　B. 月
　　C. 季　　　　　　　　　　　　D. 年

【参考答案】B　每月应对消防水池、高位消防水池、高位消防水箱等消防水源设施的水位进行一次检测。

2. 消防给水系统维护管理人员，应掌握和熟悉消防给水系统的（　　）、性能和操作维护方法。

　　A. 灭火机理　　　　　　　　　B. 工作原理
　　C. 运行规律　　　　　　　　　D. 设计原理

【参考答案】B　消防给水系统的维护管理是确保系统正常完好、有效使用的基本保障。维护管理人员经过消防专业培训后应熟悉消防给水系统的相关原理、性能和操作维护方法。

二、多项选择题

下列关于消防水泵接合器的安装要求的说法中，正确的有（　　）。

　　A. 应安装在便于消防车接近使用的地点
　　B. 墙壁式消防水泵接合器不应安装在玻璃幕墙下方
　　C. 墙壁式消防水泵接合器与门窗孔洞的净距不应小于2.0 m
　　D. 距室外消火栓或消防水池的距离宜为5～40 m
　　E. 地下消防水泵接合器进水口与井盖底部的距离不应小于井盖的直径

【参考答案】ABC　消防水泵接合器距室外消火栓或消防水池的距离宜为15～40 m，故选项D错误。地下消防水泵接合器进水口与井盖底部的距离不应小于井盖的半径，故选项E错误。

第三章 消火栓系统

【学习导图】

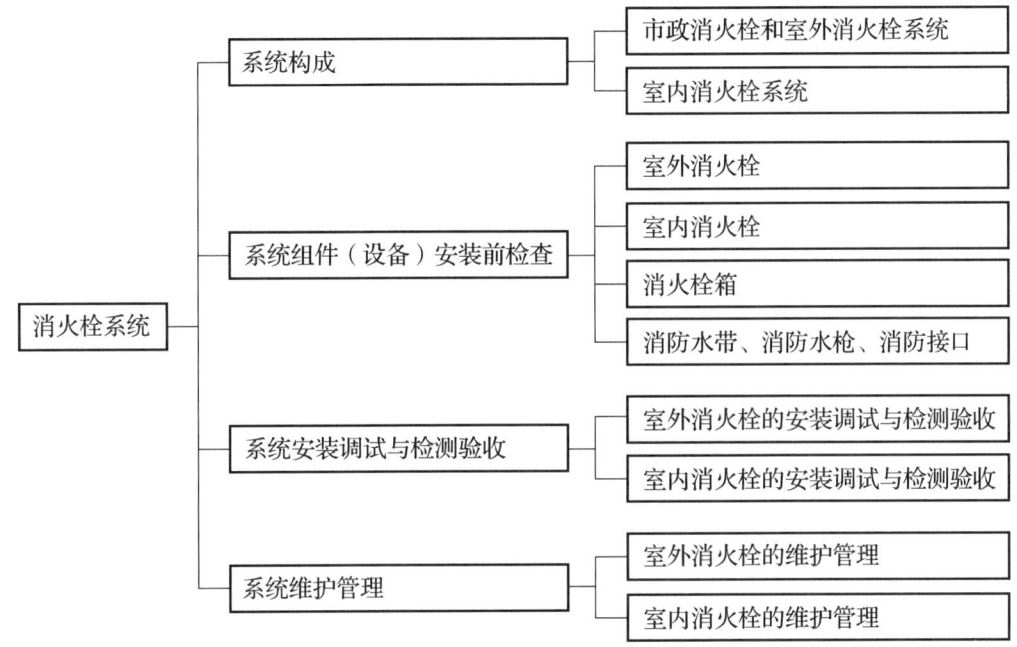

【知识要点】

消火栓系统是扑救、控制建筑物初起火灾的最为有效的灭火设施,是应用最为广泛、用量最大的水灭火系统;消火栓系统是以水为介质,用于灭火、控火和冷却防护等功能的消防系统。

第一节 系统构成

知识点	市政消火栓	室外消火栓系统	室内消火栓系统
设置部位	设置在市政给水管网上	设置在建筑外	通常安装在消火栓箱内
主要用途	供消防车取水,经增压后向建筑内的供水管网供水或实施灭火,也可以直接连接水带、水枪出水灭火		扑救建筑内火灾

第二节 系统组件（设备）安装前检查

一、室外消火栓

（一）室外消火栓的分类

（1）按其安装场合可分为地上式和地下式两种，地上式又分为湿式和干式。地上湿式室外消火栓适用于气温较高的地区，地上干式室外消火栓和地下式室外消火栓适用于气温较寒冷的地区。

（2）按消火栓的进水口与城市自来水管网的连接方式可分为承插式和法兰式两种。

（3）按其进水口的公称通径可分为 100 mm 和 150 mm 两种。进水口公称通径为 100 mm 的消火栓，其吸水管出水口应选用规格为 100 mm 的消防接口，水带出水口应选用规格为 65 mm 的消防接口。进水口公称通径为 150 mm 的消火栓，其吸水管出水口应选用规格为 150 mm 的消防接口，水带出水口应选用规格为 80 mm 的消防接口。

（4）按其公称压力可分为 1.0 MPa 和 1.6 MPa 两种。其中承插式的消火栓为 1.0 MPa，法兰式的消火栓为 1.6 MPa。

（5）按其用途可分为普通型和特殊型。特殊型又有泡沫型、防撞型、调压型、减压稳压型之分。

（二）室外消火栓的检查

（1）产品标识。

（2）消防接口。外螺纹固定接口和吸水管接口的本体材料应由铜质材料或不锈钢材料制造。

（3）排放余水装置。室外消火栓应有自动排放余水装置。

（4）材料。栓阀座应用铸造铜合金制作，阀杆螺母材料性能应不低于黄铜。

二、室内消火栓

（一）室内消火栓的分类

（1）按其出水口型式可分为单出口室内消火栓和双出口室内消火栓。目前，双出口室内消火栓已基本淘汰，不建议采用。

（2）按其栓阀数量可分为单栓阀（以下简称单阀）室内消火栓和双栓阀（以下简称双阀）室内消火栓。

（3）按其结构型式可分为直角出口型室内消火栓、45°出口型室内消火栓、旋转型室内消火栓、减压型室内消火栓、旋转减压型室内消火栓、减压稳压型室内消火栓、旋转减压稳压型室内消火栓等。

（二）室内消火栓的检查

（1）产品标识。

（2）手轮。室内消火栓手轮轮缘上应明显地铸出标示开关方向的箭头和字样。

（3）材料。室内消火栓阀座及阀杆螺母材料性能应不低于黄铜，阀杆本体材料性能应不低于铅黄铜。

三、消火栓箱

（一）消火栓箱的分类

（1）按其安装方式可分为明装式、暗装式、半暗装式。
（2）按其箱门型式可分为左开门式、右开门式、双开门式、前后开门式。
（3）按其箱门材料可分为全钢型、钢框镶玻璃型、铝合金框镶玻璃型和其他材料型。
（4）按水带的安置方式可分为卷盘式、挂置式、托架式、卷置式。

（二）消火栓箱的检查

（1）外观质量和标志。消火栓箱箱体应设耐久性铭牌。消火栓箱箱门正面应以直观、醒目、匀整的字体标注"消火栓"字样，且字体高不得小于 100 mm、宽不得小于 80 mm。
（2）器材的配置和性能。
（3）箱门。消火栓箱应设置门锁或箱门关紧装置。设置门锁的消火栓箱，除箱门安装玻璃以及能被击碎的透明材料者外，均应设置箱门紧急开启的手动机构，以保证在没有钥匙的情况下开启灵活、可靠，且箱门开启角度不得小于 160°，并无卡阻现象。
（4）水带安置。卷盘式消火栓箱的水带盘从挂臂上取出应无卡阻。
（5）材料。室内消火栓箱刮开箱体涂层，使用千分尺进行测量，箱体应使用厚度不小于 1.2 mm 的薄钢板或铝合金材料制造，箱门玻璃厚度不小于 4.0 mm。

第三节　系统安装调试与检测验收

一、室外消火栓的安装调试与检测验收

消火栓安装位于人行道沿上 1.0 m 处，采用钢制双盘短管调整高度，做内外防腐。

地上式室外消火栓安装时，消火栓顶距地面高为 0.64 m，立管应垂直、稳固，控制阀门井距消火栓不应超过 1.5 m，消火栓弯管底部应设支墩或支座。

地下式室外消火栓应安装在消火栓井内，消火栓井一般用 MU7.5 红砖、M7.5 水泥沙浆砌筑。消火栓井内径不应小于 1.5 m。井内应设爬梯以方便阀门的维修。

消火栓与主管连接的三通或弯头下部位应带底座，底座应加垫混凝土支墩，支墩与三通、弯头底部用 M7.5 水泥沙浆抹成八字托座。

消火栓井内供水主管底部距井底不应小于 0.2 m，消火栓顶部至井盖底距离应不小于 0.2 m，冬季室外温度低于 –20℃的地区，地下消火栓井口须作保温处理。

安装地上式室外消火栓时，其放水口应用粒径为 20～30 mm 的卵石做渗水层，铺设半径为 500 mm，铺设厚度自地面下 100 mm 至槽底。铺设渗水层时，应保护好放水弯头，以免损坏。

二、室内消火栓的安装调试与检测验收

管道在焊接前应清除接口处的浮锈、污垢及油脂。

当管子公称直径 ≤ 100 mm 时，应采用螺纹连接；当管子公称直径 > 100 mm 时，可采用焊接或法兰连接。连接后均不得减少管道的通水横断面面积。

管道安装必须按图样设计要求的轴线位置和标高进行定位放线。安装顺序一般是主干管、干管、分支管、横管、垂直管。

管井的消防立管安装采用从下至上的安装方法,即管道从管井底部逐层驳接安装,直至立管全部安装完,并且固定至各层支架上。

管道穿梁及地下室剪力墙、水池等,应装设预埋套管。

当管道壁厚≤4 mm,直径≤50 mm时应采用气焊;壁厚≥4.5 mm,直径>70 mm时采用电焊。

不同管径的管道焊接,连接时如两管径相差不超过小管径的15%,可将大管端部缩口与小管对焊。如果两管相差超过小管径的15%,应采用变径管件焊接。

管道对口焊缝上不得开口焊接支管,焊口不得安装在支吊架位置上。

管道穿墙处不得有接口;管道穿过伸缩缝处应有抗变形措施。

碳素钢管开口焊接时要错开焊缝,并使焊缝朝向易观察和维修的方向上。

管道焊接时先点焊三点以上,然后检查预留口位置、方向、变径等无误后,找直、找正再焊接,紧固卡件,拆掉临时固定件。

管网安装完毕后,应对其进行强度试验、冲洗和严密性试验。

水压强度试验的测试点应设在系统管网的最低点。对管网注水时,应将管网内的空气排净,并应缓慢升压,达到试验压力后,稳压30 min,管网应无泄漏、无变形,且压力降不应大于0.05 MPa。

管网冲洗应在试压合格后分段进行。冲洗顺序应先室外、后室内,先地下、后地上。室内部分的冲洗应按配水干管、配水管、配水支管的顺序进行;管网冲洗结束后,应将管网内的水排除干净。

水压严密性试验应在水压强度试验和管网冲洗合格后进行。试验压力应为设计工作压力,稳压24 h,应无泄漏。

箱体配件安装应在交工前进行。消防水带应折好放在挂架上或卷实、盘紧放在箱内;消防水枪要竖放在箱体内侧,自救式水枪和软管应放在挂卡上或放在箱底部。消防水带与水枪、快速接头的连接,一般用14#铅丝绑扎两道,每道不少于两圈,使用卡箍时,在里侧加一道铅丝。设有电控按钮时,应注意与电气专业配合施工。

管道支架、吊架的安装间距、材料选择,必须严格按照规定要求和施工图样的规定,接口缝距支、吊连接缘不应小于50 mm,焊缝不得放在墙内。

阀门的安装应紧固、严密,与管道中心垂直,操作机构灵活准确。

第四节　系统维护管理

一、室外消火栓的维护管理

(一) 地下式室外消火栓的维护管理

地下式室外消火栓应每季度进行一次检查保养,其内容主要包括:

(1) 用专用扳手转动消火栓启动杆,观察其灵活性,必要时加注润滑油。

(2) 检查橡胶垫圈等密封件有无损坏、老化或丢失等情况。

（3）检查栓体外表油漆有无脱落，有无锈蚀，如有应及时修补。

（4）入冬前检查消火栓的防冻设施是否完好。

（5）重点部位消火栓，每年应逐一进行一次出水试验，出水压力应满足要求。在检查中可使用压力表测试管网压力，或者连接水带进行射水试验，检查管网压力是否正常。

（6）随时清除消火栓井周围及井内积存的杂物。

（7）地下式室外消火栓应有明显标志，要保持室外消火栓配套器材和标志的完整有效。

（二）地上式室外消火栓的维护管理

（1）用专用扳手转动消火栓启动杆，检查其灵活性，必要时加注润滑油。

（2）检查出水口闷盖是否密封，有无缺损。

（3）检查栓体外表油漆有无剥落，有无锈蚀，如有应及时修补。

（4）每年开春后、入冬前对地上式室外消火栓逐一进行出水试验，出水压力应满足要求。在检查中可使用压力表测试管网压力，或者连接水带进行射水试验，检查管网压力是否正常。

（5）定期检查消火栓前端阀门井。

（6）保持配套器材的完备有效，无遮挡。

室外消火栓系统的检查除上述内容外，还应包括与有关单位联合进行的消防水泵、消防水池的一般性检查，如应经常检查消防水泵各种闸阀是否处于正常状态，消防水池水位是否符合要求等。

二、室内消火栓的维护管理

（一）室内消火栓的维护管理

室内消火栓箱内应经常保持清洁、干燥，防止锈蚀、碰伤或其他损坏。每半年至少进行一次全面的检查维修。主要内容有：

（1）检查消火栓和消防卷盘供水闸阀是否渗漏水，若渗漏水及时更换密封圈。

（2）对消防水枪、消防水带、消防卷盘及其他配件进行检查，全部附件应齐全完好，卷盘转动灵活。

（3）检查报警按钮、指示灯及控制线路，应功能正常、无故障。

（4）消火栓箱及箱内装配的部件外观无破损，涂层无脱落，箱门玻璃完好无缺。

（5）对消火栓、供水阀门及消防卷盘等所有转动部位应定期加注润滑油。

（二）供水管路的维护管理

室外阀门井中，进水管上的控制阀门应每个季度检查一次，核实其处于全开启状态。系统上所有的控制阀门均应采用铅封或锁链固定在开启或规定的状态。每月应对铅封、锁链进行一次检查，当有破坏或损坏时应及时修理更换。

（1）对管路进行外观检查，若有腐蚀、机械损伤等，应及时修复。

（2）检查阀门是否漏水，若有漏水，应及时修复。

（3）室内消火栓设备管路上的阀门为常开阀，平时不得关闭，应检查其开启状态。

（4）检查管路的固定是否牢固，若有松动，应及时加固。

第四章　自动喷水灭火系统

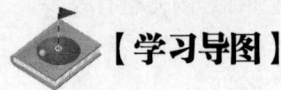【学习导图】

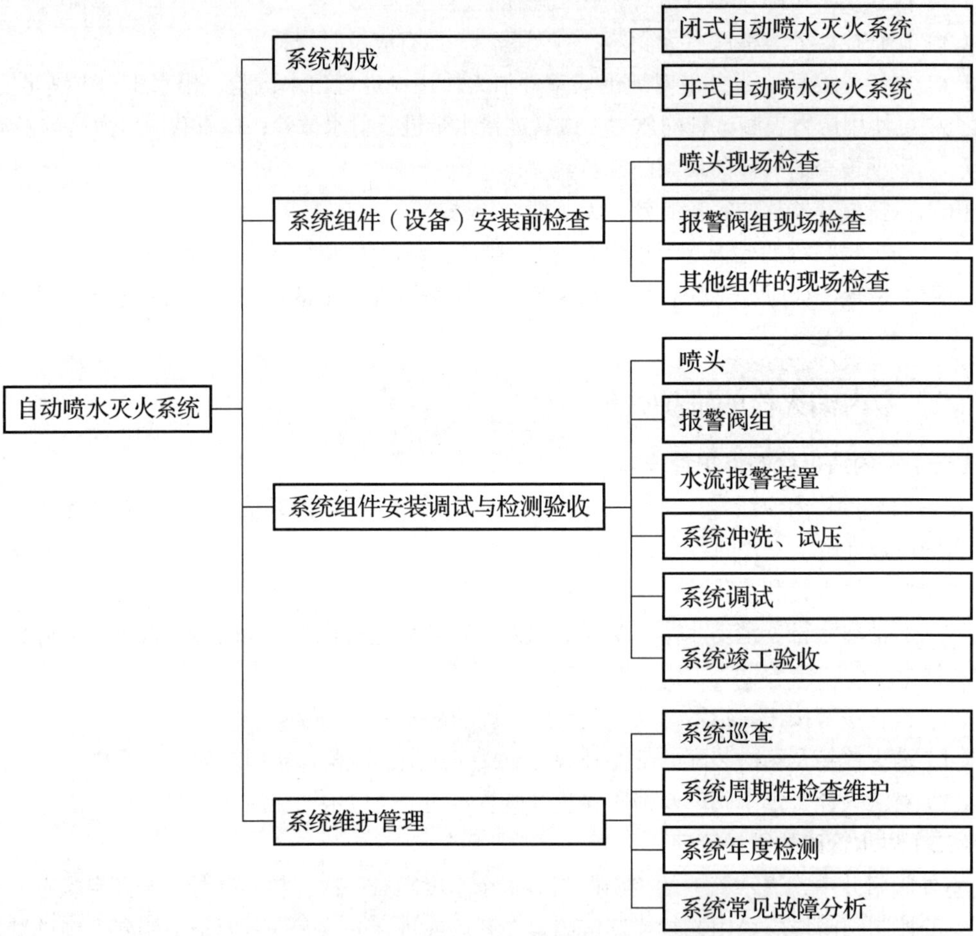

- 自动喷水灭火系统
  - 系统构成
    - 闭式自动喷水灭火系统
    - 开式自动喷水灭火系统
  - 系统组件（设备）安装前检查
    - 喷头现场检查
    - 报警阀组现场检查
    - 其他组件的现场检查
  - 系统组件安装调试与检测验收
    - 喷头
    - 报警阀组
    - 水流报警装置
    - 系统冲洗、试压
    - 系统调试
    - 系统竣工验收
  - 系统维护管理
    - 系统巡查
    - 系统周期性检查维护
    - 系统年度检测
    - 系统常见故障分析

【知识要点】

第一节 系统构成

知识点		主要内容
自动喷水灭火系统的构成		自动喷水灭火系统由洒水喷头、水流报警装置（水流指示器或压力开关）、报警阀组等组件，以及管道、供水设施等组成
闭式自动喷水灭火系统	湿式系统的构成	由闭式喷头、湿式报警阀组、水流指示器或压力开关、供水与配水管道以及供水设施等组成
	干式系统的构成	由闭式喷头、干式报警阀组、水流指示器或压力开关、供水与配水管道、充气设备以及供水设施等组成
	预作用系统的构成	由闭式喷头、雨淋阀组、水流报警装置、供水与配水管道、充气设备和供水设施等组成
开式自动喷水灭火系统	雨淋系统的构成	由开式喷头、雨淋报警阀组、水流报警装置、供水与配水管道以及供水设施等组成
	水幕系统的构成	由开式洒水喷头或水幕喷头、雨淋报警阀组或感温雨淋报警阀组、供水与配水管道、控制阀以及水流报警装置（水流指示器或压力开关）等组成

第二节 系统组件（设备）安装前检查

一、喷头现场检查

检查项目	检查内容	检查方法
喷头装配性能	旋拧喷头顶丝，不得轻易旋开，转动溅水盘，无松动、变形等现象，以确保喷头不被轻易调整、拆卸和重装	螺钉旋具旋拧喷头顶丝，用手转动溅水盘，目测观察
喷头外观标志	（1）喷头溅水盘或者本体上至少具有型号、规格、生产厂商名称（代号）或者商标、生产时间、响应时间指数（RTI）等永久性标识 （2）边墙型喷头上有水流方向标识，隐蔽式喷头的盖板上有"不可涂覆"等文字标识 （3）喷头型号、规格的标记由类型特征代号（型号）、性能代号、公称口径和公称动作温度等部分组成，型号、规格所示的性能参数应符合设计文件的选型要求 （4）所有标识均为永久性标识，标识正确、清晰 （5）易熔元件、玻璃球的色标与温标对应、正确	目测观察

续表

检查项目	检查内容	检查方法
喷头外观质量	（1）喷头外观无加工缺陷、无机械损伤、无明显磕碰伤痕或者损坏；溅水盘无松动、脱落、损坏或者变形等情况 （2）喷头螺纹密封面无伤痕、毛刺、缺丝或者断丝现象	目测观察
闭式喷头密封性能试验	（1）密封性能试验的试验压力为 3.0 MPa，保压时间不少于 3 min （2）随机从每批到场喷头中抽取 1%，且不少于 5 只作为试验喷头。当 1 只喷头试验不合格时，再抽取 2%，且不少于 10 只的到场喷头进行重复试验 （3）试验以喷头无渗漏、无损伤判定为合格。累计两只以及两只以上喷头试验不合格的，不得使用该批喷头	采用专用试验装置进行测试和目测观察
喷头质量偏差	（1）随机抽取 3 个喷头（带有运输护帽的摘下护帽）进行质量偏差检查 （2）使用天平测量每只喷头的质量 （3）计算喷头质量与合格检验报告描述的质量偏差，偏差不得超过 5%	采用精度不低于 0.1 g 的天平测量

二、报警阀组现场检查

检查项目	检查内容	检查方法
报警阀组外观	（1）报警阀的商标、型号、规格等标志应齐全，阀体上有水流指示方向的永久性标识 （2）报警阀的型号、规格应符合经消防设计审核合格或者备案的消防设计文件要求 （3）报警阀组及其附件应配备齐全，表面无裂纹，无加工缺陷和机械损伤	采用目测观察全数检查
报警阀结构	（1）阀体上应设有放水口，放水口的公称直径不应小于 20 mm （2）阀体的阀瓣组件的供水侧，应设有在不开启阀门的情况下测试报警装置的测试管路 （3）干式报警阀组、雨淋报警阀组应设有自动排水阀 （4）阀体内应清洁、无异物堵塞，报警阀阀瓣开启后应能够复位	采用目测观察全数检查，并按照要求进行手动操作检查
报警阀组操作性能检验	（1）报警阀阀瓣以及操作机构应动作灵活，无卡涩现象 （2）水力警铃的铃锤应转动灵活，无阻滞现象 （3）水力警铃传动轴密封性能应良好，无渗漏水现象 （4）进口压力为 0.14 MPa、排水流量不大于 15.0 L/min 时，不报警；流量为 15.0～60.0 L/min 时，可报可不报；流量大于 60.0 L/min 时，必须报警	采用目测观察全数检查，并按照要求进行手动操作检查
报警阀渗漏检验	测试报警阀密封性，试验压力为额定工作压力的 2 倍的静水压力，保压时间不小于 5 min 后，阀瓣处应无渗漏	依次组装并试验后，进行目测观察

三、其他组件的现场检查

检查项目	检查内容	检查方法
其他组件外观	（1）压力开关、水流指示器、末端试水装置等有清晰的铭牌、安全操作指示标识和产品说明书 （2）水流指示器上有水流方向的永久性标识；末端试水装置的试水阀上有明显的启闭状态标识 （3）各组件不得有结构松动、明显的加工缺陷，表面不得有明显锈蚀、涂层剥落、起泡、毛刺等缺陷；水流指示器桨片完好无损	目测观察
其他组件功能	（1）水流指示器： 1）检查水流指示器灵敏度，试验压力为 0.14～1.2 MPa，流量不大于 15.0 L/min 时，水流指示器不报警；流量在 15.0～37.5 L/min 任一数值时，可报警可不报警；到达 37.5 L/min 时，一定报警 2）具有延迟功能的水流指示器，检查桨片动作后报警延迟时间，在 2～90 s 范围内，且不可调节 （2）压力开关。测试压力开关动作情况，检查其常开或者常闭触点通断情况，动作可靠、准确 （3）末端试水装置： 1）测试末端试水装置密封性能，试验压力为额定工作压力的 1.1 倍，保压时间为 5 min，末端试水装置试水阀关闭，测试结束时末端试水装置各组件无渗漏 2）末端试水装置手动（电动）操作方式灵活，便于开启，信号反馈装置能够在末端试水装置开启后输出信号，试水阀关闭后，末端试水装置无渗漏	在专用试验装置上测试，目测观察

第三节　系统组件安装调试与检测验收

一、喷头

（一）喷头安装及质量检测要求

（1）采用专用工具安装喷头，严禁利用喷头的框架施拧；喷头的框架、溅水盘产生变形、释放原件损伤的，应采用型号、规格相同的喷头进行更换。

（2）喷头安装时，不得对喷头进行拆装、改动，严禁在喷头上附加任何装饰性涂层。

（3）不同类型的喷头按照下列要求安装：

1）直立型喷头连接 DN 25 mm 短立管或者直接向上直立安装于配水支管上。

2）下垂型喷头连接 DN 25 mm 短立管或者直接下垂安装于配水支管上。

3）边墙型喷头根据选定的型号、规格，水平安装于顶棚（吊顶）下的边墙上，或者直立向上、下垂安装于顶棚下。

4）干式喷头连接于特殊的短立管上，根据其保护区域结构特征和喷头型号、规格，直立向上、下垂或者水平安装于配水支管上，短立管入口处设置密封件，阻止水流在喷头动作前进入立管。

5）嵌入式喷头、隐蔽式喷头安装时，喷头根部螺纹及其部分或者全部本体嵌入吊顶护罩内，喷头下垂安装于配水支管上。

6）齐平式喷头安装时，喷头根部螺纹及其部分本体下垂安装于吊顶内配水支管上，部分或者全部热敏元件随部分喷头本体安装于吊顶下。

7）喷头安装在易受机械损伤处，加设喷头防护罩。

（4）当喷头的公称直径小于 10 mm 时，在系统配水干管、配水管上安装过滤器。

（5）按照消防设计文件要求确定喷头的位置、间距，根据实际情况，适当调整喷头位置，以符合有关技术参数和距离要求。

（6）梁、通风管道、排管、桥架宽度大于 1.2 m 时，在其腹面以下部位增设喷头。当增设的喷头上方有孔洞、缝隙时，可在喷头的上方设置挡水板。

（二）检测方法

采用目测观察和尺量检查的方法检测。

二、报警阀组

报警阀组安装在供水管网试压、冲洗合格后组织实施。报警阀组安装及技术检测共性要求见下表。

检查项目	检查内容
报警阀组	（1）按照标准图集或者生产厂家提供的安装图样进行报警阀阀体及其附属管路的安装 （2）报警阀组垂直安装在配水干管上，水源控制阀、报警阀组水流标识与系统水流方向一致。报警阀组的安装顺序为：先安装水源控制阀、报警阀，再进行报警阀辅助管道的连接 （3）按照设计图样中确定的位置安装报警阀组；设计未予明确的，报警阀组安装在便于操作、监控的明显位置 （4）报警阀阀体底边距室内地面高度为 1.2 m，侧边与墙的距离不小于 0.5 m，正面与墙的距离不小于 1.2 m，报警阀组凸出部位之间的距离不小于 0.5 m （5）报警阀组安装在室内时，室内地面增设排水设施
附件	（1）压力表安装在报警阀上便于观测的位置 （2）排水管和试验阀安装在便于操作的位置 （3）水源控制阀安装在便于操作的位置，且设有明显的开、关标识和可靠的锁定设施 （4）水力警铃安装在公共通道或者值班室附近的外墙上，并安装检修、测试用的阀门 （5）水力警铃和报警阀的连接，采用热镀锌钢管，当镀锌钢管的公称直径为 20 mm 时，其长度不宜大于 20 m （6）安装完毕的水力警铃启动时，警铃声强度不小于 70 dB （7）系统管网试压和冲洗合格后，排气阀安装在配水干管顶部、配水管的末端

三、水流报警装置

水流报警装置安装与技术检测要求见下表。

检查项目	检查内容
水流指示器	（1）管道试压和冲洗合格后，管内不应有焊渣等异物，方可安装水流指示器。水流指示器安装前，对照消防设计文件核对产品型号、规格 （2）水流指示器桨片、膜片竖直安装在水平管道上侧，其动作方向与水流方向一致 （3）水流指示器安装后，其桨片、膜片动作灵活，不得与管壁发生碰擦 （4）同时使用信号阀和水流指示器控制的自动喷水灭火系统，信号阀安装在水流指示器前的管道上，与水流指示器间的距离不小于 300 mm
压力开关	（1）压力开关竖直安装在通往水力警铃的管道上，安装中不得拆装改动 （2）按照消防设计文件或者厂家提供的安装图样安装管网上的压力控制装置
压力开关信号阀、水流指示器的引出线	采用防水套管锁定，采用观察检查进行技术检测

四、系统冲洗、试压

管网安装完毕后，应组织实施管网强度试验、严密性试验和冲洗。强度试验和严密性试验采用水作为介质进行试验。干式自动喷水灭火系统、预作用自动喷水灭火系统采用水、空气或者氮气作为介质分别进行水压试验和气压试验。

知识点	主要内容
试压、冲洗基本要求	（1）系统试压、冲洗前应具备下列条件： 1）经复查，埋地管道的位置及管道基础、支墩等应符合设计文件要求 2）准备不少于 2 只的试压用压力表，精度不应低于 1.5 级，量程应为试验压力值的 1.5～2 倍 3）隔离或者拆除不能参与试压的设备、仪表、阀门及附件；加设的临时盲板应具有凸出于法兰的边耳，且有明显标志，并对临时盲板数量、位置进行记录 4）试压、冲洗方案已获批准 （2）系统试压过程中，当出现泄漏时，应停止试压，并应放空管网中的试验介质，消除缺陷后重新再试 （3）管网冲洗宜用水进行。冲洗前，应对系统的仪表采取保护措施。管网冲洗前，应对管道支架、吊架进行检查，必要时应采取加固措施。对不能经受冲洗的设备和冲洗后可能存留脏物、杂物的管段，应进行清理。冲洗直径大于 100 mm 的管道时，应对其死角和底部进行敲打，但不得损伤管道 （4）水压试验和水冲洗宜采用生活用水进行，不得使用海水或含有腐蚀性化学物质的水

续表

知识点		主要内容
水压试验	水压试验条件 / 试验要求	自动喷水灭火系统水压强度试验和水压严密性试验除对系统管网进行外，也可将回填的水源干管、进户管和室内埋地管道等一并纳入试验范围，所有管网全数测试 （1）环境温度不宜低于5℃，当低于5℃时，应采取防冻措施，以确保水压试验正常进行 （2）系统设计工作压力不大于1.0 MPa时，水压强度试验压力应为设计工作压力的1.5倍，且不低于1.4 MPa；系统设计工作压力大于1.0 MPa时，水压强度试验压力应为该工作压力加0.4 MPa （3）水压严密性试验压力为系统设计工作压力
	操作方法	试验前采用温度计测试环境温度，对照消防设计文件核定水压试验压力
	水压强度试验要求 / 试验要求	（1）水压强度试验的测试点应设在系统管网的最低点 （2）管网注水时，应将管网内的空气排净，缓慢升压 （3）达到试验压力后，稳压30 min，管网应无泄漏、无变形，且压力降不应大于0.05 MPa
	操作方法	采用试压装置进行试验，目测观察管网外观和测压用压力表的压力降。系统试压过程中出现泄漏或者超过规定压力降时，停止试压，放空管网中试验用水；消除缺陷后，重新试验
	水压严密性试验 / 试验要求	（1）水压严密性试验应在水压强度试验和管网冲洗合格后进行 （2）达到试验压力后，稳压24 h，管网应无泄漏
	操作方法	采用试压装置进行试验，目测观察管网有无渗漏和测压用压力表的压力降。系统试压过程中出现管网渗漏或者压力降较大的，停止试验，放空管网中试验用水；消除缺陷后，重新试验
气压试验	试验要求	气压严密性试验压力应为0.28 MPa，且稳压24 h，压力降不应大于0.01 MPa
	操作方法	采用试压装置进行试验，目测观察测压用压力表的压力降。系统试压过程中，压力降超过规定的，停止试验，放空管网中试验气体；消除缺陷后，重新试验
管网冲洗	主控项目	（1）管网冲洗顺序为先室外、后室内，先地下、后地上。室内部分的冲洗按照配水干管、配水管、配水支管的顺序进行 （2）管网冲洗的水流流速、流量不应小于系统设计的水流流速、流量；管网冲洗宜分区、分段进行；水平管网冲洗时，其排水管位置应低于配水支管 （3）管网冲洗的水流方向应与灭火时管网的水流方向一致 （4）管网冲洗应连续进行。当出口处水的颜色、透明度与入口处水的颜色、透明度基本一致时冲洗方可结束
	一般项目	（1）管网冲洗宜设临时专用排水管道，其排放应畅通和安全。排水管道的截面面积不得小于被冲洗管道截面面积的60% （2）管网的地上管道与地下管道连接前，应在配水干管底部加设堵头后对地下管道进行冲洗 （3）管网冲洗合格后，应将管网内的冲洗用水排净，必要时采用压缩空气吹干

五、系统调试

知识点			主要内容
系统调试条件			（1）消防水池、消防水箱已储存设计要求的水量 （2）系统供电正常 （3）消防气压给水设备的水位、气压符合消防设计要求 （4）湿式喷水灭火系统管网内已充满水；干式、预作用喷水灭火系统管网内的气压符合消防设计要求；阀门均无泄漏 （5）与系统配套的火灾自动报警系统调试完毕，处于工作状态
系统调试要求及功能性检测	报警阀组	湿式报警阀组	首先检查报警阀组组件，确保其组件齐全、装配正确，在确认安装符合消防设计要求和消防技术标准规定后，进行调试 湿式报警阀组调试时，从试水装置处放水，当湿式报警阀进水压力大于 0.14 MPa、放水流量大于 1 L/s 时，报警阀应启动，带延迟器的水力警铃应在 5～90 s 内发出报警铃声，不带延迟器的水力警铃应在 15 s 内发出报警铃声，压力开关应及时动作，并反馈信号
		干式报警阀组	干式报警阀组调试时，开启系统试验阀，报警阀的启动时间、启动点压力、水流到试验装置出口所需时间等应符合消防设计要求
		雨淋报警阀组	雨淋报警阀组调试宜采用检测、试验管道进行供水。自动和手动方式启动的雨淋报警阀，应在联动信号发出或者手动控制操作后 15 s 内启动；公称直径大于 200 mm 的雨淋报警阀，应在 60 s 内启动。雨淋报警阀调试时，当报警水压为 0.05 MPa，水力警铃应发出报警铃声
		预作用装置	参照湿式报警阀组和雨淋报警阀组的调试要求进行综合调试
	联动调试及检测	湿式系统 调试及检测内容	系统控制装置设置为"自动"控制方式，启动一只喷头或者开启末端试水装置，流量保持在 0.94～1.5L/s，水流指示器、报警阀、压力开关、高位消防水箱流量开关、水力警铃、系统管网压力开关和消防水泵等应及时动作，并有相应组件的动作信号反馈到消防联动控制设备
		湿式系统 检测方法	打开阀门放水，使用流量计、压力表核定流量、压力，目测观察系统动作情况
		干式系统 调试及检测内容	系统控制装置设置为"自动"控制方式，启动一只喷头或者模拟一只喷头的排气量排气，报警阀、压力开关、高位消防水箱流量开关、水力警铃、系统管网压力开关和消防水泵等应及时动作，并有相应的组件信号反馈
		干式系统 检测方法	采用目测观察进行检查

知识点			主要内容
系统调试要求及功能性检测	联动调试及检测	预作用系统、雨淋系统、水幕系统	调试及检测内容	系统控制装置设置为"自动"控制方式,可采用专用测试仪表或者其他方式,模拟火灾自动报警系统输入各类火灾探测信号,火灾自动报警控制器应输出声光报警信号,启动自动喷水灭火系统。采用传动管启动的雨淋系统、水幕系统联动试验时,启动一只喷头,雨淋报警阀打开,系统管网压力开关或高位消防水箱流量开关动作,消防水泵启动,并有相应的组件信号反馈
			检测方法	采用目测观察进行检查

六、系统竣工验收

自动喷水灭火系统竣工后,必须进行工程验收,验收不合格不得投入使用。

知识点		验收内容
管网验收检查	验收内容	(1)查验管道材质、管径、接头、连接方式及其防腐、防冻措施 (2)测量管网排水坡度,检查辅助排水设施设置情况 (3)检查系统末端试水装置、试水阀、排气阀等设置位置、组件及其设置情况 (4)检查系统中不同部位安装的报警阀组、闸阀、止回阀、电磁阀、信号阀、水流指示器、减压孔板、节流管、减压阀、柔性接头、排水管、排气阀、泄压阀等组件设置位置、安装情况 (5)测试干式灭火系统管网容积,系统充水时间不宜大于1 min;对于由火灾自动报警系统和充气管道上设置的压力开关开启预作用装置的预作用系统,系统的充水时间不宜大于1 min;对于仅由火灾自动报警系统联动开启预作用装置的预作用系统,系统的充水时间不宜大于2 min。雨淋系统的充水时间不宜大于2 min (6)检查配水支管、配水管、配水干管的支架、吊架、防晃支架设置情况
	验收方法	(1)对照设计文件、出厂合格证明文件等,对验收内容的"(1)""(3)""(4)"项进行核对,并现场目测观察其设置位置、设置情况 (2)采用水平尺、卷尺等,对验收内容的"(2)""(6)"项进行测量,目测观察其排水设施的排水效果,以及管道支架、吊架、防晃支架设置情况 (3)通水试验对验收内容的"(5)"项进行验收,采用秒表测量管道充水时间
	合格判定标准	(1)管道材质、管径、接头、连接方式以及采取的防腐、防冻等措施,应符合消防技术标准和设计文件要求;报警阀后的管道上未安装其他用途的支管、水龙头 (2)管道横向安装坡度应为0.002~0.005,且坡向排水管;相应的排水措施设置应符合规定

续表

知识点		验收内容
管网验收检查	合格判定标准	（3）系统中末端试水装置、试水阀、排气阀设置位置、组件等应符合消防设计文件要求 （4）系统中的报警阀组、闸阀、止回阀等设置位置、组件、安装方式、安装要求等应符合要求 （5）干式灭火系统、由火灾自动报警系统和充气管道上设置的压力开关开启预作用装置的预作用系统，其配水管道的充水时间不宜大于 1 min；雨淋系统和仅由火灾自动报警系统联动开启预作用装置的预作用系统，其配水管道的充水时间不宜大于 2 min （6）管道支架、吊架、防晃支架，固定方式、设置间距、设置要求等应符合规定
喷头验收检查	验收内容	（1）查验喷头设置场所、型号、规格以及公称动作温度、响应时间指数（RTI）、安装方式等性能参数 （2）测量喷头安装间距，喷头与楼板或吊顶、墙、梁等障碍物的距离 （3）查验特殊使用环境中喷头的保护措施 （4）查验喷头备用量
	验收方法	（1）验收内容的"（1）""（2）"项，对照消防设计文件，采用卷尺等测量 （2）验收内容的"（3）"项，采用目测观察，对现场防护措施进行核查 （3）验收内容的"（4）"项，对照设计文件、购货清单，对现场备用喷头分类点验
	合格判定标准	（1）经核对，喷头设置场所、型号、规格以及公称动作温度、响应时间指数（RTI）、安装方式等性能参数应符合消防设计文件要求 （2）按照距离偏差 ±15 mm 进行测量，喷头安装间距，喷头与楼板、墙、梁等障碍物的距离应符合消防技术标准和消防设计文件要求 （3）有腐蚀性气体的环境、有冰冻危险场所安装的喷头，应采取了防腐蚀、防冻等防护措施；有碰撞危险场所的喷头应加设有防护罩 （4）经点验，各种不同规格的喷头的备用品数量不应少于安装喷头总数的1%，且每种备用喷头不应少于 10 个
报警阀组验收检查	验收内容	（1）验收前，检查报警阀组及其附件的组成、安装情况，以及报警阀组所处状态 （2）启动报警阀组检测装置，测试其流量、压力 （3）测试报警阀组及其对系统的自动启动功能

续表

知识点		验收内容
报警阀组验收检查	验收方法	（1）对照消防设计文件或者安装图样，检查报警阀组及其各附件安装位置、结构状态，手动检查供水干管侧和配水干管侧控制阀门、检测装置各个控制阀门的状态 （2）开启报警阀组检测装置放水阀，采用流量计和系统安装的压力表测试供水干管侧和配水干管侧的流量、压力。系统控制调整到"自动"状态，将报警阀组调节到伺应状态，开启报警阀组试水阀或者电磁阀，目测检查压力表变化情况、延迟器以及水力警铃等附件启动情况；采用压力表测试水力警铃喷嘴处的压力，采用卷尺确定水力警铃铃声声强测试点，采用声级计测试其铃声声强
	合格判定标准	（1）报警阀组及其各附件应安装位置正确，各组件、附件结构应安装准确；供水干管侧和配水干管侧控制阀门应处于完全开启状态，锁定在常开位置；报警阀组试水阀、检测装置放水阀应关闭，检测装置其他控制阀门应开启，报警阀组应处于伺应状态；报警阀组及其附件设置的压力表读数应符合设计要求 （2）供水干管侧和配水干管侧的流量、压力应符合消防技术标准和消防设计文件要求 （3）启动报警阀组试水阀或者电磁阀后，供水干管侧、配水干管侧压力表值平衡后，报警阀组以及检测装置的压力开关、延迟器、水力警铃等附件应动作准确、可靠；与空气压缩机或者火灾自动报警系统的联动控制应准确，符合消防设计文件要求 （4）水力警铃喷嘴处压力应符合消防设计文件要求，且不小于0.05 MPa；距水力警铃 3 m 远处警铃声声强应符合设计文件要求，且不小于 70 dB （5）消防水泵启动装置应置于自动启动挡，压力开关、电磁阀、排气阀入口电动阀、消防水泵等应及时动作，且相应信号反馈到消防联动控制设备 （6）打开末端试（放）水装置，当流量达到报警阀动作流量时，湿式报警阀和压力开关应及时动作，带延迟器的报警阀应在 90 s 内压力开关动作，不带延迟器的报警阀应在 15 s 内压力开关动作。雨淋报警阀动作后 15 s 内压力开关动作
系统模拟灭火功能试验	合格判定标准	（1）报警阀动作，水力警铃应鸣响 （2）水流指示器动作，应有反馈信号显示 （3）压力开关动作，应启动消防水泵及与其联动的相关设备，并应有反馈信号显示 （4）电磁阀打开，雨淋阀应开启，并应有反馈信号显示 （5）消防水泵启动后，应有反馈信号显示 （6）加速器动作后，应有反馈信号显示 （7）其他消防联动控制设备启动后，应有反馈信号显示
	检查方法	观察检查

第四节　系统维护管理

一、系统巡查

知识点	主要内容
巡查内容	（1）喷头外观及其周边障碍物、喷头溅水盘与顶棚距离等 （2）报警阀组外观、排水设施状况、水源控制阀的启闭状态等 （3）充气设备、排气装置及其控制装置、火灾探测传动、液（气）动传动及其控制装置、现场手动控制装置等外观、运行状况 （4）系统末端试水装置、楼层试水阀及其现场环境状态，压力监测情况等 （5）系统用电设备的电源及其供电情况 （6）水源以及消防水泵、供（给）水管网及其附件等
巡查周期	建筑使用管理单位至少每日组织一次系统全面巡查

二、系统周期性检查维护

知识点	主要内容
月检查项目	（1）电动、内燃机驱动的消防水泵（稳压泵）启动运行测试 （2）喷头完好状况、备用量及异物清除等检查 （3）系统所有阀门状态及其铅封、锁链完好状况检查 （4）消防气压给水设备的气压、水位测试，消防水池、消防水箱的水位以及消防用水不被挪用的技术措施检查 （5）水泵接合器完好性检查 （6）过滤器排渣、完好状况检查 （7）报警阀启动性能测试 （8）电磁阀启动试验
季度检查项目	（1）水流指示器报警试验 （2）电磁阀启动试验 （3）室外阀门井中的控制阀门开启状况及其使用性能测试
年度检查项目	（1）水源供水能力测试 （2）水泵接合器通水加压测试 （3）储水设备结构材料检查 （4）水泵流量性能测试 （5）系统联动测试

三、系统年度检测

知识点		主要内容
喷头		重点检查喷头选型与保护区域的使用功能、危险性等级等匹配情况，核查闭式喷头玻璃泡色标是否高于保护区域环境最高温度30℃的要求，以及喷头无变形、附着物、悬挂物等影响使用的情况
报警阀组	共性检测要求	（1）检查报警阀组外观标志，应标识清晰、内容翔实，符合产品生产技术标准要求，并注明系统名称和保护区域，压力表显示符合设定值 （2）系统控制阀以及报警管路控制阀应全部开启，并用锁具固定手轮，具有明显的启闭标志；采用信号阀的，反馈信号应正确；测试管路放水阀应关闭；报警阀组应处于伺应状态 （3）报警阀组的相关组件应灵敏可靠；消防控制设备应准确接收压力开关动作的反馈信号
	湿式报警阀组检测内容及要求	（1）开启末端试水装置，出水压力不应低于0.05 MPa，水流指示器、湿式报警阀、压力开关应及时动作 （2）报警阀动作后，测量水力警铃声强，不得低于70 dB （3）开启末端试水装置5 min内，消防水泵应自动启动 （4）消防控制设备准确接收并显示水流指示器、压力开关、流量开关和消防水泵的反馈信号
	干式报警阀组检测内容及要求	检查空气压缩机和气压控制装置状态，保持其正常，压力表显示应符合设定值。干式报警阀组功能按照下列要求进行检测： （1）开启末端试水装置，报警阀组、压力开关、流量开关应动作，联动启动排气阀入口电动阀和消防水泵，水流指示器报警 （2）水力警铃报警，水力警铃声强值不得低于70 dB （3）开启末端试水装置1 min后，其出水压力不得低于0.05 MPa （4）消防控制设备准确显示水流指示器、压力开关、流量开关、电动阀及消防水泵的反馈信号
	预作用装置检测内容及要求	按照干式报警阀组的要求检查预作用装置的空气压缩机和气压控制装置，其电磁阀的启闭应灵敏可靠，反馈信号应准确。预作用装置的功能性检测按照下列要求进行： （1）模拟火灾探测报警，火灾报警控制器确认火灾后，自动启动预作用装置（雨淋报警阀）、排气阀入口电动阀以及消防水泵；水流指示器、压力开关、流量开关动作 （2）报警阀组动作后，测试水力警铃声强，不得低于70 dB （3）开启末端试水装置，火灾报警控制器确认火灾2 min后，其出水压力不低于0.05 MPa （4）消防控制设备准确显示电磁阀、电动阀、水流指示器、压力开关、流量开关以及消防水泵动作信号，反馈信号准确

续表

知识点		主要内容
报警阀组	雨淋报警阀组检测内容及要求	传动管控制的雨淋报警阀组，检查其传动管压力表，其示值应符合设定值；按照干式系统要求测试气压传动管的供气装置和气压控制装置。雨淋报警阀组功能按照下列要求进行检测： （1）检查雨淋报警阀组及其消防水泵的控制方式，应具有自动、手动启动控制方式 （2）传动管控制的雨淋报警阀组，传动管泄压后，查看消防水泵、报警阀联动启动情况，动作应准确及时 （3）报警信号发出后，检查压力开关动作情况，测量水力警铃声强值，距水力警铃 3 m 远处声压级不得低于 70 dB （4）报警阀组动作后，检查消防控制设备，电磁阀、消防水泵与压力开关反馈信号应准确 （5）并联设置多台雨淋报警阀组的，报警信号发出后，检查其报警阀组及其组件联动情况，联动控制逻辑关系应符合消防设计要求 （6）手动操作控制的水幕系统，测试其控制阀，启闭应灵活可靠
水流指示器检测内容及要求		检查水流指示器外观，应有明显标志；信号阀应完全开启，准确反馈启闭信号；水流指示器的启动与复位应灵敏、可靠，反馈信号准确
末端试水装置检测内容及要求		检查末端试水装置的阀门、试水接头、压力表和排水管，应设置齐全，无损伤；压力表应显示正常，符合规定要求

四、系统常见故障分析

（一）湿式报警阀组

故障类型	故障原因分析	故障处理
报警阀组漏水	排水阀门未完全关闭	关紧排水阀门
	阀瓣密封垫老化或者损坏	更换阀瓣密封垫
	系统侧管道接口渗漏	检查系统侧管道接口渗漏点。密封垫老化、损坏的，更换密封垫；密封垫错位的，重新调整密封垫位置；管道接口锈蚀、磨损严重的，更换管道接口相关部件
	报警管路测试控制阀渗漏	更换报警管路测试控制阀
	阀瓣组件与阀座之间因变形或者污垢、杂物阻挡出现不密封状态	先放水冲洗阀体、阀座，存在污垢、杂物的，经冲洗后，渗漏减少或者停止；否则，关闭进水口侧和系统侧控制阀，卸下阀板，仔细清洁阀板上的杂质；拆卸报警阀阀体，检查阀瓣组件、阀座，存在明显变形、损伤、凹痕的，更换相关部件
报警阀启动后报警管路不排水	报警管路控制阀关闭	开启报警管路控制阀
	报警管路过滤器被堵塞	报警管路过滤器被堵塞的，卸下过滤器，冲洗干净后重新安装回原位

续表

故障类型	故障原因分析	故障处理
报警阀报警管路误报警	未按照安装图样安装或者未按照调试要求进行调试	按照安装图样核对报警阀组组件安装情况，重新对报警阀组伺应状态进行调试
	报警阀组渗漏，水通过报警管路流出	按照故障"报警阀组漏水"查找渗漏原因，进行相应处理
	延迟器下部孔板溢出水孔堵塞，发生报警或者缩短延迟时间	延迟器下部孔板溢出水孔堵塞，卸下筒体，拆下孔板进行清洗
水力警铃工作不正常	产品质量问题或者安装调试不符合要求	属于产品质量问题的，更换水力警铃；安装缺少组件或者未按照图样安装的，重新进行安装调试
	报警阀至水力警铃的管路阻塞或者铃锤机构被卡住	拆下喷嘴、叶轮及铃锤组件，进行冲洗，重新装合使叶轮转动灵活；清理管路堵塞处
开启测试阀，消防水泵不能正常自动启动	流量开关或者压力开关设定值不正确	将流量开关或者压力开关内的调压螺母调整到规定值
	控制柜控制回路或者电气元件损坏	检修控制柜控制回路或者更换电气元件
	水泵控制柜未设定在"自动"状态	将控制模式设定为"自动"状态

（二）预作用装置

故障类型	故障原因分析	故障处理
报警阀漏水	排水控制阀门未关紧	关紧排水控制阀门
	阀瓣密封垫老化或者损坏	更换阀瓣密封垫
	复位杆未复位或者损坏	重新复位复位杆，或者更换复位装置
压力表读数不在正常范围	预作用装置前的供水控制阀未打开	完全开启报警阀前的供水控制阀
	压力表管路堵塞	拆卸压力表及其管路，疏通压力表管路
	预作用装置的报警阀体漏水	按照湿式报警阀组渗漏的原因进行检查、分析，查找预作用装置的报警阀体的漏水部位，进行修复或者更换组件
	压力表管路控制阀未打开或者开启不完全	完全开启压力表管路控制阀
系统管道内有积水	复位或者试验后，未将管道内的积水排完	开启排水控制阀，完全排除系统内积水

（三）雨淋报警阀组

故障类型	故障原因分析	故障处理
自动滴水阀漏水	安装调试或者平时定期试验、实施灭火后，没有将系统侧管道内的余水排尽	开启放水控制阀，排除系统侧管道内的余水
	雨淋报警阀隔膜球面中线密封处因施工遗留的杂物、不干净消防用水中的杂质等导致球状密封面不能完全密封	启动雨淋报警阀，采用洁净水流冲洗遗留在密封面处的杂质
复位装置不能复位	水质过脏，有细小杂质进入复位装置密封面	拆下复位装置，用清水冲洗干净后重新安装，调试到位
长期无故报警	误将试验管路控制阀常开	关闭试验管路控制阀
系统测试不报警	消防用水中的杂质堵塞了报警管道上过滤器的滤网	拆下过滤器，用清水将滤网冲洗干净后，重新安装到位
	水力警铃进水口处喷嘴被堵塞、未配置铃锤或者铃锤卡死	检查水力警铃的配件，配齐组件；有杂物卡阻、堵塞的部件进行冲洗后重新装配到位
雨淋报警阀不能进入伺应状态	复位装置存在问题	修复或者更换复位装置
	未按照安装调试说明书将报警阀组调试到伺应状态（隔膜室控制阀、复位球阀未关闭）	按照安装调试说明书将报警阀组调试到伺应状态（开启隔膜室控制阀、复位球阀）
	消防用水水质存在问题，杂质堵塞了隔膜室管道上的过滤器	将供水控制阀关闭，拆下过滤器的滤网，用清水冲洗干净后，重新安装到位
传动管喷头被堵塞	消防用水水质存在问题	对水质进行检测，清理不干净、影响系统正常使用的消防用水
	管道过滤器不能正常工作	检查管道过滤器，清除滤网上的杂质；或者更换过滤器

（四）水流指示器

故障类型	故障原因分析	故障处理
打开末端试水装置，达到规定流量时水流指示器不动作，或者关闭末端试水装置后，水流指示器反馈信号仍然显示为动作信号	桨片被管腔内杂物卡阻	清除水流指示器管腔内的杂物
	调整螺母与触头未调试到位	将调整螺母与触头调试到位
	电路接线脱落	检查并重新将脱落电路接线接通

【练习题】

一、单项选择题

1. 闭式自动喷水灭火系统施工安装前，需对已进场的闭式喷头进行密封性能试验。下列情况中，符合相关施工验收规范要求的是（　　）。
   A. 施工单位按规范要求抽样并使用专用试验装置进行密封性能试验
   B. 密封性能试验压力为 3 MPa，保压时间 1 min
   C. 施工单位按每批喷头总数量的 1% 抽样送国家法定检测机构进行密封性能试验
   D. 施工单位按每批 5 只喷头抽样送国家法定检测机构进行密封性能试验

   【参考答案】A　闭式喷头密封性能试验检查要求：①密封性能试验的试验压力为 3.0 MPa，保压时间不少于 3 min。②随机从每批到场喷头中抽取 1%，且不少于 5 只作为试验喷头。当 1 只喷头试验不合格时，再抽取 2%，且不少于 10 只的到场喷头进行重复试验。③试验以喷头无渗漏、无损伤判定为合格。累计 2 只以及 2 只以上喷头试验不合格的，不得使用该批喷头。

2. 对自动喷水灭火系统实施检查维护，下列项目中，属于年度检查内容的是（　　）。
   A. 报警阀组气动性能测试　　　　B. 水流指示器动作性能测试
   C. 水源供水能力测试　　　　　　D. 水泵接合器完好性检查

   【参考答案】C　对自动喷水灭火系统实施检查维护，下列项目至少每年进行一次检查与维护：①水源供水能力测试。②水泵接合器通水加压测试。③储水设备结构材料检查。④水泵流量性能测试。⑤系统联动测试。

3. 自动喷水灭火系统水流指示器的安装应在管道试压和冲洗合格后进行，在水流指示器前管道上安装的信号阀，与水流指示器之间的距离不宜小于（　　）mm。
   A. 400　　　　　　　　　　　　B. 500
   C. 300　　　　　　　　　　　　D. 600

   【参考答案】C　同时使用信号阀和水流指示器控制的自动喷水灭火系统，信号阀安装在水流指示器前的管道上，与水流指示器间的距离不小于 300 mm。

4. 下列关于自动喷水灭火系统水力警铃故障原因的说法中，错误的是（　　）。
   A. 未按照水力警铃的图样进行组件的安装
   B. 水力警铃产品质量不合格或损坏
   C. 水力警铃的喷嘴堵塞或叶轮、铃锤组件卡阻
   D. 水力警铃前的延迟器下部孔板的溢出水孔堵塞

   【参考答案】D　自动喷水灭火系统水力警铃常见故障原因是：①产品质量问题或者安装调试不符合要求。②报警阀至水力警铃的管路阻塞或者铃锤机构被卡住。

5. 某建筑自动喷水灭火系统采用玻璃球洒水喷头，其中部分喷头玻璃球色标为黄色，该喷头公称动作温度为（　　）℃。
   A. 57　　　　　　　　　　　　B. 68
   C. 79　　　　　　　　　　　　D. 93

   【参考答案】C　玻璃球喷头玻璃球色标黄色，其对应的公称动作温度为 79℃。

二、多项选择题

1. 自动喷水灭火系统的管网安装完毕后应对其进行（　　）。
A. 强度试验
B. 密封性试验
C. 严密性试验
D. 渗漏试验
E. 冲洗

【参考答案】ACE　自动喷水灭火系统管网安装完毕后，必须对其进行管网强度试验、严密性试验和冲洗。

2. 对自动喷水灭火系统喷头的安装情况进行检查，下列说法中，正确的有（　　）。
A. 湿式系统在吊顶下不应该安装下垂型喷头
B. 喷头安装应在系统试压、冲洗合格后进行
C. 喷头的型号、规格、使用场所应符合规范规定
D. 同一隔间内不能同时安装 3 mm 和 5 mm 玻璃球洒水喷头
E. 水平边墙型洒水喷头溅水盘与顶板的距离不应小于 150 mm，且不应大于 300 mm

【参考答案】BCE　湿式系统吊顶下布置的洒水喷头，应采用下垂型洒水喷头或吊顶型洒水喷头，故选项 A 错误。同一隔间内应采用相同热敏性能的洒水喷头，故选项 D 错误。自动喷水灭火系统试压、冲洗合格后，进行喷头安装，故选项 B 正确。安装前，应查阅消防设计文件，确定不同使用场所的喷头型号、规格，故选项 C 正确。水平边墙型洒水喷头溅水盘与顶板的距离应为 150 mm ≤ S ≤ 300 mm，故选项 E 正确。

第五章 水喷雾灭火系统

【学习导图】

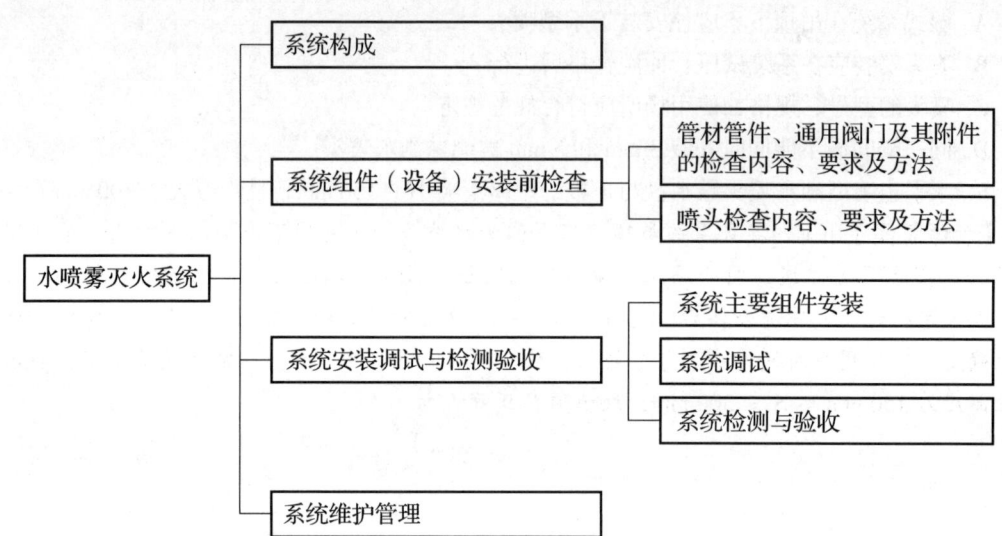

【知识要点】

第一节 系统构成

知识点	主要内容
系统基本组成	由水源、供水设备、管道、雨淋阀组、过滤器和水雾喷头等组成

第二节 系统组件（设备）安装前检查

知识点	主要内容
检查内容	（1）对系统管材管件、通用阀门及其附件和喷头等进行现场检查（检验），不合格的管材管件、设备、材料不得使用 （2）水雾喷头、雨淋阀组等必须采用经检测合格，并符合现行的有关国家标准的产品

续表

知识点	主要内容
喷头检查	（1）商标、型号、制造厂商及生产日期等标志应齐全，喷头的型号、规格等应符合设计要求 （2）喷头外观应无加工缺陷和机械损伤 （3）喷头螺纹密封面应无伤痕、毛刺、缺丝或断丝现象

第三节　系统安装调试与检测验收

一、系统主要组件安装

知识点	主要内容
喷头	（1）喷头安装应在系统试压、冲洗合格后进行 （2）喷头安装时，不得对喷头进行拆装、改动，并严禁给喷头附加任何装饰性涂层 （3）喷头安装应使用专用扳手，严禁利用喷头的框架施拧，喷头的框架、溅水盘产生变形或释放原件损伤时，应采用型号、规格相同的喷头更换 （4）安装前检查喷头的型号、规格、使用场所应符合设计要求
报警阀组	（1）报警阀组安装前应对供水管网试压、冲洗合格。安装顺序为：先安装水源控制阀、报警阀，然后进行报警阀辅助管道的连接，水源控制阀、报警阀与配水干管的连接，应使水流方向一致。报警阀组安装的位置应符合设计要求；当设计无要求时，宜靠近保护对象附近并便于操作的地点。距室内地面高度宜为1.2 m，两侧与墙的距离不应小于0.5 m，正面与墙的距离不应小于1.2 m；报警阀组凸出部位之间的距离不应小于0.5 m。安装报警阀组的室内地面应有排水设施 （2）报警阀组安装应注意以下几点： 1）报警阀组可采用电动开启、传动管开启或手动开启，开启控制装置的安装应安全可靠。水传动管的安装应符合湿式自动喷水灭火系统有关要求 2）报警阀组的观测仪表和操作阀门的安装位置应便于观测和操作 3）报警阀组手动开启装置的安装位置应在发生火灾时能安全开启和便于操作 4）压力表应安装在报警阀的水源一侧
系统的冲洗、试压	（1）管网冲洗的水流速度、流量不应小于系统设计的水流速度、流量；管网冲洗宜分区、分段进行；水平管网冲洗时，其排水管位置应低于配水支管 （2）管网冲洗的水流方向应与灭火时管网的水流方向一致 （3）管网冲洗应连续进行，当出口处水的颜色、透明度与入口处水的颜色、透明度基本一致时冲洗方可结束 （4）管网冲洗宜设临时专用排水管道，其排水应畅通和安全。排水管道的截面面积不得小于被冲洗管道截面面积的60% （5）管网冲洗结束后，应将管网内的水排除干净，必要时可采用压缩空气吹干 系统管网安装完毕后进行的强度试验、严密性试验与其他自动喷水灭火系统相同

二、系统调试

系统调试应在系统施工完成后进行。

知识点	主要内容
系统调试条件	（1）消防水池、消防水箱已储存设计要求的水量 （2）系统供电正常。系统阀门均无泄漏 （3）与系统配套的火灾自动报警系统处于工作状态
系统调试方法	（1）报警阀调试宜利用检测、试验管道进行。自动和手动方式启动的雨淋报警阀，应在 15 s 之内启动；公称直径大于 200 mm 的雨淋报警阀调试时，应在 60 s 之内启动，雨淋报警阀调试时，当报警水压为 0.05 MPa 时，水力警铃应发出报警铃声 （2）水喷雾灭火系统的联动试验，可采用专用测试仪表或其他方式 （3）调试过程中，系统排出的水应通过排水设施全部排走

三、系统检测与验收

知识点	主要内容
验收资料查验	（1）验收申请报告、设计变更通知书、竣工图 （2）工程质量事故处理报告 （3）施工现场质量管理检查记录 （4）系统施工过程质量检查记录 （5）系统质量控制检查资料
各组件检测验收	报警阀组验收应符合以下条件： （1）报警阀组的各组件应符合产品标准要求 （2）报警阀安装地点的常年温度不应小于 4℃ （3）水力警铃的设置位置应正确。测试时，水力警铃喷嘴处压力不应小于 0.05 MPa，且距水力警铃 3 m 远处警铃声声强不应小于 70 dB （4）打开手动试水阀或电磁阀时，报警阀组动作应可靠 （5）控制阀均应锁定在常开位置 （6）与火灾自动报警系统的联动控制应符合设计要求
	管网验收时，报警阀后的管道上不应安装其他用途的支管或阀门
	喷头验收时，各种不同规格的喷头均应有一定数量的备用品，其数量不应小于安装总数的 1%，且每种备用喷头不应少于 10 个
	系统流量、压力验收时，系统流量、压力的验收，应通过系统流量压力检测装置进行放水试验，并应符合设计要求

第四节 系统维护管理

检查项目	检查内容
每天检查项目	（1）维护管理人员每天应对水源控制阀、报警阀组进行外观检查，并应保证系统处于无故障状态，发现故障应及时进行处理 （2）检查设置储水设备的房间，保持室温不低于5℃
每周检查项目	对消防水泵和备用动力进行一次启动试验，当消防水泵为自动控制启动时，应每周模拟自动控制的条件启动运转一次
每月检查项目	（1）电磁阀应每月检查并应进行启动试验，动作失常时应及时更换 （2）系统上所有的控制阀门均应采用铅封或锁链固定在开启或规定的状态。每月应对铅封、锁链进行一次检查，当有损坏时应及时修理更换
每季度检查项目	对系统所有的试水阀和报警阀旁的放水试验阀进行一次放水试验，检查系统启动、报警功能以及出水情况是否正常
每年度检查项目	对水源的供水能力进行一次测定，应保证消防用水不挪作他用

【练习题】

单项选择题

1. 某钢铁生产企业从国外进口了一套水喷雾灭火系统，用于油浸变压器。该系统使用的喷头均为撞击型水雾喷头，其产品说明书上标注为"高速雾化喷头"。下列关于能否使用该喷头的说法中，正确的是（　　）。

 A. 可以使用，国外产品质量有保证
 B. 可以使用，该喷头系高速雾化喷头
 C. 可以使用，进口查验时未发现任何问题
 D. 不能使用

【参考答案】D　扑救电气火灾，应选用离心雾化型水雾喷头。

2. 根据《水喷雾灭火系统技术规范》(GB 50219)，对水喷雾灭火系统应进行联动试验检查，系统响应时间、工作压力和流量应符合设计要求；当系统为手动控制时，应以手动方式进行至少（　　）试验，检查系统的动作情况及信号反馈情况。

 A. 3次　　　　　　　　　　　　B. 4次
 C. 1次　　　　　　　　　　　　D. 5次

【参考答案】C

3. 某消防工程施工单位分别以自动、手动方式对采用自动控制方式的水喷雾灭火系统进行联动试验。下列试验次数最少且符合现行国家标准要求的是（　　）。

 A. 自动2次，手动2次　　　　　B. 自动3次，手动2次
 C. 自动2次，手动3次　　　　　D. 自动3次，手动3次

【参考答案】A　水喷雾灭火系统进行联动试验，当为手动控制时，应以手动方式进行1～2次试验；当为自动控制时，应以自动和手动方式各进行1～2次试验，并用压力表、流量计、秒表计量。

第六章　细水雾灭火系统

【学习导图】

- 细水雾灭火系统
  - 系统构成
    - 泵组式系统
    - 瓶组式系统
    - 开式系统
    - 闭式系统
  - 系统组件（设备）安装前检查
    - 喷头的进场检查
    - 阀组的进场检查
    - 其他组件的进场检查
  - 系统组件安装调试与检测验收
    - 供水设施安装
    - 管道安装
    - 系统主要组件安装
    - 系统冲洗、试压
    - 系统调试与现场功能测试
    - 系统验收
  - 系统维护管理
    - 系统操作与巡查
    - 系统周期性检查维护
    - 系统年度检测
    - 系统常见故障分析与处理

第六章 细水雾灭火系统

【知识要点】

第一节 系统构成

分类依据	主要类别
分配管网中流动介质的压力	高压系统
	中压系统
	低压系统
流动介质类型	单流体系统
	双流体系统
安装方式	现场安装系统
	预安装系统
采用的细水雾喷头型式	开式系统
	闭式系统
系统供水方式（主要是按照驱动源类型）	泵组式系统
	瓶组式系统
	其他型式系统

开式系统按照系统的应用方式，可以分为全淹没应用和局部应用两种形式。采用全淹没应用方式时，微小的雾滴粒径及较高的喷放压力使得细水雾雾滴能像气体一样具有一定的流动性和弥散性，充满整个空间，并对防护区内的所有保护对象实施保护。局部应用方式是针对防护区内某一部分保护对象，如油浸变压器、燃气轮机的轴承等，直接喷放细水雾实施灭火。

第二节 系统组件（设备）安装前检查

一、喷头的进场检查

检查项目	检查内容	检查方法
喷头标志	喷头的商标、型号、制造厂商及生产日期等标志应齐全、清晰	采用观察检查，分别按不同型号、规格抽查1%，且不少于5只；少于5只时，全数检查
喷头数量	喷头的数量应满足设计要求	
喷头外观	（1）喷头外观应无加工缺陷和机械损伤 （2）喷头螺纹密封面应无伤痕、毛刺、缺丝或断丝现象	

二、阀组的进场检查

检查项目	检查内容	检查方法
阀组外观	（1）各阀门的商标、型号、规格等标志应齐全 （2）各阀门及其附件应无加工缺陷和机械损伤 （3）控制阀的明显部位应有标明水流方向的永久性标志	观察检查
阀组数量	各阀门及其附件应配备齐全，型号、规格应符合设计要求	观察检查
阀组操作性能	（1）控制阀的阀瓣及操作机构应动作灵活、无卡涩现象 （2）阀体内应清洁、无异物堵塞	采用专用试验装置进行测试和观察检查

三、其他组件的进场检查

检查项目	检查内容	检查方法
储水瓶组、储气瓶组、泵组单元、储水箱、分区控制阀、过滤器、安全阀、泄压调压阀、减压装置、信号反馈装置等系统组件的外观检查	（1）应无变形及其他机械性损伤 （2）外露非机械加工表面保护涂层应完好 （3）所有外露口均设有防护堵盖，且密封良好 （4）各组件铭牌标记应清晰、牢固，方向正确	观察检查
储气瓶组驱动装置动作检查	动作应灵活，无卡阻现象	动作检查

第三节　系统组件安装调试与检测验收

一、供水设施安装

知识点	安装主要要求	检查方法
泵组	（1）用螺栓连接的方法直接将泵组安装在泵组基础上，或者将泵组用螺栓连接的方式连接到角铁架上。泵组吸水管上的变径处应采用偏心大小头连接 （2）高压水泵与主动机之间联轴器的型式及安装应符合制造商的要求，底座的刚度应保证同轴度要求	尺量检查和观察检查，高压泵组应启泵检查

续表

知识点	安装主要要求	检查方法
泵组	（3）系统采用柱塞泵时，泵组安装后需要充装和检查曲轴箱内的油位 （4）控制柜与基座应采用直径不小于12 mm的螺栓固定，每个控制柜不应少于4只螺栓；控制柜基座的水平度误差不应大于±2 mm/m，并采取防腐处理及防水措施；做控制柜的上下进出线口时，不应破坏控制柜的防护等级	尺量检查和观察检查，高压泵组应启泵检查
储水瓶组与储气瓶组	（1）应按设计要求确定瓶组的安装位置 （2）确保瓶组的安装、固定和支撑稳固 （3）对瓶组的固定支框架应进行防腐处理 （4）瓶组容器上的压力表应朝向操作面，安装高度和方向应保持一致	尺量检查和观察检查

二、管道安装

知识点	安装主要要求	检查方法
管道清洗	（1）管道安装前需要进行分段清洗 （2）管道安装过程中，要保证管道内部清洁，不得留有焊渣、焊瘤、氧化皮、杂质或其他异物，并应及时封闭施工过程中的开口 （3）所有管道安装好后，需要对整个系统管道进行冲洗，当系统较大时，也可分区进行管道冲洗	观察检查
管道固定	（1）系统管道应采用防晃的金属支架、吊架固定在建筑构件上 （2）根据最大间距进行支架、吊架的安装，并尽量使安装间距均匀 （3）支架、吊架要安装牢固，能够承受管道充满水时的重量及冲击 （4）支架、吊架应进行防腐蚀处理，并采取防止与管道发生电化学腐蚀的措施	尺量检查和观察检查
管道焊接等加工方法	（1）管道之间或管道与管接头之间的焊接应采用对口焊接。系统管道焊接时，应使用氩弧焊工艺，并应使用性能相容的焊条 （2）同排管道法兰的间距不宜小于100 mm，以方便拆装为原则 （3）对管道采取导除静电的措施	尺量检查和观察检查
管道穿过墙壁、楼板	（1）在管道穿过墙体、楼板处应使用套管；穿过墙体的套管长度不应小于该墙体的厚度，穿过楼板的套管长度应高出楼板地面50 mm （2）应采用防火封堵材料填塞管道与套管间的空隙，保证填塞密实	尺量检查和观察检查

三、系统主要组件安装

知识点	安装主要要求	检查方法
喷头	喷头安装必须在系统管道试压、吹扫合格后进行，并采用专用扳手进行安装 （1）安装时，应根据设计文件逐个核对其生产厂标志、型号、规格和喷孔方向 （2）安装时不得对喷头做拆装、改动，并严禁给喷头附加任何装饰性涂层 （3）喷头安装高度、间距，与吊顶、门、窗、洞口或障碍物的距离应符合设计的要求 （4）不带装饰罩的喷头，其连接管管端螺纹不应露出吊顶；带装饰罩的喷头应紧贴吊顶 （5）带有外置式过滤网的喷头，其过滤网不应伸入支干管内 （6）喷头与管道的连接宜采用端面密封或O型圈密封，不应采用聚四氟乙烯、麻丝、黏结剂等作为密封材料 （7）安装在易受机械损伤处的喷头，应加设喷头保护罩	尺量检查和观察检查
控制阀组	（1）阀组的观测仪表和操作阀门的安装位置应符合设计要求，应避免机械、化学或其他损伤，并便于观测、操作、检查和维护 （2）阀组上的启闭标志应便于识别 （3）阀组前后管道、瓶组支撑架、电控箱应固定牢固，不得晃动 （4）分区控制阀的安装高度宜为1.2～1.6 m，操作面与墙或其他设备的距离不应小于0.8 m，并应满足操作要求 （5）分区控制阀开启控制装置的安装应安全可靠	尺量检查、观察检查和操作阀门检查
其他组件	（1）在管网压力可能超越系统或系统组件最大额定工作压力的情况下，应在适当的位置安装压力调节阀。阀门应在系统压力达到95%系统组件最大额定工作压力时开启 （2）在压力调节阀的两侧、供水设备的压力侧、自动控水阀门的压力侧应安装压力表。压力表的测量范围应为1.5～2倍的系统工作压力 （3）当供给细水雾灭火系统的压缩气体压力大于系统的设计工作压力时，应安装压缩气体泄压调压阀门。阀门的设定值由制造商设定，且应有防止误操作的措施和正确操作的永久标识 （4）闭式系统试水阀的安装位置应便于检查、试验	观察检查、尺量检查和操作阀门检查

四、系统冲洗、试压

（一）系统管网冲洗、试压和吹扫的基本要求

在管网安装完毕后可进行冲洗、试压和吹扫。管网冲洗、试压和吹扫应符合以下条件：

（1）准备不少于两只的试压用压力表，精度不应低于1.5级，量程应为试验压力值的1.5～2倍。

（2）试压冲洗方案已获批准。

（3）隔离或者拆除不能参与试压的设备、仪表、阀门及附件；加设的临时盲板具有凸出于法兰的边耳，且有明显标志，并对临时盲板数量、位置进行记录。

(4)不得使用海水或者含有腐蚀性化学物质的水进行试压试验、管网冲洗。

(二)管网冲洗

管网冲洗在系统管道安装固定后分段进行。管网冲洗通常采用水为介质,冲洗顺序为先室外、后室内,先地下、后地上。室内部分的冲洗按照配水干管、配水管、配水支管的顺序进行。管网的地上管道与地下管道连接前,应在配水干管底部加设堵头后,对地下管道进行冲洗。管网冲洗合格后,应将管网内的水排除干净,并填写冲洗记录。

管网冲洗准备时,应将管网冲洗所采用的排水管道与排水系统可靠连接,选择截面面积不应小于被冲洗管道截面面积的60%的管道作为排水管道。

管网冲洗要求如下:

(1)管网冲洗的水流速度、流量不应小于系统设计的水流流速、流量。

(2)管网冲洗宜分区、分段进行;水平管网冲洗时,其排水管位置应低于配水支管。

(3)管网冲洗的水流方向与灭火时管网的水流方向一致。

(4)管网冲洗要连续进行。出口处水的颜色、透明度应与入口处水的颜色、透明度基本一致,用白布检查无杂质,冲洗方可结束。

(三)管网试压

知识点	主要内容
水压试验条件	(1)环境温度不宜低于5℃,当低于5℃时,采取防冻措施,以确保水压试验正常进行 (2)试验压力为系统工作压力的1.5倍 (3)试验用水的水质与管道的冲洗水一致,水中氯离子含量不超过25 mg/kg
水压试验要求	(1)试验的测试点宜设在系统管网的最低点 (2)管网注水时,将管网内的空气排净,缓慢升压 (3)当压力升至试验压力后,稳压5 min,管道无损坏、变形,再将试验压力降至设计压力,稳压120 min
气压试验要求	对于干式和预作用系统,除要进行水压试验外,还需要进行气压试验。双流体系统的气体管道进行气压强度试验 (1)试验介质为空气或氮气 (2)干式和预作用系统的试验压力为0.28 MPa,且稳压24 h,压力降不大于0.01 MPa (3)双流体系统气体管道的试验压力为水压强度试验压力的80%

(四)管网吹扫

1. 吹扫要求

(1)应采用压缩空气或氮气吹扫。

(2)吹扫压力不应大于管道的设计压力。

(3)吹扫气体流速不应小于20 m/s。

2. 操作方法

在管道末端设置贴有白布或涂白漆的靶板,以5 min内靶板上无锈渣、灰尘、水渍及其他杂物为合格。

五、系统调试与现场功能测试

知识点	主要内容	检查方法
开式系统分区控制阀	在接到动作指令后立即启动,并发出相应的阀门动作信号	采用自动和手动方式启动分区控制阀,水通过泄放试验阀排出,采用观察检查
闭式系统分区控制阀	分区控制阀采用信号阀时,能够反馈阀门的启闭状态和故障信号	采用在试水阀处放水或手动关闭分区控制阀,采用观察检查
开式系统的联动试验	进行实际细水雾喷放试验时,可采用模拟火灾信号启动系统,检查分区控制阀、泵组或瓶组能否及时动作并发出相应的动作信号,系统的动作信号反馈装置能否及时发出系统启动的反馈信号,相应防护区或保护对象保护面积内的喷头是否喷出细水雾,相应场所入口处的警示灯是否动作 进行模拟细水雾喷放试验时,应手动开启泄放试验阀,采用模拟火灾信号启动系统,检查泵组或瓶组能否及时动作并发出相应的动作信号,系统的动作信号反馈装置能否及时发出系统启动的反馈信号,相应场所入口处的警示灯是否动作	观察检查
闭式系统的联动试验	可利用试水阀放水进行模拟。打开试水阀,查看泵组能否及时启动并发出相应的动作信号,系统的动作信号反馈装置能否及时发出系统启动的反馈信号	打开试水阀放水,采用观察检查
火灾报警系统联动功能测试	可利用模拟火灾信号进行试验。给出模拟火灾信号,查看火灾报警装置能否自动发出报警信号,系统是否动作,相关联动控制装置能否发出自动关断指令,火灾时需要关闭的相关可燃气体或液体供给源关闭等设施是否联动关断	模拟火灾信号,采用观察检查

六、系统验收

验收项目	验收内容	检查方法
储气瓶组和储水瓶组	瓶组的数量、型号、规格、安装位置、固定方式和标志应符合设计和安装要求	观察检查
	储水容器内水的充装量和储气容器内氮气或压缩空气的储存压力应符合设计要求	测量检查
	瓶组的机械应急操作处的标志应符合设计要求。应急操作装置应有铅封的安全销或保护罩	观察检查和测量检查

续表

验收项目	验收内容	检查方法
控制阀组	控制阀的型号、规格、安装位置、固定方式和启闭标志等应符合设计和安装要求	观察检查
	开式系统分区控制阀组应能采用手动和自动方式可靠动作	采用手动和电动启动分区控制阀,观察检查阀门启闭反馈情况
	闭式系统分区控制阀组应能采用手动方式可靠动作	将处于常开位置的分区控制阀手动关闭,采用观察检查
	分区控制阀前后的阀门均应处于常开位置	观察检查

第四节 系统维护管理

一、系统周期性检查维护

知识点	主要内容
月检的内容和要求	（1）检查系统组件的外观是否有碰撞变形及其他机械性损伤 （2）检查分区控制阀动作是否正常 （3）检查阀门上的铅封或锁链是否完好,阀门是否处于正确位置 （4）检查储水箱和储水容器的水位及储气容器内的气体压力是否符合设计要求 （5）对于闭式系统,利用试水阀对动作信号反馈情况进行试验,观察其是否正常动作和显示 （6）检查喷头的外观及备用数量是否符合要求 （7）检查手动操作装置的防护罩、铅封等是否完整无损
季检的内容和要求	（1）通过试验阀对泵组式系统进行一次放水试验,检查泵组启动、主/备泵切换及报警联动功能是否正常 （2）检查瓶组式系统的控制阀动作是否正常 （3）检查管道和支吊架是否松动,管道连接件是否有变形、老化或裂纹等现象
年检的内容和要求	（1）定期测定一次系统水源的供水能力 （2）对系统组件、管道及管件进行一次全面检查,清洗储水箱、过滤器,并对控制阀后的管道进行吹扫 （3）储水箱每半年换水一次,储水容器内的水按产品制造商的要求定期更换 （4）进行系统模拟联动功能试验

二、系统常见故障分析与处理

（一）泵组常见故障分析与处理

故障类型	故障原因分析	故障处理
泵组连接处有渗漏	连接件松动	拧紧连接件
	连接处O型密封圈或密封垫损坏	更换O型密封圈或密封垫
	连接件损坏	更换连接件
泵组出口压力低	泵组测试阀未关闭	关闭泵组测试阀
	泵组进线电源反相	调整进线电源相序
	高压泵损坏	更换高压泵
	使用流量超出额定值	在泵组额定值内工作
泵组不启动	高压泵接触器未闭合	闭合接触器
	泵组停止触点断开	闭合泵组停止触点
	联动控制器未执行程序	检修联动控制器，必要时更换
	电源未接通	接通电源
	断水水位保护	恢复调节水箱水位
稳压泵频繁启动	管道有渗漏	管道渗漏点补漏
	安全泄压阀密封不好	检修安全泄压阀
	测试阀未关紧	完全关闭测试阀
	单向阀密封垫上粘连杂质	清洗单向阀并清洁水箱及管道
稳压泵规定时间内不能恢复压力	管道内残存空气	完全排除管道空气
	管道有渗漏	管道渗漏点补漏
	高压球阀渗漏	见下文"高压球阀渗漏"故障处理方法
	稳压泵出口压力低	调节稳压泵压力调节螺钉
	稳压泵损坏	更换稳压泵

（二）储水箱常见故障分析与处理

故障类型	故障原因分析	故障处理
储水箱水质不合格，储水量不足	取水来自市政用水，但时间长致水中产生滋生物	定期检查水箱进水过滤器装置；在水箱底部设置放空阀，使水箱储存水能够实现定期彻底更换

续表

故障类型	故障原因分析	故障处理
储水箱水质不合格，储水量不足	进水电磁阀不能进水	检查进水电磁阀的阀前过滤器是否堵塞，如堵塞，进行清洗或替换；检查与进水电磁阀联动的低液位显示装置是否故障，如故障，进行修理；检查进水电磁阀本身是否故障，如故障，进行修理或替换
	进水控制阀误关闭	进水控制阀选择带电信号阀或具有开关锁定的阀门
调节水箱低液位报警或断水停泵	过滤器进水压力低	保证进水压力不低于 0.2 MPa
	过滤器滤芯堵塞	清洗或更换滤芯
	进水电磁阀异物堵塞	清理进水电磁阀

（三）分区控制阀常见故障分析与处理

故障类型	故障原因分析	故障处理
分区控制阀不方便操作、误操作	为了防止误操作，把控制阀设置在防护区外较高处，不便于操作。或设置位置合适，但其他人员误动作	控制阀外设一个有机玻璃箱，并注明"非消防勿动"
瓶组系统分区控制阀手动启动装置无法动作	瓶组系统采用电磁启动阀作为分区控制阀时，电磁启动阀设有手动紧急启动装置，紧急情况时，将手动保险销拔出，拍击手动按钮，即可使启动阀动作，启动装置喷雾灭火。电磁启动阀检测合格后，动作机构的弹簧已处于压紧待发状态，为防止在安装、调试及运输过程中产生误动作，动作机构多由辅助保险销锁定，在系统投入使用后容易忘记拔出保险销，导致电磁启动阀动作机构无法动作	系统安装调试完毕投入使用时，必须将辅助保险销拔出，并将此项工作明确写入使用单位的系统运行管理操作、维护规程中
电动阀不动作	电源接线接触不良	压紧电源接线
	超出电源电压允许范围	调整电压至允许范围内
	阀芯内混入杂质卡死	清洗阀芯
	电动装置烧毁或短路	更换电动装置
高压球阀渗漏	管道内水有杂质割伤密封垫	更换密封垫并清洗管道
	手柄紧定六角螺钉松动	旋紧紧定六角螺钉
	O 型密封圈损坏	更换 O 型密封圈

续表

故障类型	故障原因分析	故障处理
压力开关报警	高压球阀渗漏	见上文"高压球阀渗漏"故障处理方法
	高压球阀未关闭到位	用手柄将电动阀关闭至零位
	压力开关未复位	按下压力开关进行复位
	压力开关损坏	更换压力开关

（四）细水雾喷头常见故障分析与处理

故障类型	故障原因分析	故障处理
喷头喷雾不正常	管道内有杂质堵塞喷头	见下文"喷头堵塞"故障处理方法
	喷头工作压力低	保证喷头工作压力不小于其最低设计工作压力
喷头堵塞	供水水质不合理，水里带有沙粒、污物等	喷头安装前将管网吹洗干净，并且每使用过一次后要清理喷头滤网处的沙粒、污物等
	喷头所处环境灰尘杂质较多	调试完毕后可以在喷嘴孔处涂上稠度等级为 4～6 级、滴点不小于 95℃、具有防锈性的润滑脂，或是采取其他防尘措施

【练习题】

单项选择题

1. 细水雾灭火系统喷头的安装，应在管道安装完毕，试压、吹扫合格后进行。喷头与管道连接处的密封材料宜采用（　　）。

A. 聚四氟乙烯　　　　　　　　B. 麻丝
C. 粘结剂　　　　　　　　　　D. O 型密封圈

【参考答案】D　喷头与管道的连接宜采用端面密封或 O 型圈密封，不应采用聚四氟乙烯、麻丝、黏结剂等作为密封材料。

2. 某消防工程施工单位的人员在细水雾灭火系统调试过程中，对系统的泵组进行调试。根据现行国家标准《细水雾灭火系统技术规范》（GB 50898），下列泵组调试结果中，不符合要求的是（　　）。

A. 以自动方式启动泵组时，泵组立即投入运行

B. 以备用电源切换方式切换启动泵组时，泵组 10 s 投入运行
C. 采用柴油泵作为备用泵时，柴油泵的启动时间为 5 s
D. 控制柜进行空载和加载控制调试时，控制柜正常动作和显示

【参考答案】B　以备用电源切换方式或备用泵切换启动泵组时，泵组应立即投入运行。

第七章 气体灭火系统

【学习导图】

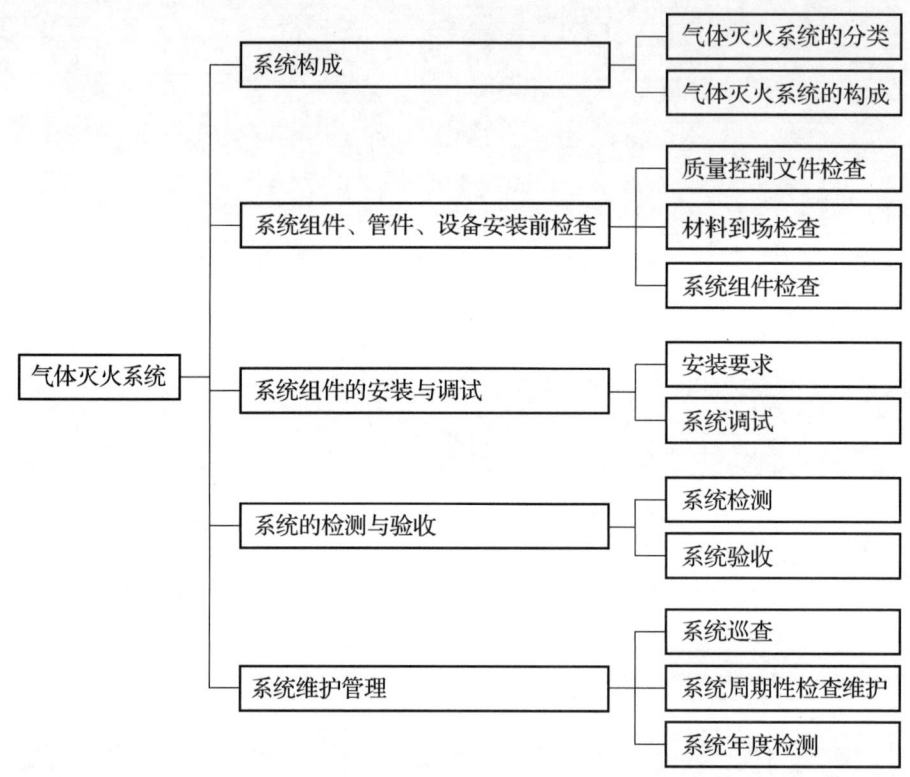

【知识要点】

第一节 系统构成

目前，我国常用的气体灭火系统有二氧化碳、七氟丙烷、IG541 混合气体和热气溶胶预制灭火系统等。灭火的基本机理是冷却、窒息、隔离和化学抑制，前三种灭火作用主要是物理过程，后一种是化学过程。

一、气体灭火系统的分类

气体灭火系统按防护对象的保护形式可分为全淹没系统和局部应用系统两种；按其安装结

构形式可分为管网灭火系统和无管网灭火装置（亦称预制灭火系统），其中，管网灭火系统可分为组合分配型灭火系统和单元独立型灭火系统，无管网灭火装置可分为柜式气体灭火装置和悬挂式气体灭火装置；按使用的灭火剂分类可分为二氧化碳灭火系统、卤代烷烃灭火系统和惰性气体灭火系统等。

二、气体灭火系统的构成

气体灭火系统一般由瓶组、选择阀、喷头、单向阀、集流管、连接管、安全泄压装置、驱动装置、检漏装置、信号反馈装置、低泄高封阀、管路管件等部件构成。

（一）瓶组

瓶组一般由容器、容器阀、安全泄压装置、虹吸管、取样口、检漏装置和充装介质等组成，用于储存灭火剂和控制灭火剂的释放。

容器是用来储存灭火剂和启动气体的重要组件，分为钢质无缝容器和钢质焊接容器。储存装置的容器与其他组件的公称工作压力，不应小于在最高环境温度下所承受的工作压力。

容器阀又称瓶头阀，安装在容器上，具有封存、释放、充装、超压泄放（部分结构）等功能。

（二）选择阀

选择阀用于组合分配系统，控制灭火剂经管网释放至预定防护区或保护对象。选择阀的位置应靠近储存容器且便于操作。

（三）喷头

喷头是用于控制灭火剂的流速和喷射方向的组件。喷头的布置应满足喷放后气体灭火剂在防护区内均匀分布的要求。当保护对象属可燃液体时，喷头射流方向不应朝向液体表面。

（四）单向阀

灭火剂流通管路单向阀装于连接管与集流管之间，防止灭火剂从集流管向灭火剂瓶组返流。驱动气体控制管路单向阀装于启动管路上，用来控制气体流动方向，启动特定的阀门。

（五）集流管

组合分配系统的集流管，应设安全泄压装置。

（六）连接管

输送气体灭火剂的管道应采用无缝钢管，管内外应进行防腐处理；管道安装在腐蚀性较大的环境里时，宜采用不锈钢管。输送启动气体的管道，宜采用铜管。

（七）检漏装置

检漏装置用于监测瓶组内介质的压力或质量损失。它包括压力显示器、称重装置和液位测量装置等。

（八）低泄高封阀

低泄高封阀是为了防止驱动气体泄漏累积引起系统的误动作而在管路中设置的阀门。它安装在系统启动管路上，正常情况下处于开启状态，只有进口压力达到设定压力时才关闭，其主要作用是排除由于气源泄漏而积聚在启动管路内的气体。

第二节　系统组件、管件、设备安装前检查

系统部件、组件到场后，应对其外观、型号、规格、基本性能、严密性等全数进行检验。

一、材料

（1）管材、管道连接件的品种、规格、性能等应符合相应产品标准和设计要求。

（2）管材、管道连接件的镀锌层不得有脱落、破损等缺陷；螺纹连接管道连接件不得有缺纹、断纹等现象；法兰盘密封面不得有缺损、裂痕；密封垫片应完好无划痕。

（3）用钢尺和游标卡尺对管材、管道连接件的规格尺寸、厚度及允许偏差进行测量，应符合其产品标准和设计要求（每一品种、规格产品按20%计算）。

（4）对属于设计有复验要求的或对质量有疑义的灭火剂、管材及管道连接件，按送检需要量抽样复验，其复验结果应符合国家现行产品标准和设计要求。

二、系统组件

（1）对气体灭火系统组件的外观质量全数检查：
1）无碰撞变形及其他机械性损伤。
2）外露非机械加工表面保护涂层完好。
3）所有外露接口均设有防护堵、盖，且封闭良好，接口螺纹和法兰密封面无损伤。
4）铭牌清清晰、牢固、方向正确。
5）同一规格的灭火剂储存容器，其高度差不宜超过 20 mm。
6）同一规格的驱动气体储存容器，其高度差不宜超过 10 mm。

（2）全数检查灭火剂储存容器及容器阀、单向阀、连接管、集流管、安全泄压装置、选择阀、阀驱动装置、喷嘴、信号反馈装置、检漏装置、减压装置等系统组件的产品出厂合格证和市场准入制度要求的法定机构出具的有效证明文件，其品种、规格、性能等应符合国家现行产品标准和设计要求。

设计有复验要求或对质量有疑义时，按送检需要量抽样复验，其复验结果应符合国家现行产品标准和设计要求。

（3）灭火剂储存容器内的充装量、充装压力及充装系数、装量系数应符合下列规定：
1）灭火剂储存容器的充装量、充装压力符合设计要求，充装系数或装量系数应符合设计规范规定。
2）不同温度下灭火剂的储存压力应按相应标准确定。

（4）阀驱动装置检查要求：
1）电磁驱动器的电源电压应符合系统设计要求。通电检查电磁铁芯，其行程应能满足系统启动要求，且动作灵活，无卡阻现象。
2）气动驱动装置储存容器内气体压力不应低于设计压力，且不得超过设计压力的5%，气体驱动管道上的单向阀启闭灵活，无卡阻现象。
3）机械驱动装置应传动灵活，无卡阻现象。

第四节 系统安装

气体灭火系统的安装包括灭火剂储存装置、选择阀及信号反馈装置、阀驱动装置、灭火剂输送管道、喷嘴、预制灭火系统、控制组件的安装。

一、灭火剂储存装置的安装

（1）储存装置的安装位置要符合设计文件的要求。

（2）灭火剂储存装置安装后，泄压装置的泄压方向不应朝向操作面。低压二氧化碳灭火系统的安全阀要通过专用的泄压管接到室外。

（3）储存装置上压力计、液位计、称重显示装置的安装位置应便于人员观察和操作。

（4）储存容器和集流管应采用支（框）架固定，固定应牢靠，并做防腐处理。

（5）储存容器宜涂红色油漆，正面应标明设计规定的灭火剂名称和储存容器的编号。

（6）安装集流管前应检查内腔，确保清洁。

（7）集流管上的泄压装置的泄压方向不应朝向操作面。

（8）连接储存容器与集流管间的单向阀的流向指示箭头应指向介质流动方向。

二、选择阀及信号反馈装置的安装

（1）选择阀操作手柄安装在操作面一侧，当安装高度超过 1.7 m 时应采取便于操作的措施。

（2）采用螺纹连接的选择阀，其与管网连接处宜采用活接。

（3）选择阀的流向指示箭头要指向介质流动方向。

（4）选择阀上要设置标明防护区或保护对象名称或编号的永久性标志牌，并应便于观察。

（5）信号反馈装置的安装应符合设计要求。

三、阀驱动装置的安装

（1）拉索式机械驱动装置的安装要求：

1）拉索除必要外露部分外，应采用经内外防腐处理的钢管防护。

2）拉索转弯处应采用专用导向滑轮。

3）拉索末端拉手应设在专用的保护盒内。

4）拉索套管和保护盒应固定牢靠。

（2）安装以重力式机械驱动装置时，应保证重物在下落行程中无阻挡，其下落行程要保证驱动所需距离，且不小于 25 mm。

（3）电磁驱动装置驱动器的电气连接线要沿固定灭火剂储存容器的支架、框架或墙面固定。

（4）气动驱动装置的安装要求：

1）驱动气瓶的支架、框架或箱体应固定牢靠，并做防腐处理。

2）驱动气瓶上应有标明驱动介质名称、对应防护区或保护对象名称或编号的永久性标志，并便于观察。

（5）气动驱动装置的管道安装要求：

1）管道布置应符合设计要求。

2）竖直管道应在其始端和终端设防晃支架或采用管卡固定。

3）水平管道应采用管卡固定。管卡的间距不宜大于 0.6 m。转弯处应增设 1 个管卡。

（6）气动驱动装置的管道安装后，应进行气压严密性试验并合格。

四、灭火剂输送管道的安装

（1）灭火剂输送管道连接要求：

1）采用螺纹连接时，管材宜采用机械切割；螺纹不得有缺纹、断纹等现象；螺纹连接的密封材料应均匀附着在管道的螺纹部分，拧紧螺纹时，不得将填料挤入管道内；安装后的螺纹根部应有 2～3 条外露螺纹；连接后，应将连接处外部清理干净并做防腐处理。

2）采用法兰连接时，衬垫不得凸入管内，其外边缘宜接近螺栓，不得放双垫或偏垫。连接法兰的螺栓，直径和长度应符合标准，拧紧后，凸出螺母的长度不应大于螺杆直径的 1/2 且应有不少于 2 条外露螺纹。

3）已防腐处理的无缝钢管不宜采用焊接连接，与选择阀等个别连接部位需采用法兰焊接连接时，要对被焊接损坏的防腐层进行二次防腐处理。

（2）管道穿越墙壁、楼板处要安装套管。套管公称直径比管道公称直径至少应大 2 级，穿越墙壁的套管长度应与墙厚相等，穿越楼板的套管长度应高出地板 50 mm。管道与套管间的空隙应采用防火封堵材料填塞密实。当管道穿越建筑物的变形缝时，要设置柔性管段。

（3）管道支架、吊架的安装规定：

1）管道固定应牢靠，管道支架、吊架的最大间距应符合要求。

2）管道末端应采用防晃支架固定，支架与末端喷嘴间的距离不应大于 500 mm。

3）公称直径大于或等于 50 mm 的主干管道，垂直方向和水平方向至少各安装一个防晃支架。当管道穿过建筑物楼层时，每层应设一个防晃支架。当水平管道改变方向时，应增设防晃支架。

（4）灭火剂输送管道安装完毕后，要进行强度试验和气压严密性试验并合格。

（5）灭火剂输送管道的外表面宜涂红色油漆。在吊顶内、活动地板下等隐蔽场所内的管道，可涂红色油漆色环，色环宽度不应小于 50 mm。每个防护区或保护对象的色环宽度应一致，间距应均匀。

五、喷嘴的安装

（1）安装喷嘴时要按设计要求逐个核对其型号、规格及喷孔方向。

（2）安装在吊顶下的不带装饰罩的喷嘴，其连接管管端螺纹不能露出吊顶；安装在吊顶下的带装饰罩的喷嘴，其装饰罩要紧贴吊顶。

六、预制灭火系统的安装

（1）热气溶胶灭火装置等预制灭火系统及其控制器、声光报警器的安装位置要符合设计要求，并固定牢靠。

（2）预制灭火系统装置周围空间环境应符合设计要求。

七、控制组件的安装

（1）灭火控制装置的安装应符合设计要求，防护区内火灾探测器的安装应符合《火灾自动报警系统施工及验收规范》（GB 50166）的规定。

（2）设置在防护区处的手动、自动转换开关应安装在防护区入口便于操作的部位，安装高度为中心点距地（楼）面 1.5 m。

（3）手动启动、停止按钮应安装在防护区入口便于操作的部位，安装高度为中心点距地（楼）面 1.5 m；防护区的声光报警装置安装应符合设计要求，并安装牢固，不倾斜。

（4）气体喷放指示灯宜安装在防护区入口的正上方。

第五节 系 统 调 试

气体灭火系统的调试应在系统安装完毕，相关的火灾自动报警系统、开口自动关闭装置、通风机械和防火阀的联动设备的调试完成后进行。系统调试包括模拟启动试验、模拟喷气试验和模拟切换操作试验。

气体灭火系统调试前要具备完整的技术资料，并符合相关规范的规定。调试前按规定检查系统组件和材料的型号、规格、数量以及系统安装质量，并及时处理所发现的问题。

一、模拟启动试验

调试时，对所有防护区或保护对象按规定进行系统手动、自动模拟启动试验，并合格。

模拟启动试验方法：

（1）手动模拟启动试验：按下手动启动按钮，观察相关动作信号及联动设备动作是否正常（如发出声、光报警，启动输出端的负载响应，关闭通风空调、防火阀等）。手动启动压力信号反馈装置，观察相关防护区门外的气体喷放指示灯是否正常。

（2）自动模拟启动试验：①将灭火控制器的启动输出端与灭火系统相应防护区驱动装置连接。驱动装置与阀门的动作机构脱离。也可用一个启动电压、电流与驱动装置的启动电压、电流相同的负载代替。②人工模拟火警使防护区内任意一个火灾探测器动作，观察单一火警信号输出后，相关报警设备动作是否正常（如警铃、蜂鸣器发出报警声等）。③人工模拟火警使该防护区内另一个火灾探测器动作，观察复合火警信号输出后，相关动作信号及联动设备动作是否正常（如发出声、光报警，启动输出端的负载响应，关闭通风空调、防火阀等）。

（3）模拟启动试验结果要求：①延迟时间与设定时间相符，响应时间满足要求。②有关声、光报警信号正确。③联动设备动作正确。④驱动装置动作可靠。

二、模拟喷气试验

调试时，对所有防护区或保护对象进行模拟喷气试验，并合格。预制灭火系统的模拟喷气试验宜各取一套按产品标准中有关"联动试验"的规定进行。

（1）模拟喷气试验的条件：①IG541 混合气体灭火系统及高压二氧化碳灭火系统，应采用其充装的灭火剂进行模拟喷气试验。试验采用的储存容器数应为选定试验的防护区或保护对象设计用量所需容器总数的 5%，且不少于一个。②低压二氧化碳灭火系统，应采用二氧化碳灭火剂进行模拟喷气试验。试验要选定输送管道最长的防护区或保护对象进行，喷放量不应小于设计用量的 10%。③卤代烷灭火系统模拟喷气试验不应采用卤代烷灭火剂，宜采用氮气，也可采用压缩空气。氮气或压缩空气储存容器与被试验的防护区或保护对象用的灭火剂储存容器的结构、型号、规格应相同，连接与控制方式应一致，氮气或压缩空气的充装压力应按设计要求执行。氮气或压缩空气储存容器数不应少于灭火剂储存容器数的20%，且不少于一个。④模拟喷气试验宜采用自动启动方式。

（2）模拟喷气试验结果要求：①延迟时间与设定时间相符，响应时间满足要求。②有关声、光报警信号正确。③有关控制阀门工作正常。④信号反馈装置动作后，气体防护区门外的气体喷放指示灯工作正常。⑤储存容器间内的设备和对应防护区或保护对象的灭火剂输送管道无明显晃动和机械性损坏。⑥试验气体能喷入试验防护区内或保护对象上，且应能从每个喷嘴喷出。

三、模拟切换操作试验

设有灭火剂备用量且与储存容器连接在同一集流管上的系统应进行模拟切换操作试验，并合格。

模拟切换操作试验方法：

（1）按使用说明书的操作方法，将系统使用状态从主用量灭火剂储存容器切换为备用量灭火剂储存容器的使用状态。

（2）进行模拟喷气试验。

（3）试验结果符合模拟喷气试验结果的规定。

第六节 系统验收

气体灭火系统安装调试完成后，应进行工程验收。系统验收包括防护区或保护对象与储存装置间验收、设备和灭火剂输送管道验收、系统功能验收。

一、防护区或保护对象与储存装置间验收

（1）防护区或保护对象的位置、用途、划分、几何尺寸、开口、通风、环境温度、可燃物的种类、防护区围护结构的耐压、耐火极限及门、窗可自行关闭装置应符合设计要求。

（2）防护区下列安全设施的设置应符合设计要求。

1）防护区的疏散通道、疏散指示标志和应急照明装置。

2）防护区内和入口处的声光报警装置、气体喷放指示灯和入口处的安全标志。

3）无窗或固定窗扇的地上防护区和地下防护区的排气装置。

4）门窗设有密封条的防护区的泄压装置。

5）专用的空气呼吸器。

（3）储存装置间的位置、通道、耐火等级、应急照明装置、火灾报警控制装置及地下储存装置间机械排风装置应符合设计要求。

（4）火灾报警控制装置及联动设备应符合设计要求。

二、设备和灭火剂输送管道验收

（1）灭火剂储存容器的数量、型号和规格，位置与固定方式，油漆和标志，以及灭火剂储存容器的安装质量应符合设计要求。

（2）储存容器内的灭火剂充装量和储存压力应符合设计要求。称重检查按储存容器全数

（不足5个的按5个计）的20%检查；储存压力检查按储存容器全数检查；低压二氧化碳储存容器按全数检查。

（3）集流管的材料、规格、连接方式、布置及其泄压装置的泄压方向应符合设计要求和有关规定。

（4）选择阀及信号反馈装置的数量、型号、规格、位置、标志及其安装质量应符合设计要求和规范有关规定。

（5）阀驱动装置的数量、型号、规格和标志，安装位置，气动驱动装置中驱动气瓶的介质名称和充装压力，以及气动驱动装置管道的规格、布置和连接方式应符合设计要求和规范有关规定。

（6）驱动气瓶和选择阀的机械应急手动操作处，均应有标明对应防护区或保护对象名称的永久标志；驱动气瓶的机械应急操作装置均应设安全销并加铅封，现场手动启动按钮应有防护罩。

（7）灭火剂输送管道的布置与连接方式、支架和吊架的位置及间距、穿过建筑构件及其变形缝的处理、各管段和附件的型号与规格以及防腐处理和涂刷油漆颜色，应符合设计要求和有关规定。

（8）喷嘴的数量、型号、规格、安装位置和方向，应符合设计要求和喷嘴安装的有关规定。

三、系统功能验收

（1）系统功能验收时，应进行模拟启动试验，并合格。按防护区或保护对象总数（不足5个按5个计）的20%检查。

（2）系统功能验收时，应进行模拟喷气试验，并合格。组合分配系统不应少于一个防护区或保护对象，预制灭火系统各取一套。

（3）系统功能验收时，应对设有灭火剂备用量的系统进行模拟切换操作试验，并合格。

（4）系统功能验收时，应对主、备用电源进行切换试验，并合格。

第七节 系统维护管理

气体灭火系统应由经过专门培训，并经考试合格的专职人员负责定期检查和维护，应按检查类别规定对气体灭火系统进行检查，并做好检查记录。检查中发现问题应及时处理。

（1）每日应对低压二氧化碳储存装置的运行情况、储存装置间的设备状态进行检查并记录。

（2）每月检查要求：

1）对低压二氧化碳灭火系统储存装置的液位计进行检查，灭火剂损失10%时应及时补充。

2）高压二氧化碳灭火系统、七氟丙烷管网灭火系统及IG541灭火系统等的检查内容及要求应符合下列规定：

一是灭火剂储存容器及容器阀、单向阀、连接管、集流管、安全泄压装置、选择阀、阀驱动装置、喷嘴、信号反馈装置、检漏装置、减压装置等全部系统组件应无碰撞变形及其他机械性损伤，表面应无锈蚀，保护涂层应完好，铭牌和保护对象标志牌应清晰，手动操作装置的防护罩、铅封和安全标志应完整。

二是灭火剂和驱动气体储存容器内的压力，不得小于设计储存压力的 90%。

3）预制灭火系统的设备状态和运行状况应正常。

（3）每季度应对气体灭火系统进行一次全面检查：

1）可燃物的种类、分布情况，防护区的开口情况，应符合设计规定。

2）储存装置间的设备、灭火剂输送管道和支架、吊架的固定，应无松动。

3）连接管应无变形、裂纹及老化。必要时，送法定质量检验机构进行检测或更换。

4）各喷嘴孔口应无堵塞。

5）对高压二氧化碳储存容器逐个进行称重检查，灭火剂净重不得小于设计储存量的 90%。

6）灭火剂输送管道有损伤与堵塞现象时，应按规范规定要求进行严密性试验和吹扫。

（4）每年应对每个防护区进行一次模拟启动试验和模拟喷气试验。

【练习题】

一、单项选择题

1. 关于气体灭火系统维护管理周期检查项目的说法，错误的是（　　）。

A. 每日应检查低压二氧化碳储存装置的运行情况和储存装置间的设备状态

B. 每月应检查预制灭火系统的设备状态和运行状况

C. 每季应对选定的防护区进行一次模拟启动试验

D. 每月应检查低压二氧化碳灭火系统储存装置的液位

【参考答案】C　每年应对每个防护区进行一次模拟启动试验，并进行一次模拟喷气试验。

2. 某气体灭火系统储瓶间内设有 6 只 150 L 七氟丙烷灭火剂储存容器，根据现行国家标准《气体灭火系统施工及验收规范》（GB 50263），各储存容器的高度差最大不宜超过（　　）mm。

A. 10　　　　　　　　　　　　　　B. 30

C. 50　　　　　　　　　　　　　　D. 20

【参考答案】D　气体灭火系统组件的外观检查时，同一规格的灭火剂储存容器，其高度差不宜超过 20 mm；同一规格的驱动气体储存容器，其高度差不宜超过 10 mm。

3. 某建筑的电子计算机房采用气体灭火系统保护，在一个防护区内安装了 3 台预制灭火装置，根据《气体灭火系统设计规范》（GB 50370）的规定，3 台预制灭火装置动作响应时差最大不得大于（　　）s。

A. 1　　　　　　　　　　　　　　B. 2

C. 3　　　　　　　　　　　　　　D. 5

【参考答案】B　同一防护区内的预制灭火系统装置多于一台时，必须能同时启动，其动作响应时差不得不于 2 s。

4. 根据《气体灭火系统施工及验收规范》（GB 50263），安装气体灭火系统气动驱动装置的管道时，水平管道应采用管卡固定，管卡的间距不宜大于（　　）m，转弯处应增设一个管卡。

A. 0.5　　　　　　　　　　　　　　B. 0.6

C. 0.7　　　　　　　　　　　　　　D. 0.8

【参考答案】B 水平管道应采用管卡固定，管卡的间距不宜大于 0.6 m，转弯处应增设一个管卡。

二、多项选择题

消防技术服务机构对某电视发射塔安装的 IG541 混合气体灭火系统进行验收前检测。在模拟启动试验环节，正确的检测方法有（   ）。

A. 手动模拟启动试验时，按下手动启动按钮，观察相关声光报警及启动输出端负载响应的动作信号、联动设备动作是否正常

B. 手动模拟启动试验时，使压力信号反馈装置动作，观察相关防护区门外的气体喷放指示灯动作是否正常

C. 自动模拟启动试验时，用人工模拟火警使防护区内的任一火灾探测器动作，观察火警信号输出后，相关报警设备动作是否正常

D. 可用一个与灭火系统驱动装置启动电压、电流相同的负载代替灭火系统驱动装置进行模拟启动试验

E. 手动模拟启动试验与自动模拟启动试验任选一项即可

【参考答案】ABCD 模拟启动试验时：

（1）手动模拟启动试验按下述方法进行：按下手动启动按钮，观察相关动作信号及联动设备动作是否正常（如发出声、光报警，启动输出端的负载响应，关闭通风空调、防火阀等）。手动启动压力信号反馈装置，观察相关防护区门外的气体喷放指示灯是否正常。

（2）自动模拟启动试验按下述方法进行：①将灭火控制器的启动输出端与灭火系统相应防护区驱动装置连接。驱动装置与阀门的动作机构脱离。也可用一个启动电压、电流与驱动装置的启动电压、电流相同的负载代替。②人工模拟火警使防护区内任意一个火灾探测器动作，观察单一火警信号输出后，相关报警设备动作是否正常（如警铃、蜂鸣器发出报警声等）。③人工模拟火警使该防护区内另一个火灾探测器动作，观察复合火警信号输出后，相关动作信号及联动设备动作是否正常（如发出声、光报警，启动输出端的负载响应，关闭通风空调、防火阀等）。

选项 E 中，手动和自动模拟启动试验都要进行，任选其中一项是错误的。

第八章 泡沫灭火系统

【学习导图】

```
                              ┌─ 按系统产生泡沫的倍数分类
              系统构成 ────────┤
                              └─ 按系统组件安装方式分类

                                      ┌─ 泡沫液的现场检查
              泡沫液和系统组件现场检查 ─┤
                                      └─ 系统组件的现场检查

                                       ┌─ 系统主要组件安装与技术检测
                                       │
                                       ├─ 管网、管道安装与技术检测
泡沫灭火系统 ─┤                        │
              系统组件安装调试与检测验收┼─ 系统试压、冲洗
                                       │
                                       ├─ 系统调试
                                       │
                                       └─ 系统验收

                                 ┌─ 系统巡查
              系统维护管理 ──────┼─ 系统检查与维护
                                 └─ 系统常见故障分析及处理
```

【知识要点】

第一节 系 统 构 成

略。

第二节　泡沫液和系统组件现场检查

一、泡沫液的现场检查

知识点	主要内容
泡沫液送检起点	（1）6%型低倍数泡沫液设计用量大于或等于7.0 t （2）3%型低倍数泡沫液设计用量大于或等于3.5 t （3）6%蛋白型中倍数泡沫液最小储备量大于或等于2.5 t （4）6%合成型中倍数泡沫液最小储备量大于或等于2.0 t （5）高倍数泡沫液最小储备量大于或等于1.0 t
检测内容	发泡倍数、析液时间、灭火时间和抗烧时间

二、系统组件的现场检查

知识点	主要内容
外观质量检查	（1）无变形及其他机械性损伤 （2）外露非机械加工表面保护涂层完好 （3）无保护涂层的机械加工面无锈蚀 （4）所有外露接口无损伤，堵、盖等保护物包封良好 （5）铭牌标记清晰、牢固 （6）消防泵运转灵活，无阻滞，无异常声音 （7）高倍数泡沫产生器用手转动叶轮灵活 （8）固定式泡沫炮的手动机构无卡阻现象
性能检查	（1）系统组件的型号、规格、性能符合现行国家标准要求 （2）设计上有复检要求或有关方面有质量疑义时，应送相应资质的检测单位检测复验，由监理工程师负责抽样
强度和严密性检查	（1）强度和严密性试验要采用清水进行，强度试验压力为公称压力的1.5倍，严密性试验压力为公称压力的1.1倍 （2）试验压力在试验持续时间内要保持不变，且壳体填料和阀瓣密封面不能有渗漏 （3）阀门试压的试验持续时间不能少于规定时间 （4）试验合格的阀门，要排尽内部积水，并吹干 （5）密封面涂防锈油，关闭阀门，封闭出入口，并做出明显的标记

第三节　系统组件安装调试与检测验收

一、系统主要组件安装与技术检测

知识点	主要内容
泡沫液储罐的安装	（1）安装泡沫液储罐时，泡沫液储罐周围要留有满足检修需要的通道，其宽度不宜小于 0.7 m，且操作面不宜小于 1.5 m；当泡沫液储罐上的控制阀距地面高度大于 1.8 m 时，需要在操作面处设置操作平台或操作凳 （2）现场制作的常压钢质泡沫液储罐，泡沫液管道出液口不能高于泡沫液储罐最低液面 1 m，泡沫液管道吸液口距泡沫液储罐底面不应小于 0.15 m，且最好做成喇叭口形 （3）现场制作的常压钢质泡沫液储罐需要进行严密性试验，试验压力为储罐装满水后的静压力，试验时间不能小于 30 min，目测不能有渗漏 （4）现场制作的常压钢质泡沫液储罐内、外表面需要按设计要求进行防腐处理，防腐处理要在严密性试验合格后进行 （5）常压泡沫液储罐的安装方式要符合设计要求，当设计无要求时，要根据其形状按立式或卧式安装在支架或支座上，支架要与基础固定，安装时不能损坏其储罐上的配管和附件 （6）常压钢质泡沫液储罐罐体与支座接触部位的防腐要符合设计要求，当设计无要求时，要按加强防腐层的做法施工
泡沫比例混合器（装置）的安装	（1）泡沫比例混合器（装置）的标注方向与液流方向一致 （2）泡沫比例混合器（装置）与管道连接处的安装要保证严密，不能有渗漏 （3）环泵式比例混合器的进口要与水泵的出口管段连接，环泵式比例混合器的出口要与水泵的进口管段连接，环泵式比例混合器的进泡沫液口要与泡沫液储罐上的出液口管段连接 （4）环泵式比例混合器安装标高的允许偏差为 ±10 mm （5）环泵式比例混合器故障时，备用的环泵式比例混合器能立即投入使用，并联安装在系统上，并要有明显的标志 （6）压力式比例混合装置要整体安装 （7）整体平衡式比例混合装置安装时需要整体竖直安装在压力水的水平管道上，并在水和泡沫液进口的水平管道上要分别安装压力表，压力表与平衡式比例混合装置进口处的距离不宜大于 0.3 m （8）水力驱动平衡式比例混合装置的泡沫液泵要水平安装 （9）管线式比例混合器的工作压力范围通常为 0.7～1.3 Mp，安装位置要靠近储罐或防护区。比例混合器的吸液口与泡沫液储罐或泡沫液桶最低液面的高度差不得大于 1.0 m
阀门的安装	（1）液下喷射和半液下喷射泡沫灭火系统泡沫管道进储罐处设置的钢质明杆闸阀和止回阀需要水平安装，其止回阀上标注的方向要与泡沫的流动方向一致 （2）高倍数泡沫产生器进口端泡沫混合液管道上设置的压力表、管道过滤器、控制阀一般要安装在水平支管上 （3）泡沫混合液管道上设置的自动排气阀要在系统试压、冲洗合格后立式安装

续表

知识点	主要内容
阀门的安装	（4）连接泡沫产生装置的泡沫混合液管道上的控制阀，要安装在防火堤外压力表接口外侧，并有明显的启闭标志；泡沫混合液管道设置在地上时，控制阀的安装高度一般控制在 1.1～1.5 m （5）泡沫混合液立管上设置的控制阀，其安装高度一般在 1.1～1.5 m，并需要设置明显的启闭标志；当控制阀的安装高度大于 1.8 m 时，需要设置操作平台或操作凳 （6）消防泵的出液管上设置的带控制阀的回流管，须符合设计要求，控制阀的安装高度距地面一般在 0.6～1.2 m （7）管道上的放空阀要安装在最低处
泡沫消火栓的安装	（1）地上式泡沫消火栓要垂直安装，地下式泡沫消火栓要安装在消火栓井内的泡沫混合液管道上 （2）地上式泡沫消火栓的大口径出液口要朝向消防车道，以便于消防车或其他移动式的消防设备吸液口的安装 （3）地下式泡沫消火栓要有明显永久性标志 （4）地下式泡沫消火栓顶部与井盖底面的距离不得大于 0.4 m，且不小于井盖半径 （5）室内泡沫消火栓的栓口方向宜向下或与设置泡沫消火栓的墙面成 90°，栓口离地面或操作基面的高度一般为 1.1 m，允许偏差为 ±20 mm，坐标的允许偏差为 20 mm

二、管网、管道安装与技术检测

知识点	主要内容
一般要求	（1）水平管道安装时要注意留有管道坡度，在防火堤内要以 3‰的坡度坡向防火堤，在防火堤外应以 2‰的坡度坡向放空阀。另外，当出现 U 形管时要有放空措施 （2）立管要用管卡固定在支架上，管卡间距不能大于 3 m （3）埋地管道安装前要做好防腐，安装时不能损坏防腐层 （4）管道穿过防火堤、防火墙、楼板时，需要安装套管

三、系统试压、冲洗

知识点	主要内容
管道的水压试验	（1）试验要采用清水进行，试验时，环境温度不得低于 5℃，当环境温度低于 5℃时，要采取防冻措施 （2）试验压力应为设计压力的 1.5 倍 （3）试验前需要将泡沫产生装置、泡沫比例混合器（装置）隔离
管道的冲洗	（1）管道试压合格后，需要用清水冲洗，冲洗合格后，不能再进行影响管内清洁的其他施工 （2）地上管道在试压、冲洗合格后需要进行涂漆防腐

四、系统调试

知识点	主要内容
系统组件调试	（1）泡沫比例混合器（装置）的调试需要与系统喷泡沫试验同时进行，其混合比要符合设计要求 （2）泡沫产生装置调试时，泡沫喷头要进行喷水试验，其防护区内任意四个相邻喷头组成的四边形保护面积内的平均供给强度要不小于设计值；高倍数泡沫产生器要进行喷水试验，其进口压力的平均值不能小于设计值，每台高倍数泡沫产生器发泡网的喷水状态要正常
系统功能调试	（1）当为手动灭火系统时，要以手动控制的方式进行一次喷水试验；当为自动灭火系统时，要以手动和自动控制的方式各进行一次喷水试验 （2）低、中倍数泡沫灭火系统喷水试验完毕后，将水放空，进行喷泡沫试验；当泡沫灭火系统为自动灭火系统时，要以自动控制的方式进行；喷射泡沫的时间不应小于 1 min （3）高倍数泡沫灭火系统喷水试验完毕后，将水放空，以手动或自动控制的方式对防护区进行喷泡沫试验，喷射泡沫的时间不应小于 30 s

第四节 系统维护管理

知识点	主要内容
消防泵和备用动力启动试验	每周需要对消防泵和备用动力以手动或自动控制的方式进行一次启动试验，看其是否运转正常。试验时泵可以打回流，也可以空转，但空转时运转时间不应大于 5 s，试验后必须将消防泵和备用动力及有关设备恢复原状
系统月检	（1）低、中、高倍数泡沫产生器，泡沫喷头，固定式泡沫炮，泡沫比例混合器（装置），泡沫液储罐外观完好无损 （2）固定式泡沫炮的回转机构、仰俯机构或电动操作机构性能要达到标准的要求 （3）泡沫消火栓和阀门要能自由开启与关闭，不能有锈蚀 （4）压力表、管道过滤器、金属软管、管道及管件不能有损伤 （5）遥控功能或自动控制设施及操纵机构性能要符合设计要求 （6）对储罐上的低、中倍数泡沫混合液立管要清除锈渣 （7）动力源和电气设备工作状况要良好 （8）水源及水位指示装置要正常
系统年检要求	（1）每半年除储罐上泡沫混合液立管和液下喷射防火堤内泡沫管道，以及高倍数泡沫产生器进口端控制阀后的管道外，其余管道需要全部冲洗，清除锈渣 （2）每两年对低倍数泡沫灭火系统中的液上、液下及半液下喷射、泡沫喷淋、固定式泡沫炮和中倍数泡沫灭火系统进行喷泡沫试验，并对系统所有组件、设施、管道及管件进行全面检查 （3）每两年对高倍数泡沫灭火系统，可在防护区内进行喷泡沫试验，并对系统所有组件、设施、管道及管件进行全面检查 （4）系统检查和试验完毕后，每两年要对泡沫液泵或泡沫混合液泵、泡沫液管道、泡沫混合液管道、泡沫管道、泡沫比例混合器（装置）、泡沫消火栓、管道过滤器和喷过泡沫的泡沫产生装置等用清水冲洗后放空，复原系统

【练习题】

单项选择题

1. 泡沫灭火系统的组件进入工地后,应对其进行现场检查。下列检查项目中,不属于泡沫产生器现场检查项目的是(   )。

   A. 严密性试验　　　　　　　　B. 表面保护涂层
   C. 机械性损伤　　　　　　　　D. 产品性能参数

   【参考答案】A　严密性试验主要是对阀门,泡沫产生器没有此要求。

2. 泡沫产生装置进场检验时,下列检查项目中,不属于外观检查项目的是(   )。

   A. 材料材质　　　　　　　　　B. 铭牌标记
   C. 机械损伤　　　　　　　　　D. 表面涂层

   【参考答案】A　材料材质不属于外观检查内容。

3. 在对泡沫灭火系统进行功能验收时,可用手持折射仪测量混合比的是(   )。

   A. 水成膜泡沫液　　　　　　　B. 折射仪指数较小的泡沫液
   C. 氟蛋白泡沫液　　　　　　　D. 抗溶水成膜泡沫液

   【参考答案】C　蛋白、氟蛋白等折射指数高的泡沫液可用手持折射仪测量混合比,水成膜、抗溶水成膜等折射指数低的泡沫液可用手持导电度测量仪测量混合比。

4. 某油库采用低倍数泡沫灭火系统。根据现行国家标准《泡沫灭火系统及验收规范》(GB 50281),下列检查项目中,不属于每月检查一次的项目是(   )。

   A. 系统管道清洗
   B. 对储罐上的泡沫混合液立管清除锈渣
   C. 泡沫喷头外观检查
   D. 水源及水位指示装置检查

   【参考答案】A　系统管道清洗是半年检项目。

第九章 干粉灭火系统

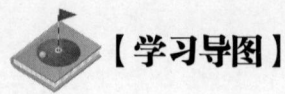
【学习导图】

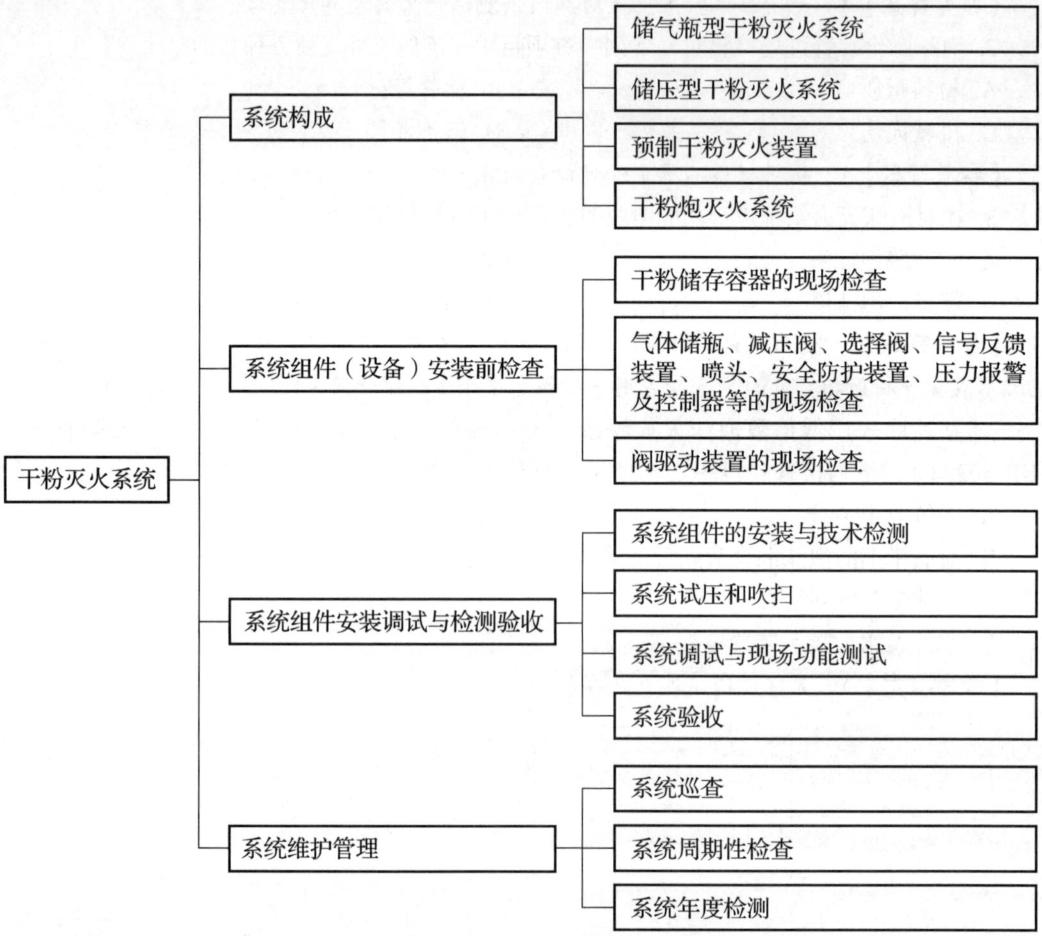

```
                            ┌─ 储气瓶型干粉灭火系统
                            ├─ 储压型干粉灭火系统
              ┌─ 系统构成 ──┤
              │             ├─ 预制干粉灭火装置
              │             └─ 干粉炮灭火系统
              │
              │                              ┌─ 干粉储存容器的现场检查
              │                              │
              │                              │  气体储瓶、减压阀、选择阀、信号反馈
              ├─ 系统组件（设备）安装前检查 ─┤  装置、喷头、安全防护装置、压力报警
              │                              │  及控制器等的现场检查
干粉灭火系统 ─┤                              │
              │                              └─ 阀驱动装置的现场检查
              │
              │                              ┌─ 系统组件的安装与技术检测
              │                              ├─ 系统试压和吹扫
              ├─ 系统组件安装调试与检测验收 ─┤
              │                              ├─ 系统调试与现场功能测试
              │                              └─ 系统验收
              │
              │                              ┌─ 系统巡查
              └─ 系统维护管理 ──────────────┤  系统周期性检查
                                             └─ 系统年度检测
```

【知识要点】

第一节 系统构成

干粉灭火系统具有灭火速度快、不导电、对环境条件要求不严格等特点，能自动探测、自动启动系统和自动灭火，广泛适用于港口、列车栈桥输油管线、甲类可燃液体生产线、石化生

产线、天然气储罐、储油罐、汽轮机组及淬火油槽和大型变压器等场所。

第二节　系统组件（设备）安装前检查

一、干粉储存容器的现场检查

干粉储存容器的检查主要有三个方面：外观质量检查、密封面检查和充装量检查。

外观质量检查的要求主要有：铭牌清晰、牢固、方向正确；干粉储存容器外表颜色为红色；无碰撞变形及其他机械性损伤；外露非机械加工表面保护涂层完好；品种、规格、性能等符合国家现行产品标准和设计要求。可采用目测观察，通过核查产品出厂合格证和法定机构出具的有效证明文件等方法进行检查。

密封面检查要求所有外露接口均设有防护堵、盖，且封闭良好，接口螺纹和法兰密封面无损伤。可采用目测观察检查。

充装量检查要求实际充装量不得小于设计充装量，也不得超过设计充装量的3%。

二、气体储瓶、减压阀、选择阀、信号反馈装置、喷头、安全防护装置、压力报警及控制器等的现场检查

（一）外观检查

（1）铭牌清晰、牢固、方向正确。
（2）无碰撞变形及其他机械性损伤。
（3）外露非机械加工表面保护涂层完好。
（4）品种、规格、性能等符合国家现行产品标准和设计要求。
（5）对同一规格的干粉储存容器和驱动气体储瓶，其高度差不超过20 mm。
（6）对同一规格的启动气体储瓶，其高度差不超过10 mm。
（7）驱动气体储瓶容器阀具有手动操作机构。
（8）选择阀在明显部位永久性标有介质的流动方向。

（二）密封面检查

（1）外露接口均设有防护堵、盖，且封闭良好。
（2）接口螺纹和法兰密封面无损伤。

三、阀驱动装置的现场检查

（一）外观和密封面检查

（1）铭牌清晰、牢固、方向正确。
（2）无碰撞变形及其他机械性损伤。
（3）外露非机械加工表面保护涂层完好。
（4）所有外露接口均设有防护堵、盖，且封闭良好；接口螺纹和法兰密封面无损伤。

（二）功能检查

（1）电磁驱动器的电源电压符合设计要求。电磁铁芯通电检查后行程能满足系统启动要求，且动作灵活，无卡阻现象。

（2）启动气体储瓶内压力不低于设计压力，且不超过设计压力的5%，设置在启动气体管道上的单向阀启闭灵活，无卡阻现象。

（3）机械驱动装置传动灵活，无卡阻现象。

第三节　系统组件安装调试与检测验收

一、系统组件的安装与技术检测

（一）干粉储存容器

在安装时，要注意安全防护装置的泄压方向不能朝向操作面；压力显示装置方便人员观察和操作；阀门便于手动操作。

（二）驱动气体储瓶

安装驱动气体储瓶时，注意安全防护装置的泄压方向不能朝向操作面；启动气体储瓶和驱动气体储瓶上压力显示装置、检漏装置的安装位置便于人员观察和操作；驱动介质流动方向与减压阀、止回阀标记的方向一致。

（三）干粉输送管道

（1）采用螺纹连接时，管材宜采用机械切割；螺纹不得有缺纹和断纹等现象；螺纹连接的密封材料均匀附着在管道的螺纹部分，拧紧螺纹时，避免将填料挤入管道内；安装后的螺纹根部有2~3条外露螺纹，连接处外部清理干净并做防腐处理。

（2）采用法兰连接时，衬垫不能凸入管内，其外边缘宜接近螺栓孔，不能放双垫或偏垫。拧紧后，凸出螺母的长度不能大于螺杆直径的1/2，确保有不少于2条外露螺纹。

（3）经过防腐处理的无缝钢管不宜采用焊接连接，当与选择阀等个别连接部位需采用法兰焊接连接时，要对被焊接损坏的防腐层进行二次防腐处理。

（4）管道穿过墙壁、楼板处须安装套管。套管公称直径比管道公称直径至少大2级，穿墙套管长度应与墙厚相等，穿楼板套管长度须高出地板50 mm。管道与套管间的空隙采用防火封堵材料填塞密实。当管道穿越建筑物的变形缝时，须设置柔性管段。

（5）管道末端采用防晃支架固定，支架与末端喷头间的距离不大于500 mm。

（四）喷头

当安装在吊顶下时，喷头如果没有装饰罩，其连接管的管端螺纹不能露出吊顶；如果带有装饰罩，装饰罩应紧贴吊顶安装。另外，喷头在安装时还应设有防护装置，以防灰尘或异物堵塞。

对于储压型干粉灭火系统，当采用全淹没灭火系统时，喷头的最大安装高度不应大于7 m；当采用局部应用灭火系统时，喷头的最大安装高度不应大于6 m；对于储气瓶型干粉灭火系统，当采用全淹没灭火系统时，喷头的最大安装高度不应大于8 m；当采用局部应用灭火系统时，喷头的最大安装高度不应大于7 m。

（五）其他组件和管件

1. 减压阀

减压阀的流向指示箭头与介质流动方向一致；压力显示装置安装在便于人员观察的位置。

2. 选择阀

（1）在操作面一侧安装选择阀操作手柄，当安装高度超过 1.7 m 时，要采取便于操作的措施。

（2）选择阀的流向指示箭头与介质流动方向一致。

（3）选择阀采用螺纹连接时，其与管网连接处采用活接或法兰连接。

（4）选择阀上须设置标明防护区或保护对象名称（编号）的永久性标志牌。

3. 阀驱动装置

（1）对于拉索式机械阀驱动装置，除必要外露部分外，拉索须采用经内外防腐处理的钢管防护；拉索转弯处应采用专用导向滑轮；拉索末端拉手须设在专用的保护盒内，且拉索套管和保护盒固定牢固。

（2）对于重力式机械阀驱动装置，应保证重物在下落行程中无阻挡，其下落行程应保证驱动所需距离，且不小于 25 mm。

（3）对于气动阀驱动装置，启动气体储瓶上应永久性标明对应防护区或保护对象的名称或编号。

二、系统试压和吹扫

（一）系统试压、吹扫的基本要求

试压试验和管网吹扫在管网安装完毕后进行，在具备下列规定条件的情况下，方可开展。

（1）埋地管道的位置及管道基础、支墩等符合设计文件要求。

（2）准备不少于两只的试验用压力表，精度不低于 1.5 级，量程为试验压力值的 1.5～2 倍。

（3）隔离或者拆除不能参与试压的设备、仪表、阀门及附件；加设的临时盲板具有凸出于法兰的边耳，且有明显标志，并对临时盲板数量、位置进行记录。

（4）采用生活用水进行水压试验和管网冲洗，不得使用海水或者含有腐蚀性化学物质的水进行试压试验和管网冲洗。

（二）水压强度试验

水压强度试验前，用温度计测试环境温度，确保环境温度不低于 5℃，如果低于 5℃，须采取必要的防冻措施。另外，还应确保水压强度试验压力不低于 1.5 倍系统最大工作压力。

水压强度试验时，其测试点选择在系统管网的最低点；管网注水时，将管网内的空气排净，以不大于 0.5 MPa/s 的速率缓慢升压至试验压力，达到试验压力后稳压 5 min，管网无渗漏、无变形。

（三）气压强度试验

当水压强度试验条件不具备时，可采用气压强度试验代替。气压强度试验压力取 1.15 倍系统最大工作压力。在试验前，用加压介质进行预试验，预试验压力为 0.2 MPa；试验时，逐步缓慢增加压力，当压力升至试验压力的 50% 时，如未发现异状或泄漏，继续按试验压力的 10% 逐级升压，每级稳压 3 min，直至达到试验压力；保压检查管道各处无变形、无泄漏为合格。

（四）管网吹扫

干粉输送管道在水压强度试验合格后，或在气密性试验前须进行吹扫。管网吹扫可采用压缩空气或氮气；吹扫时，管道末端的气体流速不应小于 20 m/s。可采用白布检查，直至无铁锈、尘土、水渍及其他异物出现。

（五）气密性试验

干粉输送管道进行气密性试验时，对干粉输送管道，试验压力为水压强度试验压力的 2/3；对气体输送管道，试验压力为气体最高工作储存压力。

进行气密性试验时，应以不大于 0.5 MPa/s 的升压速率缓慢升压至试验压力。关断试验气源 3 min 内压力降不超过试验压力的 10% 为合格。

三、系统调试与现场功能测试

（一）模拟自动启动试验判定标准

延时启动时符合设定时间，声光报警信号正常，联动设备动作正确，启动驱动装置（或负载）动作可靠。

（二）模拟手动启动试验判定标准

延时启动时符合设定时间，声光报警信号正常，联动设备动作正确，启动驱动装置（或负载）动作可靠。

（三）模拟喷放试验判定标准

模拟喷放试验采用干粉灭火剂和自动启动方式，干粉用量不少于设计用量的 30%；当现场条件不允许喷放干粉灭火剂时，可采用惰性气体；采用的试验气瓶须与干粉灭火系统驱动气体储瓶的型号、规格、阀门结构、充装压力、连接与控制方式一致。试验时应保证出口压力不低于设计压力。

延时启动时符合设定时间；有关声光报警信号正确；信号反馈装置动作正常；干粉输送管无明显晃动和机械性损坏；干粉或气体能喷入被试防护区内或保护对象上，且能从每个喷头喷出。

（四）干粉炮调试判定标准

（1）有反馈信号的电动阀门反馈信号准确、可靠。

（2）无线遥控装置的遥控距离符合设计要求；多台无线遥控装置同时使用时，没有相互干扰或被控设备误动作现象。

（3）联动试验按设计的每个联动单元进行喷射试验时，其结果符合设计要求。

（4）装有现场手动按钮的干粉炮灭火系统，当现场手动按钮按下后，系统按设计要求自动运行，其各项性能指标均达到设计要求。

四、系统验收

系统各组件安装、调试完成后，须对系统进行技术检测和验收，以判断系统安装是否符合相关技术标准，系统调试是否符合相关功能要求，以确保系统能够按照设定的功能发挥作用，为确保系统工作可靠提供技术支持。

系统验收须对各组件的安装位置、安装方式、安装要求及系统整体调试进行全方位的验收，主要包括系统组件验收和系统功能验收。

第四节　系统维护管理

一、日检查内容

（1）干粉储存装置外观。
（2）灭火控制器运行情况。
（3）启动气体储瓶和驱动气体储瓶压力。

二、月检查内容

（1）干粉储存装置部件。
（2）驱动气体储瓶充装量。

三、年检查内容

（1）防护区及干粉储存装置间。
（2）管网、支架及喷放组件。
（3）模拟启动检查。

【练习题】

单项选择题

1. 某消防检测机构对一单位设置的局部应用干粉灭火系统进行检测，关于系统保护对象环境及系统功能检查的下列结果中，不符合现行国家消防技术标准要求的是（　　）。

A. 喷射的干粉覆盖保护对象垂直投影面积的 120%
B. 可燃液体液面至容器缘口的距离为 155 mm
C. 保护对象周围的空气流动速度最大为 3 m/s
D. 干粉喷射时间为 60 s

【参考答案】C　当采用面积法设计时，保护对象计算面积应取被保护表面的垂直投影面积，故选项 A 说法正确。当保护对象为可燃液体时，液面至容器缘口的距离不得小于 150 mm，故选项 B 说法正确。采用局部应用灭火系统的保护对象周围的空气流动速度不应大于 2 m/s，必要时，应采取挡风措施，故选项 C 说法错误。室内局部应用灭火系统的干粉喷射时间不应小于 30 s，室外或有复燃危险的室内局部应用灭火系统的干粉喷射时间不应小于 60 s，故选项 D 说法正确。

2. 对干粉灭火系统进行维护管理时，下列检查项目中，属于每月检查一次的项目是（　　）。

A. 驱动气瓶充装量
B. 启动气体储瓶压力
C. 灭火控制器运行情况
D. 管网、支架及喷放组件

【参考答案】A 每月检查一次的项目为：①干粉储存装置部件；②驱动气体储瓶充装量。

3. 对干粉灭火系统进行周期性检查维护管理，下列检查项目中，不属于年度功能检测项目的是（   ）。

A. 模拟启动检查
B. 干粉储罐充装量
C. 管网、支架及喷放组件
D. 模拟紧急启停功能

【参考答案】B 每年检查一次的项目为：①防护区及干粉储存装置间；②管网、支架及喷放组件；③模拟启动检查。

第十章 建筑灭火器

【学习导图】

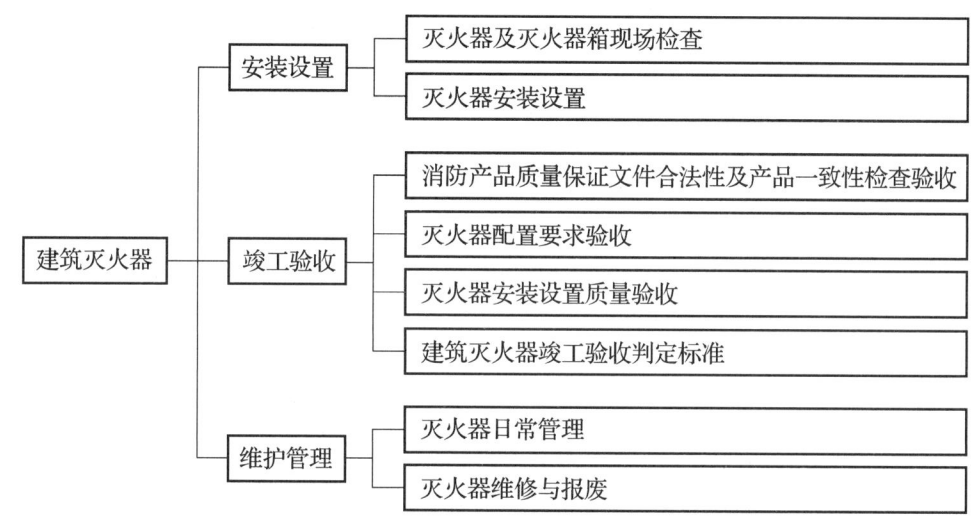

【知识要点】

第一节 安 装 设 置

一、灭火器及灭火器箱现场检查

(一)灭火器及灭火器箱质量保证文件检查合格判定标准

(1)各类型、各规格的灭火器及其附件、灭火器箱、发光指示标志的质量保证文件符合市场准入规定,具有法定消防产品检测机构型式检验合格的检验报告,校核其质量保证文件复印件,与原件一致无误、无涂改。

(2)每具灭火器及其挂钩和托架等附件、灭火器箱、发光指示标志均有对应的出厂合格证。

(3)到场灭火器、灭火器箱的外观、标志、型号、规格、结构部件、材料、性能参数、生产厂名及其厂址等与其型式检验报告相一致。

(4)到场灭火器箱、灭火器及其配件的类型、规格、数量,以及灭火器的灭火级别等与经消防设计审核、备案检查合格的建设工程消防设计文件要求一致。

(5)每具灭火器及其附件均有使用说明书,并有灭火器维修时阅读生产企业维修手册的提示。

（二）灭火器箱现场质量检查合格判定标准

（1）单体类灭火器箱正面标注有中文"灭火器"和英文"Fire extinguisher"的标志；自救呼吸器组合类灭火器箱正面标注有中文"自救呼吸器"和英文"Respirator for self-rescue"，并在下方标注有中文"灭火器"和英文"Fire extinguisher"的标志；消火栓组合类灭火器箱分别在消火栓箱、灭火器箱正面标注有中文"消火栓"和英文"Fire hydrant"以及"灭火器"和英文"Fire extinguisher"的标志；标志字体醒目、均匀、完整。

（2）字体尺寸不得小于 30 mm × 60 mm（宽 × 高）。

（3）灭火器箱的正面粘贴发光标志。

（4）灭火器箱的正面右下角设置耐久性铭牌。

（5）翻盖式灭火器箱在翻盖上标注有开启方向的标示。

（6）灭火器箱各表面无凹凸不平，箱体无明显的机械加工缺陷。

（7）灭火器箱箱体无歪斜、翘曲等变形，置地型灭火器箱在水平地面上无倾斜、摇晃等现象。

（8）不耐腐蚀金属材料制造的灭火器箱表面防腐涂层光滑平整，色泽均匀，无缺陷。

（9）开门式灭火器箱的箱门关闭到位后，与四周框面平齐，与箱框之间的间隙均匀平直，不影响箱门开启。其箱门平面度公差不大于 2 mm，灭火器箱正面的零部件凸出箱门外表面高度不大于 15 mm，其他各面零部件凸出其外表面高度不大于 10 mm；门与框最大间隙不超过 2.5 mm。

（10）翻盖式灭火器箱箱盖在正面凸出不超过 20 mm，在侧面凸出不超过 45 mm，且均不得小于 15 mm。

（11）翻盖式灭火器箱正面的上挡板在箱盖打开后能够翻转下落。

（12）开门式灭火器箱设有箱门关紧装置，且无锁具。

（13）灭火器箱箱门（盖）开启操作轻便灵活，无卡阻。

（14）开启力不大于 50 N；箱门开启角度不小于 175°，箱盖开启角度不小于 100°。

（三）灭火器及其附件现场质量检查合格判定标准

（1）灭火器上的发光标志，无明显缺陷和损伤，能够在黑暗中显示灭火器位置。

（2）灭火器认证标志、铭牌的主要内容齐全。贴花端正平服，不脱落，不缺边少字，无明显皱褶、气泡等缺陷。

（3）灭火器底圈或者颈圈等不受压位置的水压试验压力和生产日期等永久性钢印标志、钢印打制的生产连续序号等清晰。

（4）二氧化碳灭火器在其瓶体肩部打制的钢印清晰、排列整齐，可呈扇面状排列，钢印标记标注内容齐全。

（5）灭火器压力指示器表盘有灭火剂适用标志（如，干粉灭火剂用"F"表示，水基型灭火剂用"S"表示，洁净气体灭火剂用"J"表示等）；指示器红区、黄区范围分别标有"再充装""超充装"的字样。

（6）推车式灭火器采用旋转式喷射枪的，其枪体上标注有指示开启方法的永久性标志。

（7）灭火器筒体及其零部件，以及挂钩、托架等附件无明显缺陷和机械损伤；二氧化碳灭火器气瓶瓶体（以下简称气瓶）不得有目测可见的裂纹、褶皱、波浪、重皮、夹杂等影响强度的缺陷。

（8）灭火器筒体或者气瓶及其挂钩、托架等外表涂层色泽均匀，无龟裂、明显流痕、气泡、划痕、碰伤等缺陷；灭火器的电镀件表面无气泡、明显划痕、碰伤等缺陷。

（9）灭火器开启机构灵活、性能可靠，不得倒置开启和使用；提把和压把无机械损伤，表面不得有毛刺、锐边等影响操作的缺陷。

（10）灭火器器头（阀门）外观完好、无破损，安装有保险机构，保险装置的铅封（塑料带、线封）完好无损。

（11）除二氧化碳灭火器以外的储压式灭火器装有压力指示器。压力指示器的种类与灭火器种类相符，其指针在绿色区域范围内；压力指示器20℃时显示的工作压力值与灭火器标志上标注的20℃的充装压力相同。

（12）二氧化碳灭火器的阀门能够手动开启、自动关闭，其器头设有超压保护装置，保护装置完好有效。

（13）3 kg（L）以上充装量的灭火器配有喷射软管，手提式灭火器喷射软管的长度（不包括软管两端的接头和喷嘴）不得小于400 mm，推车式灭火器喷射软管的长度（不包括软管两端的接头和喷射枪）不得小于4 m。

（14）手提式灭火器装有间歇喷射机构。

（15）推车式灭火器的行驶机构完好，有足够的通过性能，推行时无卡阻；灭火器整体（轮子除外）最低位置与地面之间的间距不小于100 mm。

二、灭火器安装设置

（一）手提式灭火器安装设置要求

手提式灭火器设置在灭火器箱内或者挂钩、托架上；环境干燥、洁净的场所可直接将其放置在地面上。

1. 灭火器箱的安装

（1）灭火器箱不得被遮挡、上锁或者拴系。

（2）灭火器箱箱门开启方便灵活，开启后不得阻挡人员安全疏散。开门型灭火器箱的箱门开启角度不得小于175°，翻盖型灭火器箱的翻盖开启角度不得小于100°。

（3）嵌墙式灭火器箱的安装高度，按照手提式灭火器顶部与地面距离不大于1.50 m，底部与地面距离不小于0.08 m的要求确定。

2. 灭火器挂钩、托架等附件的安装

（1）挂钩、托架安装后，能够承受5倍的手提式灭火器质量（当5倍的手提式灭火器质量小于45 kg时，按照45 kg设置）的静载荷，承载5 min不出现松动、脱落、断裂和明显变形等现象。

（2）挂钩、托架按照下列要求安装：

1）保证可用徒手的方式便捷地取用设置在挂钩、托架上的手提式灭火器。

2）2具及以上的手提式灭火器相邻设置在挂钩、托架上时，可任意取用其中1具。

3）设有夹持带的挂钩、托架，夹持带的开启方式可从正面看到。当夹持带开启时，灭火器不会坠落。

（4）挂钩、托架的安装高度满足手提式灭火器顶部与地面距离不大于1.50 m，底部与地面距离不小于0.08 m的要求。

（二）推车式灭火器安装设置要求

推车式灭火器通常设置在平坦的场地上，不得设置在台阶上。

第二节 竣 工 验 收

一、灭火器配置要求验收合格判定标准

（一）灭火器基本配置合格判定标准

（1）配置单元内的灭火器类型、规格、灭火级别和配置数量符合经消防设计审核、备案检查合格的消防设计文件要求。

（2）经备案未被抽查确定为检查对象的建设工程，其灭火器类型与其配置场所的火灾种类相匹配；经计算，其配置单元内灭火器铭牌上的类型、规格、灭火级别和配置数量符合规定；每个配置单元内灭火器数量不少于2具，每个设置点的灭火器不宜多于5具；住宅楼每层公共部位建筑面积超过100 m^2 的，按照每100 m^2 至少配置1具1A的手提式灭火器进行安装设置，每增加100 m^2，增配1具1A的手提式灭火器。

（3）同一配置单元内配置的不同类型灭火器，其灭火剂类型属于能相容的灭火剂。

（二）灭火器设置点及其间距合格判定标准

（1）灭火器设置点位于明显、便于灭火器取用，且不影响安全疏散的地点。设置在室外的设置点，设有防湿、防寒、防晒等保护措施；设置在潮湿性、腐蚀性场所的设置点，设有防湿、防腐蚀措施。

（2）经实际测量，配置单元内每个设置点的灭火器保护距离不大于本场所相对应的火灾类别、危险等级的灭火器最大保护距离要求。

二、建筑灭火器竣工验收判定标准

建筑灭火器配置工程竣工验收项目缺陷划分为严重缺陷项（A）、重缺陷项（B）和轻缺陷项（C），灭火器配置验收的合格判定条件为：A=0，且 B≤1，且 B+C≤4；否则，验收评定为不合格。

第三节 维 护 管 理

一、灭火器日常管理

（一）巡查

重点单位每天至少巡查一次，其他单位每周至少巡查一次。

（二）检查

灭火器的配置、外观等全面检查每月进行一次。候车（机、船）室、歌舞娱乐放映游艺等人员密集的公共场所以及堆场、罐区、石油化工装置区、加油站、锅炉房、地下室等场所配置的灭火器每半月检查一次。

二、灭火器维修与报废

（一）灭火器送修

使用达到下列规定年限的灭火器，建筑（场所）使用管理单位要分批次向灭火器维修企业送修。

（1）手提式、推车式水基型灭火器出厂期满3年，首次维修以后每满1年。

（2）手提式、推车式干粉灭火器、洁净气体灭火器、二氧化碳灭火器出厂期满5年，首次维修以后每满2年。

送修灭火器时，一次送修数量不得超过配置计算单元所配置的灭火器总数量的1/4。超出时，需要选择相同类型、相同操作方法的灭火器替代，且其灭火级别不得小于原配置灭火器的灭火级别。

（二）灭火器维修

维修机构的维修确认检验每年至少进行一次；首批维修产品、暂停灭火器维修半年以上恢复维修时、维修工艺发生重大变化等情况下需要进行维修确认检验；维修确认检验项目除维修出厂检验的项目外，还须增加20℃喷射性能试验、使用温度喷射性能试验、操作机构检查、内部结构和内部腐蚀检查、灭火剂质量检查等项目。

（三）灭火器报废条件

（1）列入国家颁布的淘汰目录的灭火器。下列类型的灭火器，一经发现予以报废处理。

1）酸碱型灭火器。

2）化学泡沫型灭火器。

3）倒置使用型灭火器。

4）氯溴甲烷、四氯化碳灭火器。

5）1211灭火器、1301灭火器。

6）国家政策明令淘汰的其他类型灭火器。

（2）达到报废年限的灭火器。手提式、推车式灭火器出厂时间达到或者超过下列规定期限的，予以报废处理。

1）水基型灭火器出厂期满6年。

2）干粉灭火器、洁净气体灭火器出厂期满10年。

3）二氧化碳灭火器出厂期满12年。

（3）存在严重损伤、重大缺陷的灭火器。灭火器使用、检查、维修过程中，发现存在下列情形之一的，予以报废处理。

1）永久性标志模糊，无法识别。

2）筒体或者气瓶被火烧过。

3）筒体或者气瓶有严重变形。

4）筒体或者气瓶外部涂层脱落面积大于筒体或者气瓶总面积的1/3。

5）筒体或者气瓶外表面、连接部位、底座有腐蚀的凹坑。

6）筒体或者气瓶有锡焊、铜焊或补缀等修补痕迹。

7）筒体或者气瓶内部有锈屑或内表面有腐蚀的凹坑。

8）水基型灭火器筒体内部的防腐层失效。

9）筒体或者气瓶的连接螺纹有损伤。

10）筒体或者气瓶水压试验不符合水压试验的要求。

11）灭火器产品不符合消防产品市场准入制度。

12）灭火器由不合法的维修机构维修的。

第十一章 防烟排烟系统

【学习导图】

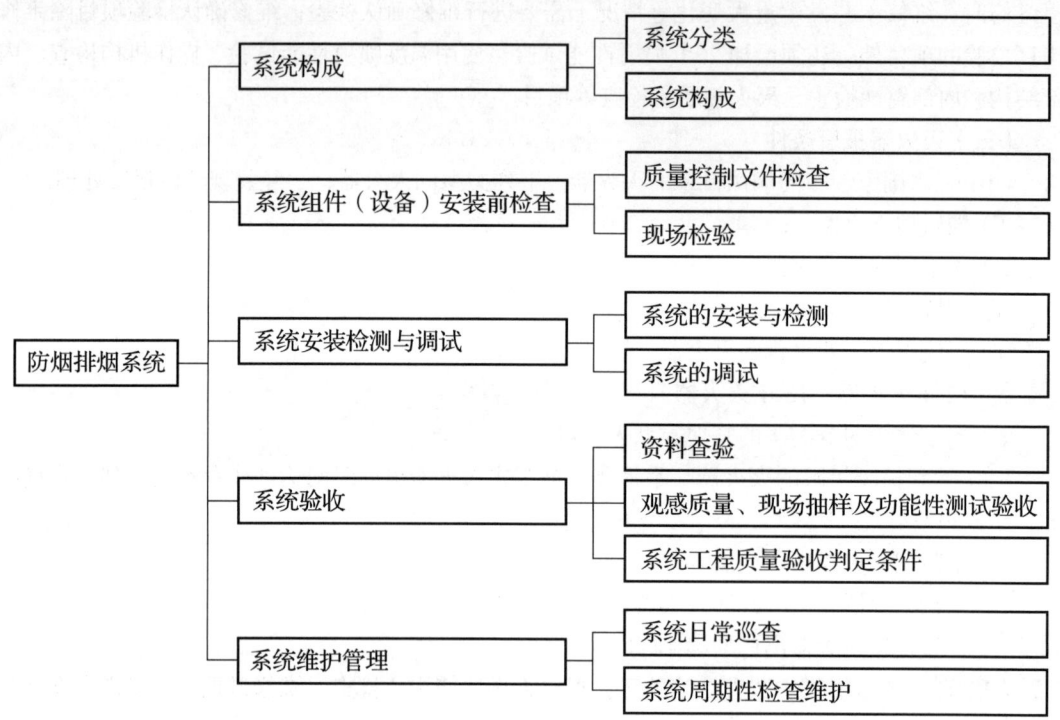

【知识要点】

一、风管安装条件

（1）风管的规格、安装位置、标高、走向应符合设计要求，且现场风管的安装不得缩小接口的有效截面。

（2）风管接口的连接应严密、牢固，垫片厚度不应小于3 mm，不应凸入管内和法兰外；排烟风管法兰垫片应为不燃材料，薄钢板法兰风管应采用螺栓连接。

（3）风管支架、吊架的安装应按现行国家标准有关规定执行。

（4）风管与风机的连接宜采用法兰连接，或采用不燃材料的柔性短管连接。当风机仅用于防烟、排烟时，不宜采用柔性连接。

（5）风管与风机连接若有转弯处宜加装导流叶片，保证气流顺畅。

（6）当风管穿越隔墙或楼板时，风管与隔墙之间的空隙，应采用水泥砂浆等不燃材料严密填塞。

（7）吊顶内的排烟管道应采用不燃材料隔热，并应与可燃物保持不小于 150 mm 的距离。

二、风管（道）系统严密性检验

风管（道）系统安装完毕后，应按系统类别进行严密性检验，检验应以主、干管道为主。

检查数量：按系统不小于 30% 检查，且不应少于 1 个系统。

三、排烟防火阀的调试方法及要求

（1）进行手动关闭、复位试验，阀门动作应灵敏、可靠，关闭应严密。

（2）模拟火灾，相应区域火灾报警后，同一防火分区内排烟管道上的其他阀门应联动关闭。

（3）阀门关闭后的状态信号应能反馈到消防控制室。

（4）阀门关闭后应能联动相应的风机停止。

调试数量：全数调试。

四、常闭送风口、排烟阀或排烟口的调试方法及要求

（1）进行手动开启、复位试验，阀门动作应灵敏、可靠，远距离控制机构的脱扣钢丝连接不应松弛、不脱落。

（2）模拟火灾，相应区域火灾报警后，同一防火分区的常闭送风口和同一防烟分区内的排烟阀或排烟口应联动开启。

（3）阀门开启后的状态信号应能反馈到消防控制室。

（4）阀门开启后应能联动相应的风机启动。

调试数量：全数调试。

五、机械排烟系统的联动调试方法及要求

（1）当任何一个常闭排烟阀或排烟口开启时，排烟风机均应能联动启动。

（2）应与火灾自动报警系统联动调试。当火灾自动报警系统发出火警信号后，机械排烟系统应启动有关部位的排烟阀或排烟口、排烟风机；启动的排烟阀或排烟口、排烟风机应与标准和设计要求一致，其状态信号应反馈到消防控制室。

（3）有补风要求的机械排烟场所，当火灾确认后，补风系统应启动。

（4）排烟系统与通风、空调系统合用，当火灾自动报警探测器发出火警信号后，应在 15 s 内联动开启相应防烟分区的全部排烟阀、排烟口、排烟风机和补风设施，并应在 30 s 内自动关闭与排烟无关的通风、空调系统。

六、活动挡烟垂壁

活动挡烟垂壁应具有火灾自动报警系统自动启动和现场手动启动功能，当火灾确认后，火灾自动报警系统应在 15 s 内联动相应防烟分区的全部活动挡烟垂壁，60 s 以内挡烟垂壁应开启到位。

七、自动排烟窗

自动排烟窗可采用与火灾自动报警系统联动和温度释放装置联动的控制方式。当与火灾自动报警系统自动启动时,自动排烟窗应在60 s内或小于烟气充满储烟仓时间内开启完毕。带有温控功能自动排烟窗,其温控释放温度应大于环境温度30℃且小于100℃。

八、系统观感质量综合验收

(1)风管表面应平整、无损坏;接管合理,风管的连接以及风管与风机的连接应无明显缺陷。
(2)风口表面应平整,颜色一致,安装位置正确,风口可调节部件应能正常动作。
(3)各类调节装置安装应正确牢固、调节灵活,操作方便。
(4)风管、部件及管道的支架、吊架形式、位置及间距应符合要求。
(5)风机的安装应正确牢固。
检查数量:各系统按30%抽查。

九、系统设备手动功能验收

(1)送风机、排烟风机应能正常手动启动和停止,状态信号应在消防控制室显示。
(2)送风口、排烟阀或排烟口应能正常手动开启和复位,阀门关闭严密,动作信号应在消防控制室显示。
(3)活动挡烟垂壁、自动排烟窗应能正常手动开启和复位,动作信号应在消防控制室显示。
检查数量:各系统按30%抽查。

十、系统设备联动及功能验收

火灾报警后,根据设计模式,相应系统及部位的送风机启动、送风口开启排烟风机启动、排烟阀(口)开启,自动排烟窗开启到符合要求的位置,活动挡烟垂壁下降到设计高度,有补风要求的补风机、补风口开启;各部件、设备动作状态信号在消防控制室显示。

十一、机械防烟系统的验收方法及要求

(1)选取送风系统末端所对应的送风最不利的三个连续楼层模拟起火层及其上下层,封闭避难层(间)仅需选取本层,测试前室及封闭避难层(间)的风压值及疏散门的门洞断面风速值,应分别符合规范规定且偏差不大于设计值的10%。
(2)对楼梯间和前室的测试应单独分别进行,且互不影响。
(3)测试楼梯间和前室疏散门的门洞断面风速时,应同时开启三个楼层的疏散门。
检查数量:全数检查。

十二、机械排烟系统的性能验收方法及要求

(1)开启任一防烟分区的全部排烟口,风机启动后测试排烟口处的风速,风速应符合设计要求且偏差不大于设计值的10%。
(2)设有补风系统的场所,还应测试补风口风速,风速、风量应符合设计要求且偏差不大于设计值的10%。

检查数量：各系统全数检查。

十三、系统竣工验收

系统竣工后，应进行工程验收，验收不合格不得投入使用。工程竣工验收时，施工单位应提供下列资料：

（1）竣工验收申请报告。
（2）施工图、设计说明书、设计变更通知书和设计审核意见书、竣工图。
（3）工程质量事故处理报告。
（4）防烟、排烟系统施工过程质量检查记录。
（5）防烟、排烟系统工程质量控制资料检查记录。

十四、系统周期性检查维护

（1）每季度应对防烟排烟风机、活动挡烟垂壁、自动排烟窗进行一次功能检测启动试验及供电线路检查。

（2）每半年应对全部排烟防火阀、送风阀或送风口、排烟阀或排烟口进行自动和手动启动试验一次。

（3）每年应对全部防烟排烟系统进行一次联动试验和性能检测，其联动功能和性能参数应符合原设计要求。

（4）当防烟排烟系统采用无机玻璃钢风管时，应每年对该风管进行质量检查，检查面积应不少于风管面积的 30%；风管表面应光洁，无明显泛霜、结露和分层现象。

（5）排烟窗的温控释放装置、排烟防火阀的易熔片应有 10% 的备用件，且不少于 10 只。

 【练习题】

一、单项选择题

1. 对某商场地下车库的机械排烟系统进行验收时，选择一个防烟分区的一只感温探测器和一只手动报警装置进行模拟火灾试验，然后观察排烟阀和排烟风机的动作情况，并使用风速仪测试相应排烟口处的风速。下列现场情况及排烟口处的风速测试结果中，符合验收要求的是（　　）。

A. 相应防烟分区的排烟阀开启，并联动相应的排烟风机，排烟口处的风速仪测试结果为 8.5 m/s

B. 相应防烟分区的排烟阀开启，并联动相应的排烟风机，排烟口处的风速仪测试结果为 12 m/s

C. 相邻防烟分区的排烟阀开启，并联动相应的排烟风机，排烟口处的风速仪测试结果为 8.5 m/s

D. 相邻防烟分区的排烟阀开启，并联动相应的排烟风机，排烟口处的风速仪测试结果为 12 m/s

【参考答案】A　排烟口风速不宜大于 10 m/s，本分区排烟阀开启联动本分区风机启动。

2. 某超高层办公建筑，建筑总高度为 180 m，共设置有 3 个避难层。投入使用前对避难层进行检查，下列检查结果中，正确的是（　　）。

A. 设置了独立的机械排烟设施

B. 第一个避难层的楼地面与灭火救援地地面的高差为 55 m

C. 通向避难层的疏散楼梯在避难层进行了分隔

D. 避难层兼做设备层，避难区域与设备管道采用耐火极限 1.0 h 的防火墙分隔

【参考答案】C　避难层应设独立的机械防烟设施，A 错误。第一个避难层（间）的楼地面至灭火救援场地地面的高差不应大于 50 m，B 错误。避难层兼做设备层，避难区域与设备管道区域应采用耐火极限不低于 3.0 h 的防火隔墙分隔，D 错误。

3. 对某建筑内的防烟分区设置情况进行防火检查，不属于该项检查内容的是（　　）。

A. 防烟分区面积

B. 挡烟垂壁的设置高度

C. 送风口的风速

D. 防烟分区是否跨越防火分区

【参考答案】C　送风口风速与防烟分区的设置无关，属于防烟系统功能检查内容。

4. 关于防火阀和排烟防火阀在建筑通风和排烟系统中的设置要求，下列说法中，错误的是（　　）。

A. 排烟防火阀开启和关闭的动作信号应反馈至消防联动控制器

B. 防火阀和排烟防火阀应具备温感器控制方式

C. 安装在排烟风机入口总管处的排烟防火阀关闭后，应直接联动控制排风机停止运转

D. 当建筑内每个防火分区的通风、空调系统均独立设置时，水平风管与竖向总管的交界处应设置防火阀

【参考答案】D　当建筑内每个防火分区的通风、空调系统均独立设置时，水平风管与竖向总管的交界处可不设置防火阀。D 的说法错误。

5. 建筑防排烟系统运行周期性维护管理中，下列检查项目中，不属于每半年检查项目的是（　　）。

A. 排烟防火阀

B. 排烟口

C. 送风口（阀）

D. 联动功能

【参考答案】D　联动功能每年检查一次。

二、多项选择题

某办公楼，每层为一个防火分区，设有火灾自动报警系统、室内消火栓系统和防烟排烟系统等消防设施。当正压送风机控制柜处于自动状态时，检测风机的启动情况，下列操作中，能够启动正压送风机的有（　　）。

A. 使消防联动控制器处于自动状态，使用发烟器分别对十层的楼梯间前室及内走道的各一只感烟探测器进行模拟火灾报警测试，两只探测器先后发出火灾报警信号

B. 使消防联动控制器处于手动状态，试验发烟器对一楼大堂的一只感烟探测器进行模拟火灾报警测试，探测器发出火灾报警信号，再按下一只手动火灾报警按钮发出火灾报警信号

C. 在消防控制室内的消防联动控制器上手动按下正压送风机的启动按钮

D. 使消防联动控制器处于手动状态，使用发烟器分别对八层的两间办公室内的各一只感烟探测器进行模拟火灾报警测试，两只探测器先后发出火灾报警信号

E. 使消防联动控制器处于自动状态，手动开启设在六层防烟楼梯间的送风口

【参考答案】ACE　B、D使消防联动控制器处于手动状态，系统无法联动启动。

第十二章　消防用电设备的供配电与电气防火防爆

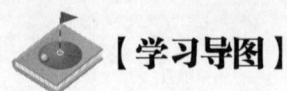【学习导图】

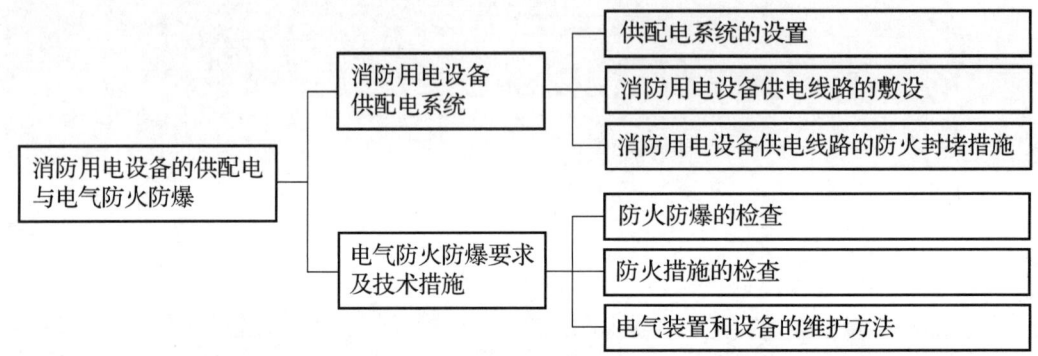

【知识要点】

第一节　消防用电设备供配电系统

一、供配电系统的设置

（一）配电装置检查

消防用电设备的配电装置，应设置在建筑物的电源进线处或配变电所处，应急电源配电装置要与主电源配电装置分开设置。如果无法分开设置而需要并列布置时，其分界处要设置防火隔断。

（二）启动装置检查

当消防用电负荷为一级时，应设置自动启动装置，并在主电源断电后 30 s 内供电；当消防用电负荷为二级且采用自动启动方式有困难时，可采用手动启动装置。

（三）自动切换功能检查

消防控制室、消防水泵房、防烟和排烟风机房的消防用电设备及消防电梯等的供电设备，应在其配电线路的最末一级配电箱处设置自动切换装置。水泵控制柜、风机控制柜等消防电气控制装置不应采用变频启动方式。

除消防水泵、消防电梯、防烟和排烟风机等消防用电设备外，各防火分区的其他消防用电设备应由消防电源中的双电源或双回线路电源供电，末端配电箱要设置双电源自动切换装置，并将配电箱安装在所在防火分区内，再由末端配电箱配出引至相应的消防设备。

二、消防用电设备供电线路的敷设

消防用电设备的供电线路采用不同的电线电缆时，供电线路的敷设应满足相应的要求。

（1）当采用矿物绝缘电缆时，可直接采用明敷设或在吊顶内敷设。

（2）当采用难燃性电缆或有机绝缘耐火电缆时，在电气竖井内或电缆沟内敷设可不穿导管保护，但应采取与非消防用电电缆隔离的措施。

（3）当采用明敷设、吊顶内敷设或架空地板内敷设时，要穿金属导管或封闭式金属线槽保护，所穿金属导管或封闭式金属线槽要采用涂防火涂料等防火保护措施。

（4）当线路暗敷设时，要穿金属导管或难燃性刚性塑料导管保护，并要敷设在不燃烧结构内，保护层厚度不小于 30 mm。

三、消防用电设备供电线路的防火封堵措施

消防用电设备供电线路在电缆隧道、电缆桥架、电缆竖井、封闭式母线、线槽安装等处时，在下列情况下应采取防火封堵措施：

（1）穿越不同的防火分区。
（2）沿竖井垂直敷设穿越楼板处。
（3）管线进出竖井处。
（4）电缆隧道、电缆沟、电缆间的隔墙处。
（5）穿越建筑物的外墙处。
（6）至建筑物的入口处，至配电间、控制室的沟道入口处。
（7）电缆引至配电箱、柜或控制屏、台的开孔部位。

第二节　电气防火防爆要求及技术措施

一、防火防爆的检查内容

（一）平面布置

室外变、配电装置距堆场、可燃液体储罐和甲、乙类厂房库房不应小于 25 m；距其他建筑物不应小于 10 m；距液化石油气罐不应小于 35 m；石油化工装置的变、配电室还应布置在装置的一侧，并位于爆炸危险区范围以外。变压器油量越大，建筑物耐火等级越低及危险物品储量越大者，所要求的间距也越大，必要时可加防火墙。

户内电压为 10 kV 以上、总油量为 60 kg 以下的充油设备，可安装在两侧有隔板的间隔内；总油量为 60 ~ 600 kg 者，应安装在有防爆隔墙的间隔内；总油量为 600 kg 以上者，应安装在单独的防爆间隔内。10 kV 及其以下的变、配电室不应设在爆炸危险环境的正上方或正下方。变电室与各级爆炸危险环境毗连，最多只能有两面相连的墙与危险环境共用。

（二）保护

爆炸和火灾危险场所内的电气设备的金属外壳应可靠地接地（或接零）。

二、防火措施的检查

变、配电装置防火措施包括变压器保护措施、防止雷击措施、接地措施和过电流保护措施等；低压配电系统的防火保护措施主要是保护接零或保护接地措施；电气线路的防火保护措施主要有过流保护措施、短路保护措施、漏电保护措施等。

低压配电和控制电器的基本保护措施包括核对控制电器铭牌、设备是否符合使用要求，检查设备接线是否正确；低压配电和控制电器的导线绝缘是否存在老化、腐蚀和损伤现象；进出线接线是否正确且连接牢固；金属外壳、框架接零（PEN）线或接地（PE）线是否连接可靠；低压配电和控制电器的灭弧装置是否完好无损；发热电器是否采取隔热、散热措施等。

电气线路的防火措施主要是预防电气线路短路、过负荷和接触电阻过大。配电线路敷设在有可燃物的闷顶、吊顶内时，应采取穿金属导管、采用封闭式金属槽盒等防火保护措施。在屋内布线设置时，要根据使用电气设备的环境特点正确选择导线类型，防止绝缘受损。

插座和照明开关靠近可燃物时，应采取隔热、散热等防火措施。卤钨灯和额定功率不小于 100 W 的白炽灯泡的吸顶灯、槽灯、嵌入式灯，其引入线应采用瓷管、矿棉等不燃材料作隔热保护。额定功率不小于 60 W 的白炽灯、卤钨灯、高压钠灯、金属卤化物灯、荧光高压汞灯（包括电感镇流器）等，不应直接安装在可燃物体上，或应采取其他防火措施。

可燃材料仓库内宜使用低温照明灯具，并应对灯具的发热部件采取隔热等防火措施，不应使用卤钨灯等高温照明灯具。配电箱及开关应设置在仓库外。

三、电气装置和设备的维护方法

电气装置和设备的定期维护十分重要，应综合运用红外测温技术、超声波探测技术和电工测量技术等多种科技手段，选定必要的范围对温度异常、绝缘老化、接地不良、谐波分量及中性线过载电流异常、火花放电等现象进行抽样检查。

第十三章 消防应急照明和疏散指示系统

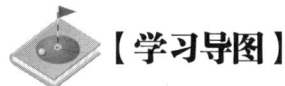

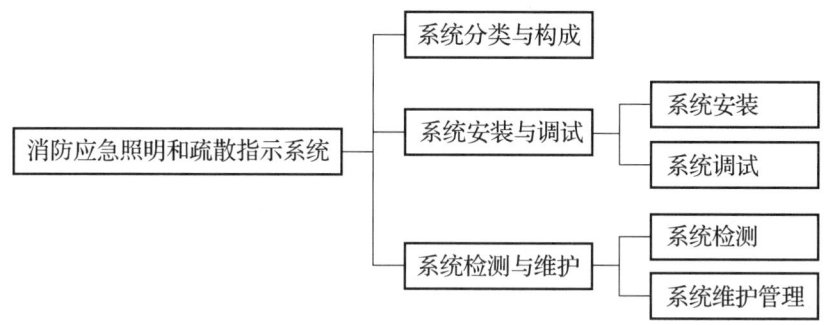

第一节 系统分类与构成

消防应急照明和疏散指示系统按控制方式可分为非集中控制型系统和集中控制型系统;按应急电源的实现方式可分为自带电源型系统和集中电源型系统。

第二节 系统安装与调试

一、系统安装

(一)一般要求

(1)消防应急灯具与供电线路之间不能使用插头连接。

(2)消防应急灯具安装后不能对人员正常通行产生影响,消防应急标志灯具周围要保证无遮挡物。

(3)带有疏散方向指示箭头的消防应急标志灯具在安装时应保证箭头指示的疏散方向与实际疏散方向相同。

(4)指示出口的消防应急标志灯具应固定在坚固的墙上或顶棚下,可以明装,也可以嵌墙安装。

(5)消防应急灯具在安装时应保证灯具上的各种状态指示灯易于观察,试验按钮(开关)能被手动或遥控操作。

（6）消防应急照明灯具安装时，在正面迎向人员疏散方向，应有防止造成眩光的措施。

（7）消防应急灯具吊装时宜使用金属吊管，吊管上端应固定在建筑物实体或构件上。

（8）作为辅助指示的蓄光型标志牌只能安装在与标志灯具指示方向相同的路线上，但不能代替标志灯具。

（9）消防应急灯具宜安装在不燃烧墙体和不燃烧装修材料上。

（二）系统主要组件安装

1. 消防应急标志灯具的安装

（1）在顶部安装时，尽量不要吸顶安装，灯具上边与顶棚距离宜大于 200 mm；吊装时，应采用金属吊杆或吊链，吊杆或吊链上端应固定在建筑结构件上。

（2）低位安装在疏散走道及其转角处时，应安装在距地面（楼面）1 m 以下的墙上，标志表面应与墙面平行，凸出墙面的部分不应有尖锐角及伸出的固定件；灯光疏散指示标志的间距不应大于 20 m；对于袋形走道不应大于 10 m；在走道转角区不应大于 1 m。

（3）安装在地面上时，灯具的所有金属构件应采用耐腐蚀构件或做防腐处理，电源连接和控制线连接应采用密封胶密封，标志灯具表面应与地面平行，与地面高度差不宜大于 3 mm，与地面接触边缘不宜大于 1 mm。

（4）在人员密集的大型室内公共场所的疏散走道和主要疏散线路上，安装保持视觉连续的消防应急标志灯具时，箭头指示方向或导向光流流动方向应与实际疏散方向一致。

2. 消防应急照明灯具的安装

（1）消防应急照明灯具应均匀布置，最好安装在棚顶或距楼地面 2 m 以上的侧面墙上。

（2）在侧面墙上顶部安装时，其底部距地面距离不得低于 2 m；在距地面 1 m 以下侧面墙上安装时，应采用嵌入式安装，其凸出墙面最大水平距离不应超过 20 mm，且应保证光线照射在安装灯具的水平线以下；不得安装在地面或距地面 1～2 m 之间的侧面墙上。

（3）吊装时，要采用金属吊杆或吊链，吊杆或吊链上端应固定在建筑结构件上。

3. 应急照明配电箱和分配电装置的安装

（1）应急照明配电箱和分配电装置落地安装时宜高出地面 50 mm 以上，屏前和屏后的通道最小宽度应符合规定。

（2）应急照明配电箱和分配电装置安装在墙上时，其底边距地面高度宜为 1.3～1.5 m，靠近门轴的侧面距墙不应小于 0.5 m，正面操作距离不应小于 1.0 m。

4. 应急照明集中电源的安装

（1）安装场所应无腐蚀性气体、蒸气、易燃物及尘土；电池应安装于通风良好的场所，严禁安放在密封环境、仓库等场所。

（2）落地安装时，宜高出地面 150 mm 以上，屏前和屏后的通道应能够满足更换电池的需求。

5. 应急照明控制器的安装

（1）在墙上安装时，应急照明控制器的底边距地（楼）面高度为 1.3～1.5 m，靠近门或侧墙安装时应保证应急照明控制器门的正常开关，正面操作距离不应小于 1.2 m；落地安装时，其底边宜高出地坪 0.1～0.2 m。

（2）应急照明控制器应安装牢固，不得倾斜，安装在轻质墙上时，应采取加固措施。

（3）应急照明控制器的主电源要有明显标志，并应直接与消防电源连接，严禁使用电源插头。应急照明控制器与其外接备用电源之间应直接连接。接地应牢固，并应有明显标志。

（4）应急照明控制器的控制线路要单独穿管。引入应急照明控制器的电缆或导线，配线应整齐，避免交叉，并应固定牢靠；电缆芯线和所配导线的端部，均应标明编号，并与图样一致，字迹应清晰且不易褪色；端子板的每个接线端，接线不得超过两根；电缆芯和导线应留有不小于 200 mm 的余量；导线应绑扎成束；导线穿管后，应将管口封堵。

6. 疏散指示标志牌的安装

（1）安装在疏散走道和主要疏散路线的地面时，其指示的疏散方向应与标志灯具指示方向相同，安装间距不应大于 1.5 m。

（2）安装应牢固，无破损。

（3）安装在地面上时，只能采用镶嵌式工艺，其安装后应平整、牢固。

7. 电线电缆选择与线路敷设

（1）应急照明集中电源的输出支路和集中控制型系统的控制线路在竖井内敷设，且与竖井内的燃烧性能为 B_1 级以下电线电缆之间没有防火分隔时，应选择燃烧性能为 A 级的电线电缆；有防火分隔时，可选择燃烧性能为 B_1 级的电线电缆。

（2）应急照明分配电装置的输出线路和集中控制型系统的控制线路选择燃烧性能为 B_1 级电线电缆时，应穿金属管保护，也可敷设在燃烧性能为同级别的电缆桥架或线槽中；选择燃烧性能为 A 级电线电缆时，可明敷。

（3）地面安装或潮湿场所安装时，灯具的供电线路和控制线路，均应选择耐腐蚀的橡胶电缆，接线处应有防腐蚀和防潮处理。

（4）不同电压等级的线缆不应穿入同一根保护管内，当合用同一线槽时，线槽内应有金属隔板分隔。

（5）系统的配电支线应采用铜芯导线，控制线路应采用多股铜芯导线。

二、系统调试

系统的调试应在系统施工结束后进行，调试前应对系统中的消防应急灯具、消防应急灯具专用应急电源盒、应急照明集中电源、应急照明控制器、应急照明配电箱、应急照明分配电装置等设备分别进行单机通电检查。

第三节　系统检测与维护

一、系统检测

系统检测前应对照图样检查工程中各设备的名称、型号、规格、数量是否符合设计要求；系统中的消防应急标志灯具、消防应急照明灯具、应急照明集中电源、应急照明控制器及相关设备的接线、安装位置、施工质量是否符合要求。

系统现场检测包括消防应急标志灯具、消防应急照明灯具、应急照明集中电源、应急照明控制器、疏散指示标志牌等组件的检测、系统功能测试及系统供配电检查，系统检测前要确保系统处于正常工作状态。

二、系统维护管理

（一）月度检查要求
（1）每月检查消防应急灯具。
（2）每月检查应急照明集中电源和应急照明控制器的状态。

（二）季度检查要求
（1）检查消防应急灯具、应急照明集中电源和应急照明控制器的指示状态。
（2）检查应急工作时间。
（3）检查转入应急工作状态的控制功能。

（三）年度检查要求
（1）除季度检查内容外，还应对电池做容量检测试验。
（2）试验应急功能。试验自动和手动应急功能，进行与火灾自动报警系统的联动试验。

第十四章　火灾自动报警系统

【学习导图】

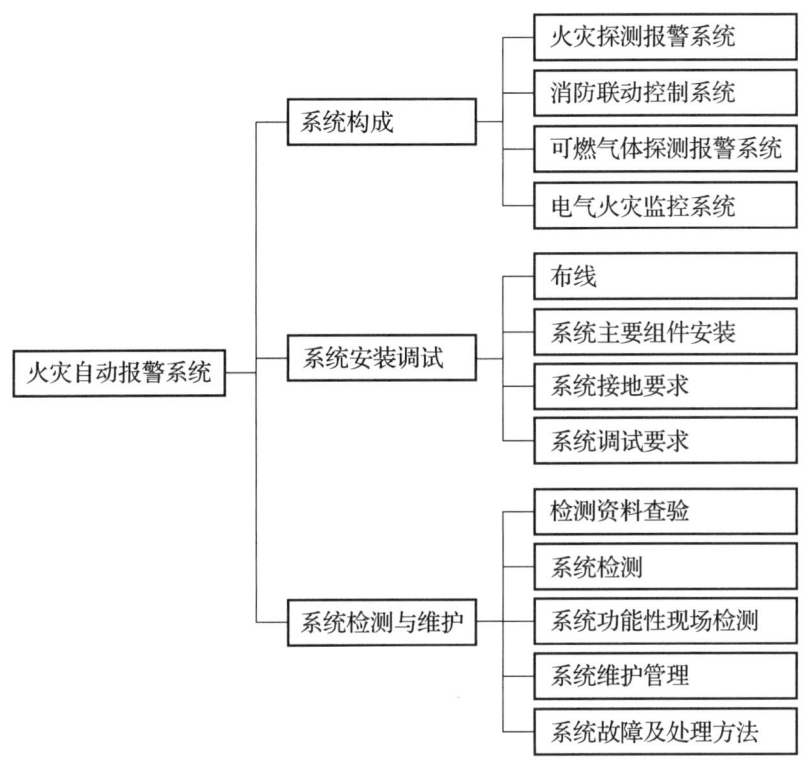

【知识要点】

第一节　系统构成

火灾自动报警系统由火灾探测报警系统、消防联动控制系统、可燃气体探测报警系统及电气火灾监控系统组成。其中，火灾探测报警系统，是保障人员生命安全的最基本的建筑消防系统。

第二节　系统安装调试

一、布线

（1）火灾自动报警系统应单独布线，系统内不同电压等级、不同电流类别的线路，不应布在同一管内或线槽的同一槽孔内。在管内或线槽内的布线，应在建筑抹灰及地面工程结束后进行，管内或线槽内不应有积水及杂物。

（2）导线在管内或线槽内不应有接头或扭结。导线的接头应在接线盒内焊接或用端子连接。从接线盒、线槽等处引到探测器底座、控制设备、扬声器的线路，当采用可挠金属管保护时，其长度不应大于 2 m。敷设在多尘或潮湿场所管路的管口和管子连接处，均应做密封处理。

（3）管路超过下列长度时，应在便于接线处装设接线盒：

1）管子长度每超过 30 m，无弯曲时。

2）管子长度每超过 20 m，有 1 个弯曲时。

3）管子长度每超过 10 m，有 2 个弯曲时。

4）管子长度每超过 8 m，有 3 个弯曲时。

（4）金属管子入盒，盒外侧应套锁母，内侧应装护口；在吊顶内敷设时，盒的内外侧均应套锁母。塑料管入盒应采取相应固定措施。明敷设备类管路和线槽时，应采用单独的卡具吊装或支撑物固定。吊装线槽或管路的吊杆直径不应小于 6 mm。

（5）线槽敷设时，应在下列部位设置吊点或支点：

1）线槽始端、终端及接头处。

2）距接线盒 0.2 m 处。

3）线槽转角或分支处。

4）直线段不大于 3 m 处。

（6）线槽接口应平直、严密，槽盖应齐全、平整、无翘角。并列安装时，槽盖应便于开启。管线经过建筑物的变形缝（包括沉降缝、伸缩缝、抗震缝等）处，应采取补偿措施，导线跨越变形缝的两侧应固定，并留有适当余量。

（7）火灾自动报警系统导线敷设后，应用 500 V 绝缘电阻表测量每个回路导线对地的绝缘电阻，且绝缘电阻值不应小于 20 MΩ。同一工程中的导线，应根据不同用途选择不同颜色加以区分，相同用途的导线颜色应一致。电源线正极应为红色，负极应为蓝色或黑色。

二、系统主要组件安装

（一）控制器类设备的安装要求

（1）控制器类设备在消防控制室内的布置要求：

1）设备面盘前的操作距离，单列布置时不应小于 1.5 m，双列布置时不应小于 2 m。

2）在值班人员经常工作的一面，设备面盘至墙的距离不应小于 3 m。

3）设备面盘后的维修距离不宜小于 1 m。

4）设备面盘的排列长度大于 4 m 时，其两端应设置宽度不小于 1 m 的通道。

5）与建筑其他弱电系统合用的消防控制室，消防设备应集中设置，并应与其他设备间有明显间隔。

（2）控制器类设备采用壁挂方式安装时，其主显示屏高度宜为 1.5～1.8 m；其靠近门轴的侧面距墙不应小于 0.5 m，正面操作距离不应小于 1.2 m；落地安装时，其底边宜高出地（楼）面 0.1～0.2 m。

（3）控制器应安装牢固，不应倾斜；安装在轻质墙上时，应采取加固措施。

（4）引入控制器的电缆或导线的安装要求：

1）配线应整齐，不宜交叉，并应固定牢靠。

2）电缆芯线和所配导线的端部均应标明编号，并与图样一致，字迹应清晰且不易褪色。

3）端子板的每个接线端，接线不得超过 2 根，电缆芯线和导线应留有不小于 200 mm 的余量，并应绑扎成束。

4）导线穿管或线槽后，应将管口或槽口封堵。

（5）控制器的主电源应有明显的永久性标志，并应直接与消防电源连接，严禁使用电源插头。控制器与其外接备用电源之间应直接连接。

（6）控制器的接地应牢固，并有明显的永久性标志。

（二）火灾探测器的安装要求

1. 点型感烟、感温火灾探测器

（1）探测器至墙壁、梁边的水平距离，不应小于 0.5 m；探测器周围水平距离 0.5 m 内，不应有遮挡物；探测器至空调送风口最近边的水平距离，不应小于 1.5 m；至多孔送风顶棚孔口的水平距离，不应小于 0.5 m。

（2）在宽度小于 3 m 的内走道顶棚上安装探测器时，宜居中安装。点型感温火灾探测器的安装间距不应超过 10 m；点型感烟火灾探测器的安装间距不应超过 15 m。探测器至端墙的距离不应大于安装间距的一半。

（3）探测器宜水平安装，当确实需倾斜安装时，倾斜角不应大于 45°。

2. 线型光束感烟火灾探测器

（1）探测器应安装牢固，并不应产生位移。

（2）发射器和接收器（反射式探测器的探测器和反射板）之间的光路上应无遮挡物，并应保证接收器（反射式探测器的探测器）避开日光和人工光源直接照射。

3. 缆式线型感温火灾探测器

（1）探测器应采用专用固定装置固定在保护对象上。

（2）探测器应采用连续无接头方式安装，如确需中间接线，必须用专用接线盒连接；探测器安装敷设时不应硬性折弯、扭转，避免重力挤压冲击，探测器的弯曲半径宜大于 0.2 m。

4. 敷设在顶棚下方的线型感温火灾探测器

探测器至顶棚距离宜为 0.1 m，探测器的保护半径应符合点型感温火灾探测器的保护半径要求；探测器至墙壁距离宜为 1～1.5 m。

5. 分布式线型光纤感温火灾探测器

（1）感温光纤应采用专用固定装置固定。

（2）感温光纤严禁打结。光纤弯曲时，弯曲半径应大于 0.5 m；分布式感温光纤穿越相邻的报警区域时应设置光缆余量段，隔断两侧应各留不小于 8 m 的余量段；每个光通道始端及末端光纤应各留不小于 8 m 的余量段。

6. 光栅光纤感温火灾探测器

（1）信号处理器及感温光纤（缆）的安装位置不应受强光直射。

（2）光栅光纤感温火灾探测器每个光栅的保护面积和保护半径应符合点型感温火灾探测器的保护面积和保护半径要求，光纤光栅感温段的弯曲半径应大于 0.3 m。

7. 点型火焰探测器和图像型火灾探测器

（1）探测器的视场角应覆盖探测区域。

（2）探测器与保护目标之间不应有遮挡物；应避免光源直接照射探测器的探测窗口；探测器在室外或交通隧道安装时，应有防尘、防水措施。

8. 探测器底座的安装

（1）探测器的底座应安装牢固，与导线连接必须可靠压接或焊接。当采用焊接时，不应使用带腐蚀性的助焊剂。

（2）探测器底座的连接导线，应留有不小于 150 mm 的余量，且在其端部应有明显的永久性标志。探测器底座的穿线孔宜封堵，安装完毕的探测器底座应采取保护措施。

9. 其他事项

探测器报警确认灯应朝向便于人员观察的主要入口方向。探测器在即将调试时方可安装，在调试前应妥善保管并应采取防尘、防潮、防腐蚀措施。

（三）手动火灾报警按钮的安装要求

（1）手动火灾报警按钮应安装在明显和便于操作的部位。当安装在墙上时，其底边距地（楼）面高度宜为 1.3 ~ 1.5 m。手动火灾报警按钮应安装牢固，不应倾斜。

（2）手动火灾报警按钮的连接导线，应留有不小于 150 mm 的余量，且在其端部应有明显标志。

（四）消防电气控制装置的安装要求

（1）消防电气控制装置外接导线的端部，应有明显的永久性标志。消防电气控制装置箱体内不同电压等级、不同电流类别的端子应分开布置，并应有明显的永久性标志。

（2）消防电气控制装置应安装牢固，不应倾斜；安装在轻质墙上时，应采取加固措施。消防电气控制装置在消防控制室内墙上安装时，其主显示屏高度宜为 1.5 ~ 1.8 m，其靠近门轴的侧面距墙不应小于 0.5 m，正面操作距离不应小于 1.2 m；落地安装时，其底边宜高出地（楼）面 0.1 ~ 0.2 m。

（五）模块的安装要求

（1）同一报警区域内的模块宜集中安装在金属箱内。模块（或金属箱）应独立支撑或固定，安装牢固，并应采取防潮、防腐蚀等措施。隐蔽安装时，在安装处应有明显的部位显示和检修孔。

（2）模块的连接导线，应留有不小于 150 mm 的余量，其端部应有明显标志。

（六）消防应急广播扬声器和火灾警报器的安装要求

（1）消防应急广播扬声器和火灾警报器宜在报警区域内均匀安装，安装应牢固可靠，表面不应有破损。火灾光警报器应安装在安全出口附近明显处，底边距地（楼）面高度在 2.2 m 以上。

（2）光警报器与消防应急疏散指示标志不宜在同一面墙上。如安装在同一面墙上时，距离应大于 1 m。

（七）消防专用电话的安装要求

消防专用电话、电话插孔、带电话插孔的手动报警按钮宜安装在明显、便于操作的位置；当在墙面上安装时，其底边距地（楼）面高度宜为 1.3～1.5 m。消防专用电话和电话插孔应有明显的永久性标志。

（八）消防设备应急电源的安装要求

（1）消防设备应急电源的电池应安装在通风良好处，如安装在密封环境中应有通风措施。
（2）酸性电池不得安装在带有碱性介质的场所；碱性电池不得安装在带有酸性介质的场所。
（3）消防设备应急电源不应安装在有可燃气体的场所。

（九）电气火灾监控探测器的安装要求

（1）根据设计文件的要求确定电气火灾监控探测器的安装位置。有防爆要求的场所，应按防爆要求施工。
（2）剩余电流式探测器负载侧的 N 线（即穿过探测器的工作零线）不应与其他回路共用，且不能重复接地（即与 PE 线相连）；探测器周围应适当留出更换和标定的空间。
（3）测温式电气火灾监控探测器应采用专用固定装置固定在保护对象上。

三、系统接地要求

交流供电和 36 V 以上直流供电的消防用电设备的金属外壳应有接地保护，其接地线应与电气保护接地干线（PE 线）相连接。

第三节　系统检测与维护

一、检测资料查验

系统检测时，施工单位应提供下列资料：
（1）竣工检测申请报告、设计变更通知书、竣工图。
（2）工程质量事故处理报告。
（3）施工现场质量管理检查记录。
（4）火灾自动报警系统施工过程质量管理检查记录。
（5）火灾自动报警系统内各设备的检验报告、合格证及相关材料。

二、系统检测

系统内的设备及配件型号、规格与设计不符，无国家相关证书和检验报告的；系统内的任一控制器和火灾探测器无法发出报警信号，无法实现要求的联动功能的，定为 A 类不合格。检测前提供的资料不符合相关要求的，定为 B 类不合格。其余不合格项均为 C 类不合格。系统检测合格判定应为：A=0 且 B ≤ 2，且 B + C ≤ 检查项的 5%，否则为不合格。

三、系统维护管理

（一）系统每日检查要求

火灾自动报警系统应保持连续正常运行，不得随意中断。

每日应检查火灾报警控制器的功能,并按要求填写相应的记录。

(二)系统季度检查要求

(1)采用专用检测仪器分期分批试验探测器的动作及确认灯显示。

(2)试验火灾警报器的声光显示。

(3)试验水流指示器、压力开关等报警功能、信号显示。

(4)对主电源和备用电源进行 1~3 次自动切换试验。

(5)用自动或手动检查下列消防控制设备的控制显示功能:

1)室内消火栓、自动喷水、泡沫、气体、干粉等灭火系统的控制设备。

2)抽验电动防火门、防火卷帘门,数量不小于总数的 25%。

3)选层试验消防应急广播设备,并试验公共广播强制转入火灾应急广播的功能,抽检数量不小于总数的 25%。

4)消防应急照明与疏散指示标志的控制装置。

5)送风机、排烟机和自动挡烟垂壁的控制设备。

6)消防电梯迫降功能。

7)应抽取不小于总数 25% 的消防电话和电话插孔在消防控制室进行对讲通话试验。

(三)系统年度检查要求

(1)应用专用检测仪器对所安装的全部探测器和手动报警装置试验至少 1 次。

(2)自动和手动打开排烟阀,关闭电动防火阀和空调系统。

(3)对全部电动防火门、防火卷帘试验至少 1 次。

(4)强制切断非消防电源功能试验。

(5)对其他有关的消防控制装置进行功能试验。

第十五章 城市消防远程监控系统

【学习导图】

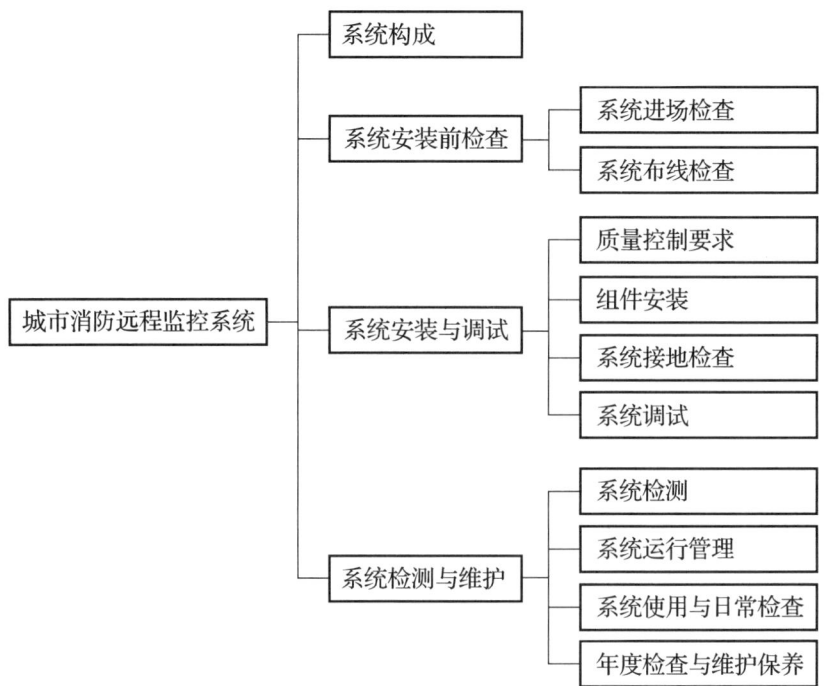

【知识要点】

第一节 系统构成

城市消防远程监控系统由用户信息传输装置、报警传输网络、监控中心以及火警信息终端等几部分组成。

第二节 系统安装前检查

一、系统进场检查

城市消防远程监控系统在安装和调试前,首先进行进场检查。进场检查的内容主要包括相关质量控制文件检查、系统管线检查和相关设备配件检查等。

二、系统布线检查

在建筑抹灰及地面工程结束后，进行管内或线槽内的系统布线，管内或线槽内积水及杂物要清理干净。用户信息传输装置相连接的不同电压等级、不同电流类别的线路，不应布在同一管内或线槽的同一槽孔内。导线在管内或线槽内不应有接头或扭结。导线的接头应在接线盒内焊接或用端子连接。从接线盒、线槽等处引到用户信息传输装置的线路，当采用可挠性金属管保护时，其长度不应大于 2 m。敷设在多尘或潮湿场所管路的管口和管子连接处，均应做密封处理。

金属管子入盒，盒外侧应套锁母，内侧应装护口；在吊顶内敷设时，盒的内外侧均应套锁母。塑料管入盒应采取相应的固定措施。明敷设各类管路和线槽时，应采用单独的卡具吊装或支撑物固定。吊装线槽或管路的吊杆直径不应小于 6 mm。线槽接口应平直、严密，槽盖应齐全、平整、无翘角。并列安装时，槽盖应便于开启。管线经过建筑物的变形缝（包括沉降缝、伸缩缝、抗震缝等）处，应采取补偿措施，导线跨越变形缝的两侧应固定，并留有适当余量。

同一工程中的导线，要根据不同用途选择不同颜色加以区分，相同用途的导线颜色最好保持一致。建议电源线正极采用红色导线，负极采用蓝色或黑色导线。

第三节 系统安装与调试

一、组件安装

用户信息传输装置应设置在联网用户的消防控制室内，联网用户未设置消防控制室时，用户信息传输装置应设置在有人值班的场所。用户信息传输装置在墙上安装时，其底边距地（楼）面高度宜为 1.3 ~ 1.5 m，其靠近门轴的侧面距墙不应小于 0.5 m，正面操作距离不应小于 1.2 m；落地安装时，其底边宜高出地（楼）面 0.1 ~ 0.2 m。用户信息传输装置应安装牢固，不应倾斜；安装在轻质墙上时，应采取加固措施。

引入用户信息传输装置的电缆或导线，应符合下列要求：
（1）配线应整齐，不宜交叉，并应固定牢靠。
（2）电缆芯线和所配导线的端部，均应标明编号，并与图样一致，字迹应清晰且不易褪色。
（3）端子板的每个接线端，接线不得超过 2 根。
（4）电缆芯线和导线，应留有不小于 200 mm 的余量。
（5）导线应绑扎成束。
（6）导线穿管或穿线槽后，应将管口、槽口封堵。

二、系统调试

城市消防远程监控系统正式投入使用前，应对系统及系统组件进行调试。系统在各项功能调试后进行试运行，试运行时间不少于 1 个月。系统的设计文件和调试记录等文件要形成技术文档，存储备查。

第四节 系统检测与维护

一、系统主要性能指标测试

（1）连接 3 个联网用户，测试监控中心同时接收火灾报警信息的情况。

（2）从用户信息传输装置获取火灾报警信息到监控中心接收显示的响应时间不应大于 10 s。

（3）监控中心向城市消防通信指挥中心或其他接处警中心转发经确认的火灾报警信息的时间不应大于 3 s。

（4）监控中心与用户信息传输装置之间能够动态设置巡检方式和时间，要求通信巡检周期不应大于 2 h。

（5）测试系统各设备的统一时钟管理情况，要求时钟累计误差不应超过 5 s。

二、系统使用与日常检查

（一）用户信息传输装置使用与检查

用户信息传输装置按照下列要求进行定期检查与测试：

（1）每日进行 1 次自检功能检查。

（2）由火灾自动报警系统等建筑消防设施模拟生成火警，进行火灾报警信息发送试验，每个月试验次数不应少于 2 次。

（二）通信服务器软件使用与检查

通信服务器软件按照下列要求进行定期检查与测试：

（1）与监控中心报警受理系统的通信测试为 1 次/日。

（2）与设置在城市消防通信指挥中心或其他接处警中心的火警信息终端之间的通信测试为 1 次/日。

（3）实时监测与联网用户用户信息传输装置的通信链路状态，如检测到链路故障，应及时告知报警受理系统，尽快解除链路故障。

（4）与报警受理系统、火警信息终端、用户信息传输装置等其他终端之间时钟检查为 1 次/日。

（5）每月检查系统数据库使用情况，必要时对硬盘进行扩充。

（6）每月进行通信服务器软件运行日志整理。

（三）报警受理系统软件使用与检查

报警受理系统软件按照下列要求进行定期检查与测试：

（1）与通信服务器软件的通信测试为 1 次/日。

（2）与通信服务器软件时钟检查为 1 次/日。

（3）每月进行报警受理系统软件运行日志整理。

（四）信息查询系统软件使用与检查

信息查询系统软件按照下列要求进行定期检查与测试：

（1）与监控中心的通信测试为 1 次/日。

（2）与监控中心的时钟检查为 1 次/日。

(3)每月进行信息查询系统软件运行日志整理。

(五)用户服务系统软件使用与检查

用户服务系统软件按照下列要求进行定期检查与测试:

(1)与监控中心的通信测试为1次/日。

(2)与监控中心的时钟检查为1次/日。

(3)每月进行用户服务系统软件运行日志整理。

(六)火警信息终端软件使用与检查

火警信息终端软件按照下列要求定期检查与测试:

(1)与通信服务器软件的通信测试为1次/日。

(2)与通信服务器软件的时钟检查为1次/日。

(3)每月进行火警信息终端软件运行日志整理。

三、年度检查与维护保养

用户信息传输装置按下列要求进行定期检查和测试:

(1)对用户信息传输装置的主电源和备用电源进行切换试验,每半年的试验次数不少于1次。

(2)每年检测用户信息传输装置的金属外壳与电气保护接地干线(PE线)的电气连续性,若发现连接处松动或断路,应及时修复。

城市消防远程监控系统投入运行满1年后,每年度对下列内容进行检查:

(1)每半年检查录音文件的保存情况,必要时清理保存周期超过6个月的录音文件。

(2)每半年对通信服务器、报警受理系统、信息查询系统、用户服务系统、火警信息终端等组件进行检查、测试。

(3)每年检查系统运行及维护记录等文件是否完备。

(4)每年检查系统网络安全性。

(5)每年检查监控系统日志并进行整理备份。

(6)每年检查数据库使用情况,必要时对硬盘存储记录进行整理。

(7)每年对监控中心的火灾报警信息、建筑消防设施运行状态信息等记录进行备份,必要时清理保存周期超过1年的备份信息。

第四篇 消防安全评估方法与技术

第一章 区域消防安全评估方法与技术

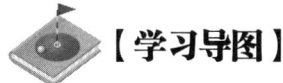【学习导图】

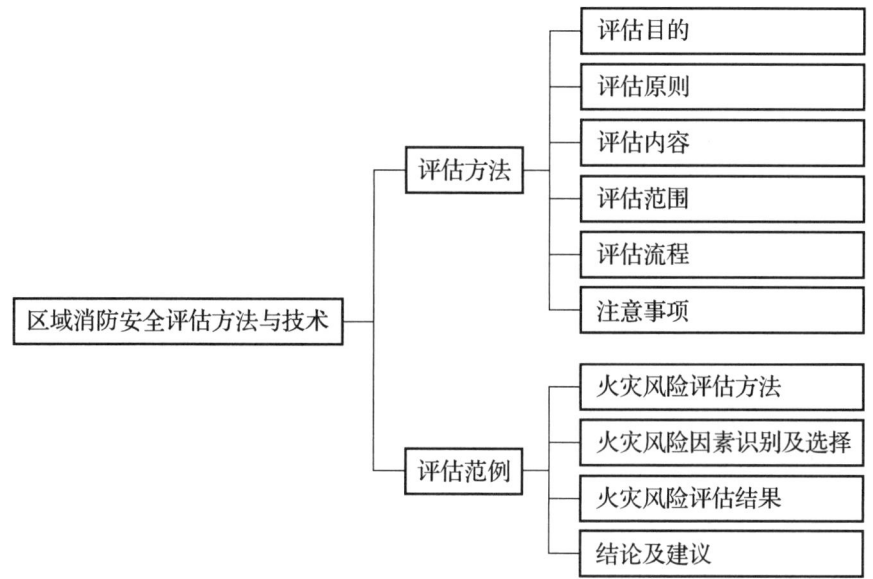

【知识要点】

第一节 评估方法

知识点	主要内容
评估原则	系统性原则、实用性原则、可操作性原则
评估内容	（1）分析区域范围内可能存在的火灾危险源，合理划分评估单元，建立全面的评估指标体系 （2）对评估单元进行定性及定量分级，并结合专家意见建立权重系统

续表

知识点	主要内容
评估内容	（3）对区域的火灾风险做出客观公正的评估结论 （4）提出合理可行的消防安全对策及规划建议
评估范围	整个区域范围内存在火灾危险的社会因素、建筑群和交通路网等
评估流程	（1）信息采集 （2）风险识别。客观因素包括气象因素（大风、降水、高温、雷击）引起火灾、电气引起火灾、易燃易爆物品引起火灾。人为因素包括用火不慎引起火灾、吸烟引起火灾、人为放火 （3）评估指标体系建立 （4）风险分析与计算 （5）确定评估结论 （6）风险控制

火灾风险分级和火灾等级的对应关系为：

（1）极高风险/特别重大火灾、重大火灾。特别重大火灾是指造成30人以上死亡，或者100人以上重伤，或者1亿元以上直接财产损失的火灾；重大火灾是指造成10人以上30人以下死亡，或者50人以上100人以下重伤，或者5 000万元以上1亿元以下直接财产损失的火灾。

（2）高风险/较大火灾。较大火灾是指造成3人以上10人以下死亡，或者10人以上50人以下重伤，或者1 000万元以上5 000万元以下直接财产损失的火灾。

（3）中风险/一般火灾。一般火灾是指造成3人以下死亡，或者10人以下重伤，或者1 000万元以下直接财产损失的火灾。

第二节 评估范例

略。

第二章 建筑火灾风险评估方法与技术

【学习导图】

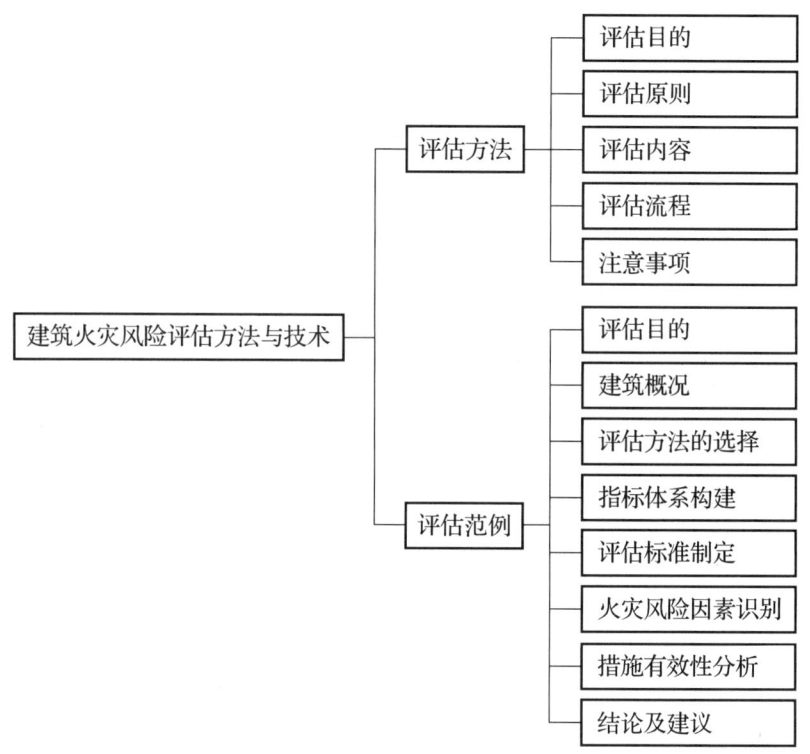

【知识要点】

第一节 评估方法

知识点	主要内容
评估目的	建筑火灾风险评估的目的，是指通过各种手段和方法，消除或减少建筑中存在的不安全因素，防止建筑发生火灾或在意外发生火灾时能够保证人员及时、安全撤离，尽快扑救火灾，降低火灾损失，提高建筑的安全程度。按照建筑消防安全管理工作方式的不同，评估目的又可以分为一般目的和特定目的
评估原则	科学性、系统性、综合性、适用性

续表

知识点	主要内容
评估内容	（1）分析建筑内可能存在的火灾危险源，合理划分评估单元，建立全面的评估指标体系 （2）对评估单元进行定性及定量分级，并结合专家意见建立权重系统 （3）对建筑的火灾风险做出客观公正的评估结论 （4）提出合理可行的消防安全对策及规划建议
评估流程	（1）信息采集 （2）风险识别 （3）评估指标体系建立 （4）风险分析与计算 （5）风险等级判断 （6）风险控制措施。常用的风险控制措施包括风险消除、风险减少和风险转移

第二节 评估范例

火灾风险分级量化和特征描述

风险等级	名称	量化范围	风险等级特征描述
Ⅰ级	低风险	（85，100］	几乎不可能发生火灾，火灾风险性低，火灾风险处于可接受的水平，风险控制重在维护和管理
Ⅱ级	中风险	（65，85］	可能发生一般火灾，火灾风险性中等，火灾风险处于可控制的水平，在适当采取措施后可达到接受水平，风险控制重在局部整改和加强管理
Ⅲ级	高风险	（25，65］	可能发生较大火灾，火灾风险性较高，火灾风险处于较难控制的水平，应采取措施加强消防基础设施建设和完善消防管理水平
Ⅳ级	极高风险	（0，25］	可能发生重大或特大火灾，火灾风险性极高，火灾风险处于很难控制的水平，应当采取全面的措施对建筑的设计、主动防火设施进行完善，加强对危险源的管控，增强消防管理和救援力量

第三章 建筑消防性能化设计评估方法与技术

【学习导图】

- 建筑消防性能化设计评估方法与技术
  - 消防性能化设计的适用范围
  - 建筑消防性能化设计的基本程序与设计步骤
  - 资料收集与安全目标设定
  - 软件选取
    - 火灾模拟、疏散模拟、模型评价
  - 火灾场景和疏散场景设定
    - 确定火灾场景的原则
    - 确定火灾场景的方法
    - 火灾场景设计
    - 疏散场景确定
  - 计算分析及结果应用
    - 用于分析计算结果的判定准则
    - 计算结果分析
    - 计算结果应用
  - 消防性能化设计文件编制
    - 建筑基本情况及性能化设计的内容
    - 分析目的及安全目标
    - 性能判定标准（性能指标）
    - 火灾场景设计
    - 所采用的分析方法及其所基于的假设
    - 计算分析与评估
    - 不确定性分析
    - 结论与总结
    - 参考文献
    - 设计单位和人员资质说明

【知识要点】

第一节　消防性能化设计的适用范围

具有下列情形之一的工程项目，可对其全部或部分进行消防性能化设计：
（1）超出现行国家工程建设消防技术标准适用范围的。
（2）按照现行国家工程建设消防技术标准进行防火分隔、防烟排烟、安全疏散、建筑构件耐火等级等设计时，难以满足工程项目特殊使用功能的。

下列情况不应采用性能化设计评估方法：
（1）国家法律法规和现行国家工程建设消防技术标准有强制性条文规定的。
（2）现行国家工程建设消防技术标准已有明确规定，且无特殊使用功能的建筑。
（3）居住建筑。
（4）医疗建筑、教学建筑、幼儿园、托儿所、老年人建筑、歌舞娱乐游艺场所。
（5）室内净高小于 8.0 m 的丙、丁、戊类厂房和丙、丁、戊类仓库。
（6）甲、乙类厂房，甲、乙类仓库，可燃液体、气体储存设施及其他易燃易爆工程或场所。

第二节　建筑消防性能化设计的基本程序与设计步骤

知识点		主要内容
基本程序	建筑消防性能化设计的基本程序	（1）确定建筑的使用功能、用途和建筑设计的适用标准 （2）确定需要采用性能化设计方法进行设计的问题 （3）确定建筑的消防安全总体目标 （4）进行消防性能化试设计和评估验证 （5）修改、完善设计，并进一步评估验证，确定是否满足所确定的消防安全目标 （6）编制设计说明与分析报告，提交审查与批准
	建筑消防性能化试设计一般程序	（1）确定建筑设计的总目标或消防安全水平及其子目标 （2）确定需要分析的具体问题及其性能判定标准 （3）建立火灾场景，设定合理的火灾和确定分析方法 （4）进行消防性能化设计与计算分析 （5）选择和确定最终设计（方案）
	建筑消防性能化设计与计算分析项目	（1）针对设定的性能化分析目标，确定相应的定量判定标准 （2）合理设定火灾 （3）分析和评价建筑的结构特征、性能和防火分区 （4）分析和评价人员的特征及建筑和人员的安全疏散性能 （5）计算预测火灾的蔓延特性 （6）计算预测烟气的流动特性 （7）分析和验证结构的耐火性能

续表

知识点		主要内容
基本程序	建筑消防性能化设计与计算分析项目	（8）分析和评价火灾探测与报警系统、自动灭火系统、防烟排烟系统等消防系统的可行性与可靠性 （9）评估建筑的火灾风险，综合分析性能化设计过程中的不确定性因素及其处理
	性能判定标准	（1）生命安全标准。包括热效应、毒性、能见度等 （2）非生命安全标准。包括热效应、火灾蔓延、烟气损害、防火分隔物受损、结构的完整性和对暴露于火灾中的财产所造成的危害等
设计步骤		（1）确定性能化设计的内容和范围 （2）确定总体目标、功能要求和性能判据 （3）开展火灾危险源识别 （4）制定试设计方案 （5）设定火灾场景和疏散场景 （6）选择工程方法 （7）评估试设计方案 （8）确定最终设计方案 （9）完成性能化设计评估报告

第三节　资料收集与安全目标设定

一、资料收集

建筑设计包括两方面的内容，即对建筑空间的研究以及对构成建筑空间的建筑实体的研究。

二、设定安全目标

（一）被动防火系统

被动防火系统主要包括建筑结构、防火分隔、防火间距、防火分区、管线和管道（井）、建筑装修等。

防火间距设置的基本原则是：

（1）主要考虑火灾的辐射热对相邻建筑的影响，一般不考虑飞火、风速等因素。

（2）保证消防扑救的需要。需根据建筑高度、消防车的型号尺寸，确定消防救援操作场地的大小。

（3）在满足防止火灾蔓延及消防车作业需要的前提下，考虑节约用地。

（二）主动防火系统

主动防火系统包括自动灭火系统、排烟系统、火灾自动报警系统等。

（三）安全疏散系统

安全疏散系统包括疏散楼梯、安全出口、疏散出口、避难逃生设施、应急照明与标识等。

进行人员安全疏散设计,大致应经历如下过程:

(1)估算室内各个房间应疏散的人数。

(2)根据实际情况确定"假定起火点"。

(3)对每个"假定起火点"分别规划起火后避难者的避难路线。

(4)分析避难人员在每条疏散路线上的流动情况,如计算最后一名避难者沿疏散路线穿越各主要部位的时间,计算沿途是否发生滞留现象;如发生滞留现象则应计算滞留地点的滞留人数、滞留时间及其人流变化情况等。

(5)分析高温烟气在每条疏散路线上的流动情况,如明确高温烟气的前端沿疏散路线流动的时间、发生滞留地点的烟气浓度随时间变化的规律。

(6)对第(4)、第(5)阶段分析的情况进行比较、核对,研究人员避难的安全可靠度。即确定最后一名避难者被高温烟气前端追上后,是否处于超过允许极限浓度的烟气之中,发生滞留的地方有多少人处于危险烟气中;或即使没有受到高温烟气的直接影响,滞留点人流的混乱程度是否超过允许程度。在分析问题时,要考虑建筑物的用途、人员素质、身体状况等因素,并适当乘以安全系数。

(7)根据第(6)阶段的分析结果,如确定属于危险的范围,则要对安全疏散设施进行技术调整,如增加安全出口的数量和宽度、设置防烟排烟设施等,然后重新按上述程序反复研究避难设计方案,直至获得最佳方案。

(四)消防救援

当火灾发展到比较大的规模,从楼梯间进入建筑有时难以直接接近火源,有必要在外墙上设置供灭火救援的入口。为方便使用,该开口的大小、位置、标识要易于人员携带装备安全进入,且便于快速识别,要求如下:

(1)每层设置可供消防救援人员进入的窗口。

(2)窗口的净高度和净宽度均不应小于 1.0 m,下沿距室内地面不应大于 1.2 m。

(3)窗口间距不宜大于 20 m,且每个防火分区的救援窗口不少于 2 个,设置位置与消防车登高操作场地相对应。

(4)窗口的玻璃易于破碎,并设置可在室外识别的明显标志。

第四节 软件选取

一、火灾模拟

(一)概述

火灾数值模型主要有专家系统(Expert System)、区域模型(Zone Model)、场模型(Field Model)、网络模型(Network Model)和混合模型(Hybrid Model)。场模型也即 CFD(计算流体动力学)模型,主要是利用计算流体动力学技术对火灾进行模拟的模型。

(二)选取

从软件易用性来看,火灾专用模拟软件相对简单,在应用中不需要作复杂设置,使用者只需掌握火灾基本知识即可得到合理的结果,而通用 CFD 软件对使用者要求较高,使用者需要对流体力学有深入了解,才能得到合理结果,因此,一般火灾模拟选择专用软件为宜。

二、疏散模拟

（一）概述

安全疏散时间判据，主要按照火灾发展与人员疏散时间为同时沿一条不可逆的时间线进行，保证建筑物内人员安全疏散完毕所需时间必须小于火灾发展到危险状态的时间。

人员疏散时间为火灾探测报警时间、人员预动时间与人员疏散运动时间之和。在计算疏散运动时间时，通常采用 1.5~2 的安全系数来考虑设计计算中的不确定性因素。

（二）疏散模型分类

人员疏散模型主要有两种：水力疏散模型和人员行为模型。最常用的是水力疏散模型。水力疏散模型通过将人在疏散通道内的走动模拟为水在管道内的流动来进行计算，这一方法的缺点是它完全忽略掉了人的个体特性，而将人群的疏散作为一种整体运动。人员行为模型模拟人在火灾中的行为时，综合考虑了人与人、人与建筑物以及人与环境之间的相互作用。这类模型能够从一定程度上反映火灾时个人的特性对人员疏散的影响，但由于"火灾中人的反应与行为"是一个较新的领域，对其定性研究较多，而定量的研究成果很少，因此在选用该类模型时要慎重考虑它的适用性，以经过实际疏散实验或演习验证的模型为首选。

（三）人员行为特性

对于人员特性的考虑可以分为两方面，一是单个人员独立考虑，二是全局考虑。

（四）软件介绍

（五）软件选取

一般情况下，对建筑结构简单、布局规则、疏散路径容易辨别、建筑功能较为单一且人员密度较大的场所，适合采用水力疏散模型来进行人员疏散的计算，而其他情况则适合采用人员行为模型。

第五节 火灾场景和疏散场景设定

一、确定火灾场景的原则

火灾场景应根据最不利的原则确定，即选择火灾风险较大的火灾场景作为设定火灾场景，如火灾发生在疏散出口附近并导致该疏散出口不可利用、自动灭火系统或排烟系统由于某种原因而失效等。火灾风险较大的火灾场景一般是指最有可能发生，但其火灾危害不一定最大或者火灾危害大，但发生的可能性较小的火灾场景。

（1）在设计火灾场景时，应分析和确定建筑物的以下基本情况：①建筑物内的可燃物；②建筑的结构布局；③建筑物的自救能力与外部救援力量。

（2）在进行建筑物内可燃物的分析时，应着重分析以下因素：①潜在的引火源；②可燃物的种类及其燃烧性能；③可燃物的分布情况；④可燃物的火灾荷载密度。

（3）在分析建筑的结构布局时，应着重考虑以下因素：①起火房间的外形尺寸和内部空间情况；②起火房间的通风口形状及分布、开启状态；③房间与相邻房间、相邻楼层及疏散通道的相互关系；④房间的围护结构构件和材料的燃烧性能、力学性能、隔热性能、毒性性能及发烟性能。

（4）分析和确定建筑物在发生火灾时的自救能力与外部救援力量时，应着重考虑以下因素：①建筑物的消防供水情况和建筑物室内外的消火栓灭火系统；②建筑内部的自动喷水灭火系统和其他自动灭火系统（包括各种气体灭火系统、干粉灭火系统等）的类型与设置场所；③火灾报警系统的类型与设置场所；④消防队的技术装备、到达火场的时间和灭火控火能力；⑤烟气控制系统的设置情况。

（5）在确定火灾发展模型时，应至少考虑下列参数：①初始可燃物对相邻可燃物的引燃特征值和蔓延过程；②多个可燃物同时燃烧时热释放速率的叠加关系；③火灾的发展时间和火灾达到轰燃所需的时间；④灭火系统和消防员对火灾发展的控制能力；⑤通风情况对火灾发展的影响因子；⑥烟气控制系统对火灾发展蔓延的影响因子；⑦火灾发展对建筑构件的热作用。

二、确定火灾场景的方法

事件树的构建代表与火灾场景相关的从着火到结束的事件时间顺序。事件树的构建始于初始的事件。与建筑系统和特征相关的事件实例包括：①火灾引燃的第二个物件。②火灾被门或其他障碍物阻隔。③质量下降或性能降低的系统或特征。④窗户上的玻璃破裂。

三、火灾场景设计

"t 平方火"的对比情况

增长类型	火灾增长系数/(kW/s^2)	达到 1 MW 的时间 /s	典型可燃材料
超快速	0.187 6	75	油池火、易燃的装饰家具、轻质窗帘
快速	0.046 9	150	装满东西的邮袋、塑料泡沫、叠放的木架
中速	0.011 72	300	棉与聚酯纤维弹簧床垫、木制办公桌
慢速	0.002 93	600	厚重的木制品

各建筑类别的热释放量

建筑类别	热释放量 Q/MW
设有喷淋的商场	3
设有喷淋的办公室、客房	1.5
设有喷淋的公共场所	2.5
设有喷淋的汽车停车库	1.5
设有喷淋的超市、仓库	4
设有喷淋的中庭	1
无喷淋的办公室、客房	6
无喷淋的汽车停车库	3

续表

建筑类别	热释放量 Q/MW
无喷淋的中庭	4
无喷淋的公共场所	8
无喷淋的超市、仓库	20

注：设有快速响应喷头的场所可按本表值减小 40%。

四、疏散场景确定

疏散场景设计需要考虑影响人员安全疏散的诸多因素，特别是疏散通道的情况、人员状态（如人员密度、对建筑的熟悉程度等）、火灾烟气和人员的心理因素。

（一）疏散过程

疏散是伴随着新的冲动的产生和在行动过程中采取新的决定的一个连续过程。在某种程度上，一种简化过程的方法就是从工程学的角度将疏散过程分为三个阶段：察觉（外部刺激）、行为和反应（行为举止）、运动（行动）。

（二）安全疏散标准

如果人员疏散到安全地点所需的时间小于通过判断火场人员疏散耐受条件得出的危险来临时间，并且考虑到一定的安全余量，则可认为人员疏散是安全的，疏散设计合理；反之则认为不安全，需要改进设计。

（三）疏散相关参数

疏散相关参数包括火灾探测时间、疏散准备时间和疏散开始时间。

（四）人员数量

人员数量通常由区域的面积与该区域内的人员密度的乘积来确定。在有固定座椅的区域，则可以按照座椅数来确定人数。在业主方和设计方能够确定未来建筑内的最大容量时，则应按照该值确定疏散人数。

（五）人员行进速度

人员行进速度与人员密度、年龄和灵活性有关。当人员密度小于 0.5 人 /m^2 时，人群在水平地面上的行进速度可达 70 m/min 并且不会发生拥挤，下楼梯的速度可达 51～63 m/min。相反，当人员密度大于 3.5 人 /m^2 时，人群将非常拥挤，基本上无法移动。

（六）流量系数

人员密度与对应的人员行进速度的乘积，即单位时间内通过单位宽度的人流数量称为流量系数。流量系数反映了单位宽度的通行能力。对大多数通道来说，通道宽度是指通道的两侧墙壁之间的宽度。但是大量的火灾演练实验表明，人群的流动依赖于通道的有效宽度而不是实际宽度，也就是说在人群和侧墙之间存在一个"边界层"。

（七）安全裕度

在危险来临时间分析与疏散行动时间分析中，计算参数取为相对保守值时，安全裕度可以取小一些，否则，安全裕度应取较大值。一般情况下，安全裕度建议取为 0～1 倍的疏散行动时间。

对于商业建筑来说，由于人员类型复杂，对周围的环境和疏散路线并不都十分熟悉，所以在选择安全裕度时，取值建议不应小于 1/2 的疏散行动时间。

第六节　计算分析及结果运用

用于分析计算结果的判定原则包括：

一、人员生命安全判定准则

在分析火灾对疏散的影响时，一般从烟气的能见度、温度、毒性等方面进行讨论。通常情况下人员疏散安全判据指标见下表。

人员疏散安全判据指标

项目	人体可耐受的极限
烟气的能见度	当热烟层降到 2 m 以下时，对于大空间其能见度临界指标为 10 m
烟气的温度	2 m 以上空间内的烟气平均温度不大于 180℃；当热烟层降到 2 m 以下时，持续 30 min 的临界温度为 60℃
烟气的毒性	一般认为在可接受的能见度范围内，毒性都很低，不会对人员疏散造成影响（一般 CO 判定指标为 2 500 mg/L）

二、防止火灾蔓延扩大判定准则

性能化分析中通常采用热辐射分析方法来分析火灾蔓延情况。根据澳大利亚建筑规范协会出版的《防火安全工程指南》提供的资料，在火灾通过热辐射蔓延的设计中，当被引燃物是很薄很轻的窗帘、松散地堆放的报纸等非常容易被点燃的物品时，其临界辐射强度可取为 10 kW/m²；当被引燃物是带软垫的家具等一般物品时，其临界辐射强度可取为 20 kW/m²；对于厚度为 5 cm 或更厚的木板等很难被引燃的物品，其临界辐射强度可取为 40 kW/m²。如果不能确定可燃物的性质，为了安全起见，其临界辐射强度取为 10 kW/m²。

三、钢结构破坏判定准则

火灾下钢结构破坏判定准则可分为构件和结构两个层次，分别对应局部构件破坏和整体结构破坏。一般来说，其判定准则有下列三种形式：

（1）在规定的结构耐火极限时间内，结构或构件的承载力 R_d 应不小于各种作用所产生的组合效应 S_m。

（2）在各种作用效应组合下，结构或构件的耐火时间 t_d 应不小于规定的结构或构件的耐火极限时间 t_m。

（3）火灾情景下，结构极限状态时的临界温度 T_d 应不小于在规定的耐火时间内结构所经历的最高温度 T_m。

上述三个要求在本质上是等效的，进行结构抗火设计时，满足其一即可。

第七节　消防性能化设计文件编制

编写的消防性能化设计报告应包含以下内容：
（1）建筑基本情况及性能化设计的内容。
（2）分析目的及安全目标。
（3）性能判定标准，即性能指标。
（4）火灾场景设计。
（5）所采用的分析方法及其所基于的假设。
（6）计算分析与评估。
（7）不确定性分析。
（8）结论与总结。
（9）参考文献。
（10）设计单位和人员资质说明。

【练习题】

一、单项选择题

1. 火灾从点燃到发展至充分燃烧阶段，其热释放速率大体按照时间的平方关系增长，通常采用"t 平方火"火灾增长模型表征实际火灾发展情况。按"t 平方火"火灾增长模型，从火灾发生至热释放速率达到 1 MW 所需时间为 300 s 的火灾是（　　）"t 平方火"。

　　A. 中速　　　　　　　　　　B. 慢速
　　C. 快速　　　　　　　　　　D. 超快速

【参考答案】A

2. 对建筑进行火灾风险评估之后，需要采取一定的风险控制措施，下列措施中，不属于风险控制措施的是（　　）。

　　A. 风险消除　　　　　　　　B. 风险减少
　　C. 风险分析　　　　　　　　D. 风险转移

【参考答案】C　常用的风险控制措施包括风险消除、风险减少、风险转移。

3. 对建筑进行火灾风险评估时，应确定评估对象可能面临的火灾风险。关于火灾风险识别的说法中，错误的是（　　）。

　　A. 查找火灾风险来源的过程称为火灾风险识别
　　B. 衡量火灾风险的高低主要考虑起火概率大小
　　C. 火灾风险识别是开展火灾风险评估工作所必需的基础环节
　　D. 消防安全措施有效性分析包括专业队伍扑救能力

【参考答案】B　衡量火灾风险的高低，不但要考虑起火的概率，而且要考虑火灾所导致后果的严重程度。

二、多项选择题

1. 消防性能化设计以消防安全工程学为基础,是一种先进、有效、科学、合理的防火设计方法。下列属于建筑物消防性能化设计的基本步骤的有（　　）。

A. 确定建筑物的消防安全总体目标

B. 进行性能化防火试设计和评估验证

C. 设计火灾场景

D. 编制设计说明与分析报告

E. 确定建筑各楼层和区域的使用功能

【参考答案】ABCD　建筑消防性能化设计过程可分成若干的步骤,各步骤相互联系,最终形成一个整体,其步骤主要包括:确定工程范围、确定总体目标、火灾危险源识别、建立试设计并评估、设定火灾情景和疏散场景、完成报告并编写设计文件等。

2. 在进行建筑消防安全评估时,关于疏散时间的说法,正确的有（　　）。

A. 疏散开始时间是指从起火到开始疏散时间

B. 疏散行动时间是指从疏散开始至疏散到安全地点的时间

C. 与疏散相关的火灾探测时间可以采用喷头动作的时间

D. 疏散准备时间与通知人们疏散的方式有较大关系

E. 疏散开始时间不包括火灾探测时间

【参考答案】ABCD　疏散开始时间即从起火到开始疏散的时间,包括火灾探测时间和疏散准备时间两部分。

第四章 人员密集场所消防安全评估方法与技术

【学习导图】

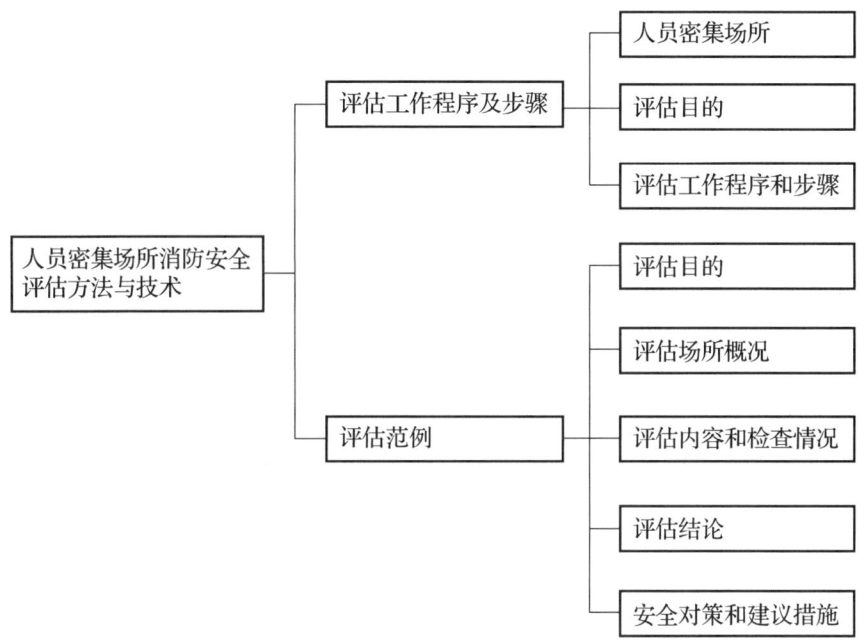

【知识要点】

第一节 评估工作程序及步骤

一、人员密集场所的特点

人员密集场所具有使用功能复杂，人员数量多、密度大、流动性强等特点，且具有公众开放性强、火灾易发多发等特性。其风险具有多样性、严重性，表现形式上具有空间、时间序列的不确定性和偶然关联性，易造成重特大火灾事故。

二、人员密集场所现场检查的方法

人员密集场所现场检查时可选用的检查方法包括资料核对、问卷调查、外观检查、功能测试等,实际检查时可采用单一方法或几种方法的组合。

(1)消防安全管理单元的现场检查应采用资料核对、问卷调查的方式或其组合。

(2)建筑防火单元、安全疏散设施单元及消防设施单元的现场检查应采用资料核对、外观检查与功能测试相结合的方式。

(3)建筑防火单元中装修材料、外墙保温材料、防火涂料的防火性能等难以在现场进行功能测试验证的检查项,可采纳符合消防技术标准的证明文件、出厂合格证明及见证取样检测报告等证明文件,并在报告中说明。

(4)如确有需要,可选用烟气模拟分析、安全疏散分析等方法进行定量评估。

(5)资料核对时,应逐项检查资料原件,不应有选择地抽查部分项目。

(6)问卷调查对象不应少于5人,包括但不限于消防安全管理人员、自动消防系统的操作人员、志愿消防队员及一般员工。

(7)外观检查及功能测试的抽样位置和抽样数量,应根据不同的检查项内容分别确定,现场检查结果应能说明被抽查检查项的外观情况及功能现状。当现场检查采用抽查形式时,应在报告中说明抽查的对象、具体部位和抽查样本量。

(8)抽查的基本原则如下:①对防火间距、消防车道的设置及疏散楼梯的形式和数量应全部检查;②对防火分区进行抽查时,抽样位置应至少包括建筑的首层、顶层、标准层与地下层;③对安全疏散设施及消防设施进行抽查时,各设施、设备的抽样数量不少于2处,当总数不大于2处时,全部检查。当抽查到的设施设备有不合格检查项时,对该设施设备再抽样检查4处,不足4处时,全部检查。

三、人员密集场所现场检查的评估判定标准

检查项分为三类,分别是直接判定项(A项)、关键项(B项)与一般项(C项)。

(一)直接判定项(A项)的判定

消防安全评估中可直接判定评估结论等级为差的检查项为直接判定项(A项),包括以下内容:①建筑物和公众聚集场所未依法办理消防行政许可或备案手续的;②未依法确定消防安全管理人、自动消防系统操作人员的;③疏散通道、安全出口数量不足或者严重堵塞,已不具备安全疏散条件的;④未按规定设置自动消防系统的;⑤建筑消防设施严重损坏,不再具备防火灭火功能的;⑥人员密集场所违反消防安全规定,使用、储存易燃易爆危险品的;⑦公众聚集场所违反消防技术标准,采用易燃、可燃材料装修,可能导致重大人员伤亡的;⑧经消防机构责令改正后,同一违法行为反复出现的;⑨未依法建立专(兼)职消防队的;⑩一年内发生一次较大以上(含)火灾或两次以上(含)一般火灾的。

(二)关键项(B项)、一般项(C项)的判定

以法律法规、部门规章和消防技术标准规范的强制性条款为依据的检查项为关键项(B项),其他检查项为一般项(C项),在制定检查表时应予以识别并确定。

关键项和一般项的检查结果分为合格、部分不合格(B_1或C_1)、完全不合格(B_2或C_2)。按照各评估单元中所有B项和C项的检查结果,计算每个评估单元的单元合格率。计算时,将C项折算至B项,两个C_1项相当于一个B_1项,两个C_2项相当于一个B_2项。检查项的总折算项数N为B项项数与C项项数的一半之和。

(三)评估结论分级标准

根据现场检查及评估判定的情况给出评估结论等级,具体分级标准见下表。

评估结论分级标准

等级	分级标准	描述性说明
好	不存在 A 项,且每个评估单元的单元合格率 $R \geq 85\%$	火灾隐患较少,发生火灾的可能性较小或火灾事故的危害较小。消防安全管理制度较完善并严格落实;建筑防火符合规范要求,消防设施基本完好有效,安全疏散设施基本能保证火灾时人员疏散要求
一般	不存在 A 项,且每个评估单元的单元合格率 $R \geq 60\%$,且至少一个评估单元的单元合格率 $60\% \leq R < 85\%$	存在一般性火灾隐患,有发生火灾的可能性或火灾发生后将造成一定的危害。消防安全管理制度不够完善或落实不完全到位;建筑防火存在部分不符合规范情况,消防设施和安全疏散设施存在一些问题
差	存在 A 项,或至少一个评估单元的单元合格率 $R < 60\%$	存在较大火灾隐患,发生火灾的可能性较大或火灾事故后果较严重。消防安全管理制度很不完善或落实不到位;建筑防火存在重大违规情况;消防设施和安全疏散设施无法保证火情的及时有效控制或火灾时人员的安全疏散

第二节 评 估 范 例

略。

第五篇
消防安全管理

第一章 消防安全管理概述

【学习导图】

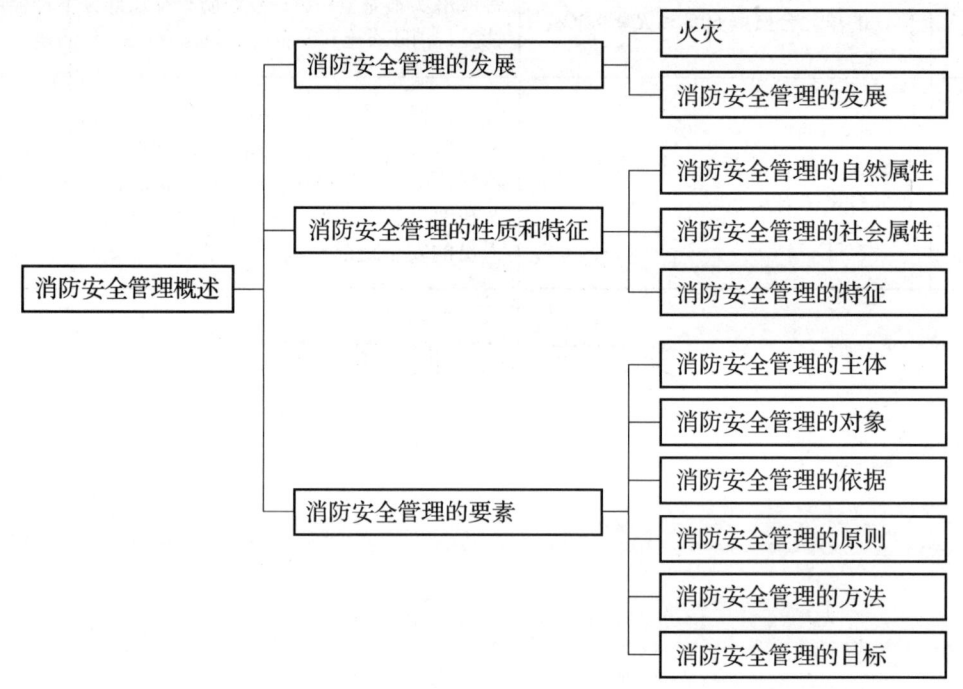

【知识要点】

第一节 消防安全管理的发展

我国消防安全管理的发展，大致经历了古代消防安全管理、近代消防安全管理和现代消防安全管理三个阶段。古代消防安全管理阶段是指先秦时代至鸦片战争之前的历史阶段。近代消防安全管理阶段是指鸦片战争后至新中国成立前的历史阶段。现代消防安全管理阶段是指新中国成立后至今这一历史阶段。

第二节　消防安全管理的性质和特征

消防安全管理具有自然属性和社会属性，并具有全方位性、全天候性、全过程性、全员性和强制性等特征。

第三节　消防安全管理的要素

做好消防安全管理工作的基本出发点是消防安全管理要素，而消防安全管理的要素可由消防安全管理的概念引出。消防安全管理的要素主要包括消防安全管理的主体、消防安全管理的对象、消防安全管理的依据、消防安全管理的原则、消防安全管理的方法、消防安全管理的目标等六个方面。

一、消防安全管理的主体

《消防法》确定的"政府统一领导、部门依法监管、单位全面负责、公民积极参与"消防工作原则，决定了政府、部门、单位、公民都是消防工作的主体，也是消防安全管理活动的责任主体。

二、消防安全管理的对象

消防安全管理的对象，即消防安全管理资源，主要包括人、财、物、信息、时间、事务等六个方面。

三、消防安全管理的依据

消防安全管理的依据大致包括法律政策依据和规章制度依据两大类。其中，法律政策依据包括法律、行政法规、地方性法规、部门规章、政府规章、消防技术标准规范。

四、消防安全管理的原则

消防安全管理原则共包括五个方面的内容。
（1）谁主管谁负责的原则。
（2）依靠群众的原则。
（3）依法管理的原则。
（4）科学管理的原则。
（5）综合治理的原则。

五、消防安全管理的方法

消防安全管理的方法是消防安全管理主体行使消防安全管理职能的基本手段，可分为基本方法和技术方法两大类。其中，消防安全管理的基本方法主要包括行政方法、法律方法、行为激励方法、咨询顾问方法、宣传教育方法、舆论监督方法等。消防安全管理技术方法主要包括安全检查表分析方法、因果分析方法、事故树分析方法、消防安全状况评估方法等。

事故树分析方法主要是一种从结果到原因描绘火灾事故发生的树形模型图，利用这种事故树图可以对火灾事故因果关系进行逻辑推理分析。主要包括三项内容：一是系统可能发生火灾事故，即终端事件。二是系统内固有的或者潜在的危险因素。三是系统可能发生的灾害事故与各种危险因素之间的逻辑因果关系。

六、消防安全管理的目标

消防安全管理的过程就是从选择最佳消防安全目标开始到实现最佳消防安全目标的过程。最佳消防安全目标就是要在一定的条件下，通过消防安全管理活动将火灾发生的危险性和火灾造成的危害性降到最低程度。

第二章 社会单位消防安全管理

【学习导图】

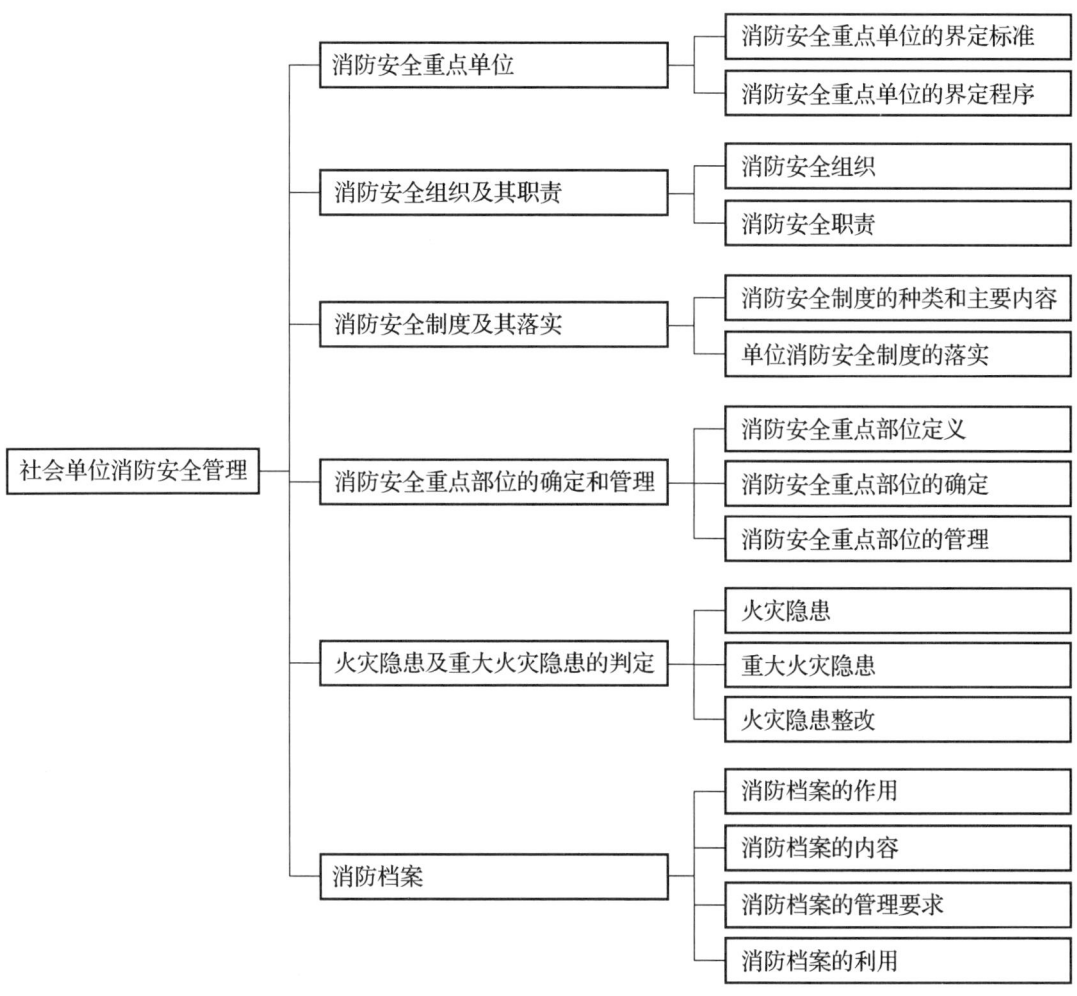

【知识要点】

第一节　消防安全重点单位

一、消防安全重点单位的界定标准

（一）商场（市场）、宾馆（饭店）、体育场（馆）、会堂、公共娱乐场所等公众聚集场所

（1）建筑面积在 1 000 m²（含本数，下同）以上且经营可燃商品的商场（商店、市场）。

（2）客房数在 50 间以上的（旅馆、饭店）。

（3）公共的体育场（馆）、会堂。

（4）建筑面积在 200 m² 以上的公共娱乐场所。

上述所称公共娱乐场所是指向公众开放的下列室内场所：

1）影剧院、录像厅、礼堂等演出、放映场所。

2）舞厅、卡拉 OK 等歌舞娱乐场所。

3）具有娱乐功能的夜总会、音乐茶座和餐饮场所。

4）游艺、游乐场所。

5）保龄球馆、旱冰场、桑拿浴室等营业性健身、休闲场所。

（二）医院、养老院和寄宿制的学校、托儿所、幼儿园

（1）住院床位在 50 张以上的医院。

（2）老人住宿床位在 50 张以上的养老院。

（3）学生住宿床位在 100 张以上的学校。

（4）幼儿住宿床位在 50 张以上的托儿所、幼儿园。

（三）国家机关

（1）县级以上的党委、人大、政府、政协。

（2）监察委、人民检察院、人民法院。

（3）中央和国务院各部委。

（4）共青团中央、全国总工会、全国妇联等的办事机关。

（四）广播、电视和邮政、通信枢纽

（1）广播电台、电视台。

（2）城镇的邮政和通信枢纽单位。

（五）客运车站、码头、民用机场

（1）候车厅、候船厅的建筑面积在 500 m² 以上的客运车站和客运码头。

（2）民用机场。

（六）公共图书馆、展览馆、博物馆、档案馆以及具有火灾危险性的文物保护单位

（1）建筑面积在 2 000 m² 以上的公共图书馆、展览馆。

（2）公共博物馆、档案馆。

（3）具有火灾危险性的县级以上文物保护单位。

（七）发电厂（站）和电网经营企业

（八）易燃易爆化学品的生产、充装、储存、供应、销售单位

（1）生产易燃易爆化学品的工厂。

（2）易燃易爆气体和液体的灌装站、调压站。

（3）储存易燃易爆化学品的专用仓库（堆场、储罐场所）。

（4）易燃易爆化学品的专业运输单位。

（5）营业性汽车加油站、加气站，液化石油气供应站（换瓶站）。

（6）经营易燃易爆化学品的化工商店（其界定标准，以及其他需要界定的易燃易爆化学品性质的单位及其标准，由省级消防机构根据实际情况确定）。

（九）劳动密集型生产、加工企业

生产车间员工在 100 人以上的服装、鞋帽、玩具等劳动密集型企业。

（十）重要的科研单位

界定标准由省级消防机构根据实际情况确定。

（十一）高层公共建筑、地下铁道、地下观光隧道，粮、棉、木材、百货等物资仓库和堆场，重点工程的施工现场

（1）高层公共建筑的办公楼（写字楼）、公寓楼等。

（2）城市地下铁道、地下观光隧道等地下公共建筑和城市重要的交通隧道。

（3）国家储备粮库、总储备量在 10 000 t 以上的其他粮库。

（4）总储量在 500 t 以上的棉库。

（5）总储量在 10 000 m^3 以上的木材堆场。

（6）总储存价值在 1 000 万元以上的可燃物品仓库、堆场。

（7）国家和省级等重点工程的施工现场。

（十二）其他发生火灾可能性较大以及一旦发生火灾可能造成人身重大伤亡或者财产重大损失的单位

界定标准由省级消防机构根据实际情况确定。

二、消防安全重点单位的界定程序

消防安全重点单位的界定程序包括申报、核定、告知、公告等步骤。

第二节　消防安全组织及其职责

消防工作按照"政府统一领导、部门依法监管、单位全面负责、公民积极参与"的原则，实行消防安全责任制，建立健全社会化的消防工作网络。

一、消防安全组织

（一）消防安全组织的组成

消防安全组织由消防安全委员会或者消防工作领导小组、消防安全管理归口部门和其他部门组成。

(二)消防安全组织的职责

1. 消防安全委员会或者消防工作领导小组职责

(1)认真贯彻执行《消防法》和国家、行业、地方政府等有关消防管理的行政法规、技术规范。

(2)起草下发本单位有关消防管理工作文件,制订有关消防管理规定、制度,组织、策划重大消防管理活动。

(3)督促、指导单位消防管理部门和其他部门加强消防基础档案和消防设施建设,落实逐级防火责任制,推动消防管理科学化、技术化、法制化、规范化。

(4)组织对本单位专(兼)职消防管理人员的业务培训,指导、鼓励本单位职工积极参加消防活动,推动开展消防知识、技能培训。

(5)组织防火检查和重点时期的抽查工作。

(6)组织对重大火灾隐患的认定和整改工作。

(7)组织对重点部位消防应急预案的制定、演练、完善工作,依工作实际,统一有关消防工作标准。

(8)支持、配合消防机构的日常消防管理监督工作,协助火灾事故的调查、处理以及消防机构交办的其他工作。

2. 消防安全管理部门职责

(1)依照当地消防机构布置的工作,结合单位实际情况,研究和制定计划并贯彻实施。定期或者不定期向单位主管领导和领导小组、当地消防机构汇报工作。

(2)负责处理单位消防安全委员会或者消防工作领导小组和主管领导交办的日常工作,发现违反消防规定的行为,及时提出纠正意见,如未采纳,可向单位消防安全委员会、消防工作领导小组或者向当地消防机构报告。

(3)推行逐级防火责任制和岗位防火责任制,贯彻执行国家消防法律法规和单位的各项规章制度。

(4)进行经常性的消防教育,普及消防常识,组织和训练专职(志愿)消防队。

(5)经常深入单位内部进行防火检查,协助各部门搞好火灾隐患整改工作。

(6)负责消防器材分布管理、检查、保管维修及使用。

(7)协助领导和有关部门处理单位发生的火灾事故,详细登记每起火灾事故,定期分析单位消防工作形势。

(8)严格用火、用电管理,执行审批动火申请制度,安排专人现场进行监督和指导,跟班作业。

(9)建立健全消防档案。

(10)积极参加当地消防机构组织的各项安全工作会议,并做好记录,会后向单位消防安全责任人、消防安全管理人汇报有关工作情况。

3. 其他部门消防安全职责

(1)下级部门对上级部门负责,上级部门与直属下级部门按照职责签订《消防安全责任书》和《消防安全管理承诺书》。

(2)明确本部门及所有岗位人员的消防工作职责,真正承担起与部门、岗位相适应的消防安全责任,做到分工合理、责任分明,各司其职、各尽其责。

（3）配合消防安全管理部门、专（兼）职消防人员实施本部门职责范围内的每日防火巡查、每月防火检查等消防安全工作，并在相关的检查记录内签字，及时落实火灾隐患整改措施及防范措施等。

（4）指定责任心强、工作能力强的人员为本部门的消防安全工作人员，负责保管和检查属于本部门管辖范围内的各种消防设施，发生故障后，及时向本部门消防安全责任人和消防安全管理归口部门汇报，协调解决相关事宜。

（5）负责监督、检查和落实与本部门工作有关的消防安全制度的执行和落实。

（6）积极组织本部门职工参加消防知识教育和灭火应急疏散演练，提高消防安全意识。

（7）发生火灾或者其他突发情况时，按照灭火应急疏散预案的规定和分工，履行职责。

二、消防安全职责

（一）单位职责

1. 一般单位职责

（1）明确各级、各岗位消防安全责任人及其职责，制定本单位的消防安全制度、消防安全操作规程、灭火和应急疏散预案。定期组织开展灭火和应急疏散演练，进行消防工作检查考核，保证各项规章制度落实。

（2）保证消防工作所需资金的投入。

（3）按照相关标准配备消防设施、器材，设置消防安全标志，定期检验维修，对建筑消防设施每年至少组织一次全面检测，确保完好有效。设有消防控制室的，实行24 h值班制度，每班不少于2人，并持证上岗。

（4）保障疏散通道、安全出口、消防车通道畅通，保证防火防烟分区、防火间距符合消防技术标准。保证建筑构件、建筑材料和室内装修装饰材料等符合消防技术标准。人员密集场所的门窗不得设置影响逃生和灭火救援的障碍物。

（5）定期开展防火检查、巡查，及时消除火灾隐患。

（6）根据需要建立专职或者志愿消防队、微型消防站，加强队伍建设，定期组织训练演练，加强消防装备配备和灭火药剂储备，建立与消防专业队伍联勤联动机制，提高扑救初起火灾能力。

（7）消防法律、法规、规章以及政策文件规定的其他职责。

2. 消防安全重点单位职责

消防安全重点单位除依法履行单位消防安全管理职责外，还需履行下列职责：

（1）明确承担单位消防安全管理的部门，确定消防安全管理人，并报当地消防机构备案，组织实施本单位消防安全管理。消防安全管理人应依法经过消防培训。

（2）建立消防档案，确定消防安全重点部位，设置防火标志，实行严格管理。

（3）按照相关标准和用电、用气安全管理规定，安装、使用电器产品、燃气用具和敷设电气线路、管线，并定期维护保养、检测。

（4）组织员工进行岗前消防安全培训，定期组织消防安全培训和疏散演练。

（5）根据需要建立微型消防站，积极参与消防安全区域联防联控，提高自防自救能力。

（6）积极应用消防远程监控、电气火灾监测、物联网技术等技防物防措施。

3. 火灾高危单位职责

除履行一般单位职责、消防安全重点单位职责外，还要履行下列职责：

（1）定期召开消防安全工作例会，研究本单位消防工作，处理涉及消防经费投入、消防设施设备购置、火灾隐患整改等重大问题。

（2）鼓励消防安全管理人取得注册消防工程师执业资格，消防安全责任人和特有工种人员须经消防安全培训；自动消防设施操作人员应取得建（构）筑物消防员资格证书。

（3）专职消防队或者微型消防站应当根据本单位火灾危险特性配备相应的消防装备器材，储备足够的灭火救援药剂和物资，定期组织消防业务学习和灭火技能训练。

（4）按照国家标准配备应急逃生设施设备和疏散引导器材。

（5）建立消防安全评估制度，由具有资质的机构定期开展评估，评估结果向社会公开。

（6）参加火灾公众责任保险。

4. 多单位共用建筑的单位职责

大（中）型建筑，尤其是各类综合体建筑中，大量存在两个及两个以上产权单位、租赁单位共同使用建筑的情况，为了方便管理，建筑产权、使用单位通常将这类建筑委托物业服务单位统一管理。这类建筑中的相关单位，按照下列要求履行职责：

（1）建设（产权）单位提供符合消防安全要求的建筑物，并提供经消防机构验收合格或者竣工验收备案抽查合格、已备案的证明文件资料。

（2）产权单位、使用单位、管理单位等在订立的合同中，依照有关规定明确各方的消防安全责任，明确消防专有、共用部位，以及专有、共用消防设施的消防安全责任、义务。

（3）产权单位、使用单位确定责任人或者委托管理，对共用的疏散通道、安全出口、建筑消防设施和消防车通道进行统一管理；其他单位对各自使用、管理场所依法履行消防安全管理职责。

（4）物业服务单位按照合同约定提供消防安全管理服务，对管理区域内的共用消防设施和疏散通道、安全出口、消防车通道进行维护管理，及时劝阻和制止占用、堵塞、封闭疏散通道、安全出口、消防车通道等行为，劝阻和制止无效的，立即向相关主管部门报告；定期开展防火检查巡查和消防宣传教育。

（5）建筑局部施工需要使用明火时，施工单位和使用管理单位要共同采取措施，将施工区和使用区进行防火分隔，清除动火区域的易燃物、可燃物，配置消防器材，专人监护，确保施工区和使用区的消防安全。

5. 消防技术服务单位职责

消防设施检测、维护保养和消防安全评估、咨询、监测等消防技术服务机构应依法获得相应的资质，依法依规提供消防安全技术服务，并对服务质量负责。

（二）人员职责

1. 消防安全责任人职责

法人单位的法定代表人或者非法人单位的主要负责人是依照法律或者组织章程，行使职权的第一责任人。有关职责详见本书第一篇第一章第二节有关内容。

2. 消防安全管理人职责

消防安全管理人是指单位中担任一定领导职务或者具有一定管理权限的人员，受单位消防安全责任人委托，具体负责组织实施单位消防安全管理工作，并对单位消防安全责任人负责。

有关职责，详见本书第一篇第一章第二节有关内容。

3. 专（兼）职消防安全管理人员职责

（1）掌握消防法律法规，了解本单位消防安全状况，及时向上级报告。

（2）提请确定消防安全重点单位，提出落实消防安全管理措施的建议。

（3）实施日常防火检查、巡查，及时发现火灾隐患，落实火灾隐患整改措施。

（4）管理、维护消防设施、灭火器材和消防安全标志。

（5）组织开展消防宣传，对全体员工进行教育培训。

（6）编制灭火和应急疏散预案，组织演练。

（7）记录有关消防安全管理工作开展情况，完善消防档案。

（8）完成其他消防安全管理工作。

4. 自动消防设施操作人员职责

自动消防设施操作人员包括单位消防控制室值班操作人员以及自动消防设施维护管理人员等。

（1）消防控制室值班操作人员履行下列职责：

1）熟悉和掌握消防控制室设备的功能及操作规程，持证上岗；按照规定测试自动消防设施的功能，保障消防控制室设备的正常运行。

2）核实、确认火警信息，火灾确认后，立即报火警并向消防主管人员报告，随即启动灭火和应急疏散预案。

3）及时确认故障报警信息，排除消防设施故障，不能排除的立即向部门主管人员或者消防安全管理人报告。

4）不间断值守岗位，做好消防控制室的火警、故障和值班记录。

（2）自动消防设施维护管理人员履行下列职责：

1）熟悉和掌握消防设施的功能和操作规程。

2）按照管理制度和操作规程等对消防设施进行检查、维护和保养，保证消防设施和消防电源处于正常运行状态，确保有关阀门处于正确位置。

3）发现故障及时排除，不能排除的及时向上级主管人员报告。

4）做好运行、操作和故障记录。

5. 部门消防安全责任人职责

（1）组织实施本部门的消防安全管理工作计划。

（2）根据本部门的实际情况开展消防安全教育与培训，制订消防安全管理制度，落实消防安全措施。

（3）按照规定实施消防安全巡查和定期检查，管理消防安全重点部位，维护管辖范围的消防设施。

（4）及时发现和消除火灾隐患，不能消除的，应采取相应措施并及时向消防安全管理人报告。

（5）发现火灾，及时报警，并组织人员疏散和初起火灾扑救。

6. 志愿消防队员职责

（1）熟悉本单位灭火与应急疏散预案和本人在志愿消防队中的职责分工。

（2）参加消防业务培训及灭火和应急疏散演练，了解消防知识，掌握灭火与疏散技能，会使用灭火器材及消防设施。

（3）做好本部门、本岗位日常防火安全工作，宣传消防安全常识，督促他人共同遵守，开展群众性自防自救工作。

（4）发生火灾时须立即赶赴现场，服从现场指挥，积极参加扑救火灾、人员疏散、救助伤员、保护现场等工作。

7. 单位员工职责

（1）明确各自消防安全责任，认真执行本单位的消防安全制度和消防安全操作规程。维护消防安全，预防火灾。

（2）保护消防设施和器材，保障消防通道畅通。

（3）发现火灾，及时报警。

（4）参加有组织的灭火工作。

（5）发生火灾后，公共场所的现场工作人员立即组织、引导在场人员安全疏散。

（6）接受单位组织的消防安全培训，做到懂火灾的危险性、懂预防火灾措施、懂扑救火灾方法、懂火灾现场逃生方法（四懂）；做到会报火警、会使用灭火器材、会扑救初起火灾、会组织疏散逃生（四会）。

第三节 消防安全制度及其落实

一、消防安全制度的种类和主要内容

消防安全责任制是单位消防安全管理制度中最根本的制度。

二、单位消防安全制度的落实

（1）确定消防安全责任。

（2）定期开展防火巡查、检查。

单位消防安全责任人、消防安全管理人对本单位落实消防安全制度和消防安全管理措施、执行消防安全操作规程等情况，每月至少组织一次防火检查；社会单位内设部门负责人对本部门落实消防安全制度和消防安全管理措施、执行消防安全操作规程等情况，每周至少开展一次防火检查；员工每天班前、班后进行本岗位防火检查，及时发现火灾隐患。

单位按照规定对消防安全重点部位每日至少进行一次防火巡查；公众聚集场所在营业期间的防火巡查至少每2h一次，营业结束时应当对营业现场进行检查，消除遗留火种；公众聚集场所，医院、养老院、寄宿制的学校、托儿所、幼儿园夜间防火巡查不少于两次。

（3）组织消防安全知识宣传教育培训。

（4）开展灭火和疏散逃生演练。

（5）建立健全消防档案。

（6）消防安全重点单位实行"三项报告"备案制度。"三项报告"备案制度包括消防安全管理人员报告备案、消防设施维护保养报告备案、消防安全自我评估报告备案。

第四节　消防安全重点部位的确定和管理

一、消防安全重点部位定义

消防安全重点部位是指容易发生火灾，一旦发生火灾可能严重危及人身和财产安全，以及对消防安全有重大影响的部位。

二、消防安全重点部位的确定

确定消防安全重点部位不仅要根据火灾危险源的辨识来确定，还应根据本单位的实际，即物品储存的多少、价值的大小、人员的集中量以及隐患的存在和火灾的危险程度等情况而定，通常从以下几个方面来考虑：

（1）容易发生火灾的部位。
（2）发生火灾后对消防安全有重大影响的部位。
（3）性质重要、发生事故影响全局的部位。
（4）财产集中的部位。
（5）人员集中的部位。

三、消防安全重点部位的管理

消防重点部位确定以后，应从管理的民主性、系统性、科学性着手做好制度管理、标识化管理、教育管理、档案管理、日常管理、应急管理。

消防"两明确"：消防安全重点部位明确、禁止烟火明确。

消防"五落实"：防火负责人落实、志愿消防员落实、防火安全制度落实、消防器材落实、灭火预案落实。

消防安全重点部位档案管理"四个一"：一制度：消防安全重点部位防火安全制度；一表：消防安全重点部位工作人员登记表；一图：消防安全重点部位基本情况照片成册图；一计划：消防安全重点部位灭火施救计划。

防火检查"六查、六结合"："六查"即单位组织每月查；所属部门每周查；班组每天查；专职消防员巡回查；部门之间互抽查；节日期间重点查。"六结合"即检查与宣传相结合；检查与整改相结合；检查与复查相结合；检查与记录相结合；检查与考核相结合；检查与奖惩相结合。

消防应急管理"四熟练"：熟练使用灭火器材，熟练报告火警，熟练疏散群众，熟练扑灭初起火灾。

第五节　火灾隐患及重大火灾隐患的判定

一、火灾隐患

火灾隐患可分为一般火灾隐患和重大火灾隐患。
具有下列情形之一的，确定为火灾隐患：

（1）影响人员安全疏散或者灭火救援行动，不能立即改正的。
（2）消防设施未保持完好有效，影响防火灭火功能的。
（3）擅自改变防火分区，容易导致火势蔓延、扩大的。
（4）在人员密集场所违反消防安全规定，使用、储存易燃易爆危险品，不能立即改正的。
（5）不符合城市消防安全布局要求，影响公共安全的。
（6）其他可能增加火灾实质危险性或者危害性的情形。

"三合一场所"是指住宿与生产、仓储、经营一种或一种以上场所在同一建筑内混合设置的场所。

二、重大火灾隐患

（一）重大火灾隐患判定原则和程序

重大火灾隐患判定坚持科学严谨、实事求是、客观公正的原则。重大火灾隐患按照下列程序予以判定：现场检查—集体讨论—专家技术论证。

组织对火灾隐患进行集体讨论，做出结论性判定意见，参与人数不应少于3人。

对于涉及复杂疑难的技术问题，判定重大火灾隐患有困难的，由当地政府有关行业主管部门、监督管理部门和相关消防技术专家组成技术论证专家组，进行技术论证，形成结论性判定意见。专家组人数不得少于7人，结论性判定意见至少应有2/3以上的专家同意。

（二）重大火灾隐患判定方法

重大火灾隐患判定方法分为直接判定和综合判定两种，直接判定要素和综合判定要素均为不能立即改正的火灾隐患要素。

下列情形不予判定为重大火灾隐患：
（1）依法进行了消防设计专家评审，并已采取相应技术措施的。
（2）单位、场所已经停产停业或者停止使用的。
（3）不足以导致重大、特别重大火灾事故或者严重社会影响的。

（三）重大火灾隐患直接判定

对于符合下列判定要素之一的，直接判定为重大火灾隐患：
（1）生产、储存和装卸易燃易爆危险品的工厂、仓库和专用车站、码头、储罐区，未设置在城市的边缘或者相对独立的安全地带。
（2）生产、储存、经营易燃易爆危险品的场所与人员密集场所、居住场所设置在同一建筑物内，或者与人员密集场所、居住场所的防火间距小于国家工程建设消防技术标准规定值的75%。
（3）城市建成区内的加油站、天然气或者液化石油气加气站、加油加气合建站的储量达到或者超过对一级站的规定。
（4）甲、乙类生产场所和仓库设置在建筑的地下室或者半地下室。
（5）公共娱乐场所、商店、地下人员密集场所的安全出口数量不足或者其总净宽度小于国家工程建设消防技术标准规定值的80%。
（6）旅馆、公共娱乐场所、商店、地下人员密集场所未按国家工程建设消防技术标准的规定设置自动喷水灭火系统或者火灾自动报警系统。

（7）易燃可燃液体、可燃气体储罐（区）未按国家工程建设消防技术标准的规定设置固定灭火、冷却、可燃气体浓度报警、火灾报警设施。

（8）在人员密集场所违反消防安全规定使用、储存或者销售易燃易爆危险品。

（9）托儿所、幼儿园的儿童用房以及老年人活动场所，所在楼层位置不符合国家工程建设消防技术标准的规定。

（10）人员密集场所的居住场所采用彩钢夹芯板搭建，且彩钢夹芯板芯材的燃烧性能等级低于规定的 A 级。

（四）重大火灾隐患综合判定

1. 综合判定要素

对于不符合直接判定的任一判定要素的火灾隐患，按照综合判定要素规定和程序进行综合判定。对于符合下列判定要素的，经综合判定，确定是否构成重大火灾隐患：

（1）总平面布置。

1）未按国家工程建设消防技术标准的规定或者城市消防规划的要求设置消防车道或者消防车道被堵塞、占用。

2）建筑之间的既有防火间距被占用或者小于国家工程建设消防技术标准的规定值的 80%，明火和散发火花地点与易燃易爆生产厂房、装置设备之间的防火间距小于国家工程建设消防技术标准的规定值。

3）在厂房、库房、商场中设置员工宿舍或者在住宅等民用建筑中从事生产、仓储、经营等活动且不符合规定。

4）地下车站的站厅乘客疏散区、站台及疏散通道内设置商业经营活动场所。

（2）防火分隔。

1）原有防火分区被改变并导致实际防火分区的建筑面积大于国家工程建设消防技术标准规定值的 50%。

2）防火门、防火卷帘等防火分隔设施损坏的数量大于该防火分区相应防火分隔设施总数的 50%。

3）丙、丁、戊类厂房内有火灾或者爆炸危险的部位未采取防火分隔等防火防爆技术措施。

（3）安全疏散设施及灭火救援条件。

1）建筑内的避难走道、避难间、避难层的设置不符合国家工程建设消防技术标准的规定，或者避难走道、避难间、避难层被占用。

2）人员密集场所内疏散楼梯间的设置形式不符合国家工程建设消防技术标准的规定。

3）除公共娱乐场所、商店、地下人员密集场所外的其他场所或者建筑物的安全出口数量或者宽度不符合国家工程建设消防技术标准的规定，或者既有安全出口被封堵。

4）按国家工程建设消防技术标准的规定，建筑物应设置独立的安全出口或者疏散楼梯而未设置。

5）商店营业厅内的疏散距离大于国家工程建设消防技术标准规定值的 125%。

6）高层建筑和地下建筑未按国家工程建设消防技术标准的规定设置疏散指示标志，应急照明或者所设置设施的损坏率大于标准规定要求设置数量的 30%；其他建筑未按国家工程建设消防技术标准的规定设置疏散指示标志，应急照明或者所设置设施的损坏率大于标准规定要求设置数量的 50%。

7）设有人员密集场所的高层建筑的封闭楼梯间或者防烟楼梯间的门的损坏率大于其设置总数的 20%；其他建筑的封闭楼梯间或者防烟楼梯间的门的损坏率大于其设置总数的 50%。

8）人员密集场所内疏散走道、疏散楼梯间、前室的室内装修材料的燃烧性能不符合规定。

9）人员密集场所的疏散走道、楼梯间、疏散门或者安全出口设置栅栏、卷帘门。

10）人员密集场所的外窗被封堵或者被广告牌等遮挡。

11）高层建筑的消防车道、救援场地设置不符合要求或者被占用影响火灾扑救。

12）消防电梯无法正常运行。

（4）消防给水及灭火设施。

1）未按国家工程建设消防技术标准的规定设置消防水源、储存泡沫液等灭火剂。

2）未按国家工程建设消防技术标准的规定设置室外消防给水系统或者已设置但不符合标准的规定或者不能正常使用。

3）未按国家工程建设消防技术标准的规定设置室内消火栓系统或者已设置但不符合标准的规定或者不能正常使用。

4）除旅馆、公共娱乐场所、商店、地下人员密集场所外其他场所未按国家工程建设消防技术标准的规定设置自动喷水灭火系统。

5）未按国家工程建设消防技术标准的规定设置除自动喷水灭火系统外的其他固定灭火设施。

6）已设置的自动喷水灭火系统或者其他固定灭火设施不能正常使用或者运行。

（5）防烟排烟设施。人员密集场所、高层建筑和地下建筑未按国家工程建设消防技术标准的规定设置防烟排烟设施或者已设置但不能正常使用或者运行。

（6）消防供电。

1）消防用电设备的供电负荷级别不符合国家工程建设消防技术标准的规定。

2）消防用电设备未按国家工程建设消防技术标准的规定采用专用的供电回路。

3）未按国家工程建设消防技术标准的规定设置消防用电设备末端自动切换装置或者已设置但不符合标准的规定或者不能正常自动切换。

（7）火灾自动报警系统。

1）除旅馆、公共娱乐场所、商店、其他地下人员密集场所以外的其他场所未按国家工程建设消防技术标准的规定设置火灾自动报警系统。

2）火灾自动报警系统不能正常运行。

3）防烟排烟系统、消防水泵以及其他自动消防设施不能正常联动控制。

（8）消防安全管理。

1）社会单位未按消防法律法规要求设置专职消防队。

2）消防控制室操作人员未按规定持证上岗。

（9）其他。

1）生产、储存场所的建筑耐火等级与其生产、储存物品的火灾危险性类别不相匹配，违反国家工程建设消防技术标准的规定。

2）生产、储存、装卸和经营易燃易爆危险品的场所或者有粉尘爆炸危险场所未按规定设置防爆电气设备和泄压设施，或者防爆电气设备和泄压设施失效。

3）违反国家工程建设消防技术标准的规定使用燃油、燃气设备，或者燃油、燃气管道敷设和紧急切断装置不符合标准规定。

4）违反国家工程建设消防技术标准的规定在可燃材料或者可燃构件上直接敷设电气线路或者安装电气设备，或者采用不符合标准规定的消防配电线缆和其他供配电线缆。

5）违反国家工程建设消防技术标准的规定在人员密集场所使用易燃、可燃材料装修、装饰。

2. 综合判定标准

按照重大火灾隐患判定原则和程序，对照下列条件进行重大火灾隐患综合判定。符合下列情形之一的，综合判定为重大火灾隐患：

（1）人员密集场所存在上述"（3）安全疏散设施及灭火救援条件"的第1）款至第9）款、"（5）防烟排烟设施""（9）其他"第3）款规定的综合判定要素3条及3条以上的。

（2）易燃易爆危险品场所存在上述"（1）总平面布置"第1）款至第3）款、"（4）消防给水及灭火设施"第5）款和第6）款规定的综合判定要素3条及3条以上的。

（3）人员密集场所、易燃易爆危险品场所、重要场所存在上述"1.综合判定要素"规定的任意综合判定要素4条及4条以上的。

（4）其他场所存在上述"1.综合判定要素"规定的任意综合判定要素6条及6条以上的。

第六节 消 防 档 案

一、消防档案的作用

（1）消防档案是消防安全重点单位的"户口簿"。

（2）消防档案反映单位对消防安全管理工作的重视程度。

（3）消防档案是单位检查相关岗位人员履行消防安全职责的实施情况，评判专（兼）职消防（防火）管理人员业务水平、工作能力的一种凭据。

二、消防档案的内容

消防档案主要包括两方面的内容，即消防安全基本情况和消防安全管理情况，并附有必要的图表。

三、消防档案的管理要求

（1）消防档案由消防安全重点单位统一保管、备查。

（2）消防档案要完整和安全。

【练习题】

单项选择题

1. 消防安全重点单位"三项报告"备案制度，不包括（   ）。

A. 消防安全管理人员报告备案   B. 消防设施维护保养报告备案
C. 消防规章制度报告备案   D. 消防安全自我评估报告备案

【参考答案】C 消防安全重点单位实行的"三项报告"备案制度包括消防安全管理人员报告备案、消防设施维护保养报告备案和消防安全自我评估报告备案。

2. 单位在确定消防安全重点部位以后，应加强对消防安全重点部位的管理。下列管理措施中，不属于消防安全重点部位管理措施的是（   ）。

A. 制度管理   B. 隐患管理
C. 标识化管理   D. 教育管理

【参考答案】B 消防安全重点部位确定以后，应从管理的民主性、系统性、科学性着手做好六个方面的管理，以保障单位的消防安全。这六个方面分别是制度管理、标识化管理、教育管理、档案管理、日常管理和应急管理。

3. 对某大型工厂进行防火检查，发现的下列火灾隐患中，可以直接判定为重大火灾隐患的是（   ）。

A. 室外消防给水系统消防泵损坏
B. 将氨压缩机房设置在厂房的地下一层
C. 在主厂房边的消防车道上堆满了货物
D. 在2号车间与3号车间之间的防火间距空地搭建了一个临时仓库

【参考答案】B 根据《重大火灾隐患判定方法》（GB 35181—2017）规定，甲、乙类生产场所和仓库设置在建筑的地下室或半地下室，可直接判定为重大火灾隐患，氨压缩机房属于乙类厂房，故选B。

第三章　社会单位消防安全宣传与教育培训

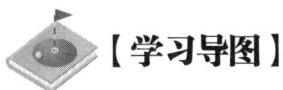
【学习导图】

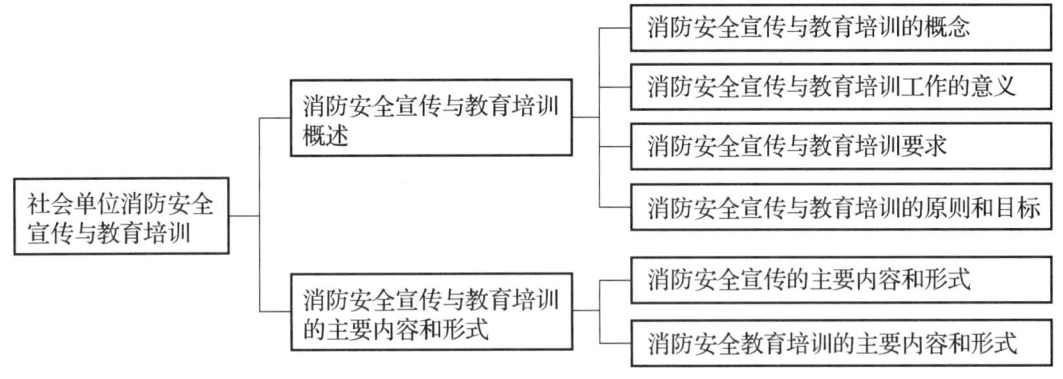

【知识要点】

第一节　消防宣传与教育培训概述

消防安全宣传和教育培训的原则和目标是相同的，都是通过一定的形式和手段帮助人们提高消防安全意识，掌握基本的消防安全常识和防火灭火技能。两者的区别在于：消防安全宣传的对象是各年龄层次的人民群众，在效果方面注重长期性，在内容上侧重于提高人民群众消防安全意识和普及传播基本消防安全常识；消防安全教育培训的对象主要是针对特定群体，在效果方面注重实效性，在内容上侧重于对消防技能的培训。

消防安全宣传与教育培训的原则是：按照"政府统一领导、部门依法监管、单位全面负责、公民积极参与"，实行消防安全宣传与教育培训责任制。

第二节　消防安全宣传与教育培训的主要内容和形式

人员密集场所应当开展下列消防安全宣传工作：

（1）人员密集场所应在安全出口、疏散通道和消防设施等位置设置消防安全提示，结合场所情况，向在场人员提示场所火灾危险性、疏散出口和路线、灭火和逃生设备器材位置及使用方法。

（2）文化娱乐场所、商场市场、宾馆饭店以及大型活动现场应通过电子显示屏、广播或主持人提示等形式向顾客告知安全出口位置和消防安全注意事项。

（3）公共交通运输工具的候车（机、船）场所、站台等应在醒目位置设置消防安全提示，宣传消防安全常识；电子显示屏、车（机、船）载视频和广播系统应经常播放消防安全知识。

社区居民委员会、村民委员会应当确定至少一名专（兼）职消防安全员，具体负责消防安全宣传教育工作。

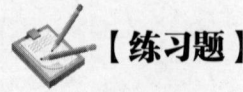【练习题】

单项选择题

根据《社会消防安全教育培训规定》，关于单位消防安全培训的主要内容和形式的说法，错误的是（　　）。

A．各单位应对新上岗和进入新岗位的职工进行上岗前消防安全培训

B．各单位应对在岗的职工每年至少进行一次消防安全培训

C．各单位至少每年组织一次灭火、应急疏散演练

D．各单位职工应具备消除火灾隐患的能力、扑救初起火灾的能力

【参考答案】C　根据《社会消防安全教育培训规定》，单位应当根据本单位的特点，建立健全消防安全教育培训制度，明确机构和人员，保障教育培训工作经费，按照下列规定对职工进行消防安全教育培训：定期开展形式多样的消防安全宣传教育，对新上岗和进入新岗位的职工进行上岗前消防安全培训，对在岗的职工每年至少进行一次消防安全培训，消防安全重点单位每半年至少组织一次、其他单位每年至少组织一次灭火和应急疏散演练。

第四章　应急预案编制与演练

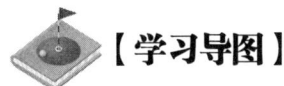
【学习导图】

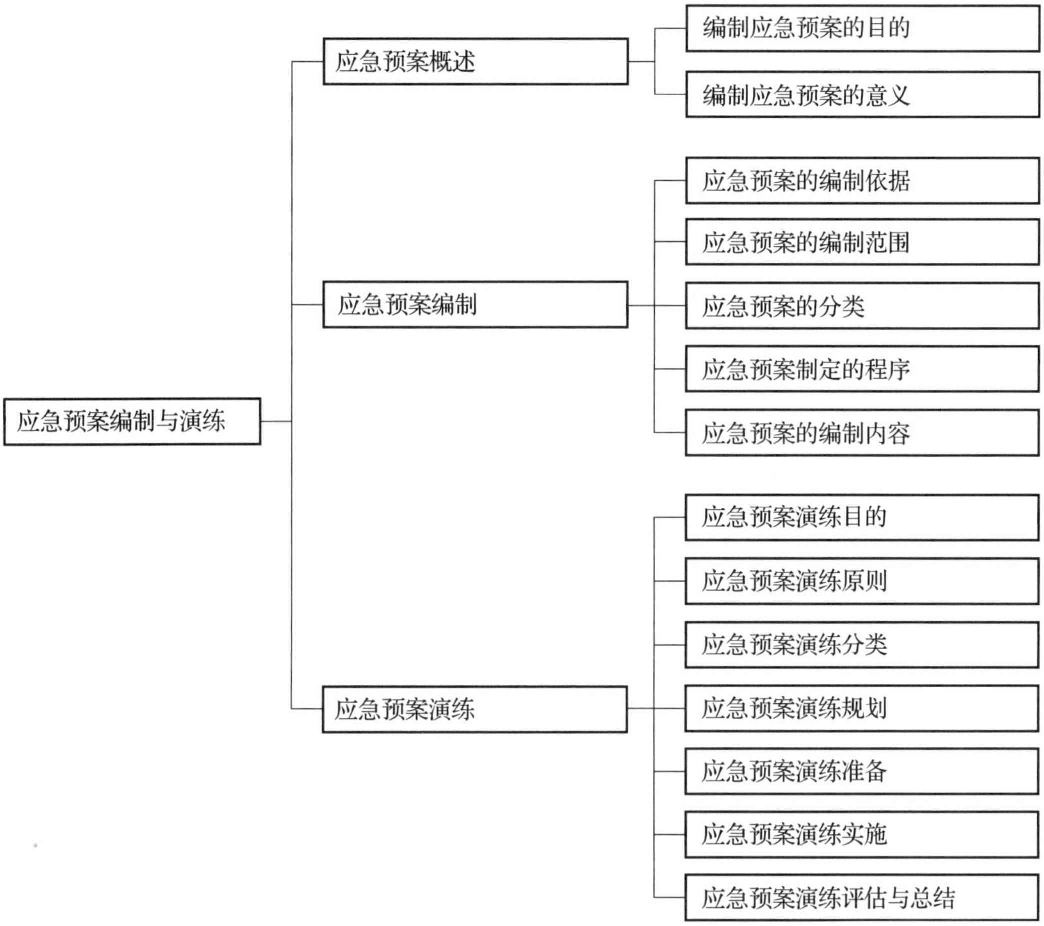

```
                                          ┌─ 编制应急预案的目的
                    ┌─ 应急预案概述 ──────┤
                    │                     └─ 编制应急预案的意义
                    │
                    │                     ┌─ 应急预案的编制依据
                    │                     ├─ 应急预案的编制范围
                    ├─ 应急预案编制 ──────┼─ 应急预案的分类
应急预案编制与演练 ─┤                     ├─ 应急预案制定的程序
                    │                     └─ 应急预案的编制内容
                    │
                    │                     ┌─ 应急预案演练目的
                    │                     ├─ 应急预案演练原则
                    │                     ├─ 应急预案演练分类
                    └─ 应急预案演练 ──────┼─ 应急预案演练规划
                                          ├─ 应急预案演练准备
                                          ├─ 应急预案演练实施
                                          └─ 应急预案演练评估与总结
```

【知识要点】

第一节　应急预案概述

编制应急预案的意义：一是有利于掌握科学施救的主动权。二是有利于促进单位内部相互熟悉。三是有利于增强演练的针对性。

第二节　应急预案编制

一、应急预案的编制依据

应急预案的编制依据主要包括三类：

（1）法规制度依据，包括消防法律法规规章、涉及消防安全的相关法律规定和本单位消防安全制度。

（2）客观依据，包括单位的基本情况、消防安全重点部位情况等。

（3）主观依据，包括员工的文化程度、消防安全素质和防火灭火技能等。

二、应急预案的编制范围

应急预案的编制范围主要包括消防安全重点单位、在建重点工程、其他需要制定应急预案的单位或场所。

三、应急预案的分类

根据火灾类型，应急预案大致划分为以下六类：多层建筑类应急预案、高层建筑类应急预案、地下建筑类应急预案、一般的工矿企业类应急预案、化工类应急预案、其他类应急预案。

四、应急预案制定的程序

一般来说，应急预案制定按照以下程序进行：一是明确范围，明确重点部位。二是调查研究，收集资料。三是科学计算，确定人员力量和器材装备。四是确定灭火救援应急行动意图。五是严格审核，不断充实完善。

第三节　应急预案演练

一、应急预案演练原则

（1）结合实际，合理定位。
（2）着眼实战，讲求实效。
（3）精心组织，确保安全。
（4）统筹规划，厉行节约。

二、应急预案演练分类

按组织形式划分，应急预案演练可分为桌面演练和实战演练。桌面演练是指参演人员利用地图、沙盘、流程图、计算机模拟、视频会议等辅助手段，针对事先假定的演练情景，讨论和推演应急决策及现场处置的过程，从而促进相关人员掌握应急预案中所规定的职责和程序，提高指挥决策和协同配合能力。桌面演练通常在室内完成。实战演练是指参演人员利用应急处置涉及的设备和物资，针对事先设置的突发火灾事故情景及其后续的发展情景，通过实际决策、行动和操作，完成真实应急响应的过程，从而检验和提高相关人员的临场组织指挥、队伍调动、应急处置技能和后勤保障等应急能力。实战演练通常在特定场所进行。

按演练内容划分，应急预案演练可分为单项演练和综合演练。单项演练是指只涉及应急预案中特定应急响应功能或现场处置方案中特定应急响应功能的演练活动。其注重针对一个或少数几个参与单位（岗位）的特定环节和功能进行检验。综合演练是指涉及应急预案中多项或全部应急响应功能的演练活动。其注重对多个环节和功能进行检验，特别是对不同单位（部门）之间应急机制和联合应对能力的检验。

按演练目的与作用划分，应急预案演练可分为检验性演练、示范性演练和研究性演练。检验性演练是指为检验应急预案的可行性、应急准备的充分性、应急机制的协调性及相关人员的应急处置能力而组织的演练。示范性演练是指为向观摩人员展示应急能力或提供示范教学，严格按照应急预案规定开展的表演性演练。研究性演练是指为研究和解决突发火灾事故应急处置的重点、难点问题，试验新方案、新技术、新装备而组织的演练。

三、应急预案演练准备

单位在开展应急预案演练之前，应当做好下列四项准备工作：一是制定演练计划。二是设计演练方案。三是演练动员与培训。四是应急预案演练保障。

【练习题】

一、单项选择题

1. 某大型商场制定了消防应急预案，内容包括初起火灾处置程序和措施。下列处置程序和措施中，错误的（　　）。

　　A. 发现火灾时，起火部位现场员工应当于 3 min 内形成灭火第一战斗力量
　　B. 发现火灾时，应立即打"119"电话报警
　　C. 发现火灾时，安全出口或通道附近的员工应在第一时间负责引导人员进行疏散
　　D. 发现火灾时，消火栓附近的员工应立即利用消火栓灭火

【参考答案】A　起火部位现场员工应当于 1 min 内形成灭火第一战斗力量。

2. 消防应急预案演练可以按照组织形式、演练内容、演练目的与作用等不同分类方法进行划分。下列演练中，属于按照演练内容进行划分的是（　　）。

　　A. 检验性演练　　　　　　　　　　　　B. 综合演练
　　C. 示范性演练　　　　　　　　　　　　D. 研究性演练

【参考答案】B　应急预案演练按演练内容可分为单项演练和综合演练；按演练目的与作用可分为检验性演练、示范性演练和研究性演练。

3. 按《机关、团体、企业、事业单位消防安全管理规定》（公安部令第 61 号）的规定，下列内容中，不属于应急预案编制内容的是（　　）。

　　A. 应急组织机构　　　　　　　　　　　B. 报警和接警处置程序
　　C. 应急疏散的组织程序和措施　　　　　D. 员工的消防培训计划

【参考答案】D　应急预案的编制内容应包括单位的基本情况、应急组织机构、火情预想、报警和接警处置程序、初起火灾处置程序和措施、应急疏散的组织程序和措施、安全防护救护

和通信联络的程序和措施、绘制灭火和应急疏散计划图、注意事项等。员工的消防培训计划不属于应急预案的编制内容。

二、多项选择题

1. 某五星级酒店拟进行应急预案演练，在应急预案演练保障方面，酒店拟从人员、经费、场地、物质和器材等各方面都给予保障，在物质和器材方面，酒店应提供（　　）。

　　A. 信息材料

　　B. 建筑模型

　　C. 应急抢险物资

　　D. 录音摄像设备

　　E. 通信器材

【参考答案】ACDE　应急预案演练应根据需要准备必要的演练材料、物资和器材，制作必要的模型设施等，主要包括：①信息材料：主要包括应急预案和演练方案的纸质文本、演示文档、图表、地图、软件等。②物资设备：主要包括各种应急抢险物资、特种装备、办公设备、录音摄像设备、信息显示设备等。③通信器材：主要包括固定电话、移动电话、对讲机、海事电话、传真机、计算机、无线局域网、视频通信器材和其他配套器材，尽可能使用已有通信器材。④演练情景模型：应搭建必要的模拟场景及装置设施。

2. 某高层宾馆按照指定的消防应急预案，组织进行灭火和应急疏散演练。下列程序中，正确的有（　　）。

　　A. 确认火灾后，消防控制室值班人员先报告值班领导

　　B. 接到火警后，立即通知保安人员进行确认

　　C. 确认火灾后，消防控制室值班人员立即将火灾报警联动控制开关转入自动状态，同时拨打"119"报警电话报警

　　D. 确认火灾后，通知宾馆内各层客人疏散

　　E. 确认火灾后，组织宾馆专业消防队进行初期灭火

【参考答案】CDE　火灾发生时，消防控制室的值班人员按照下列应急程序处置火灾：①接到火灾警报后，值班人员立即以最快方式确认火灾。②火灾确认后，值班人员立即确认火灾报警联动控制开关处于自动控制状态，同时拨打"119"报警电话准确报警；报警时需要说明着火单位地点、起火部位、着火物种类、火势大小、报警人姓名和联系电话等。③值班人员立即启动单位应急疏散和初起火灾扑救灭火预案，同时报告单位消防安全负责人。

第五章 施工现场消防安全管理

【学习导图】

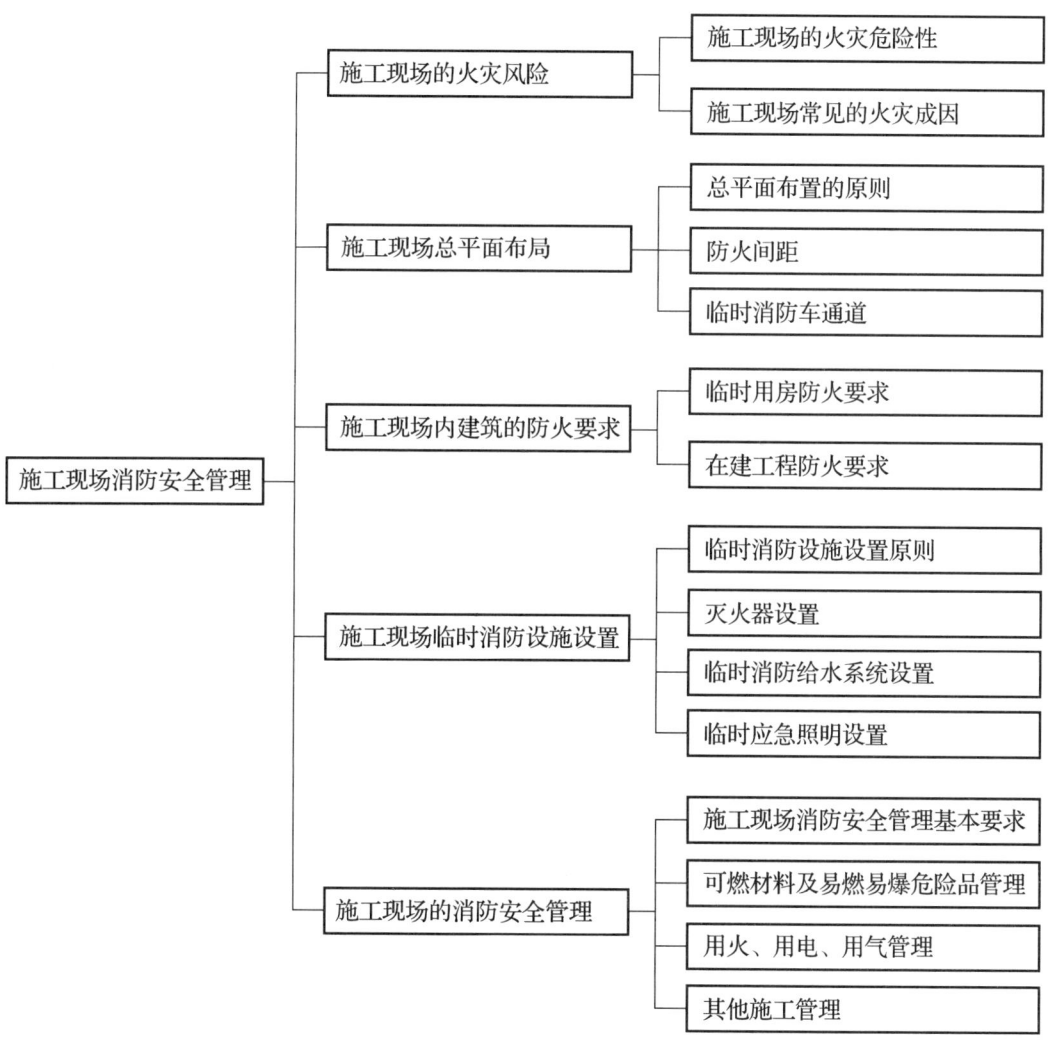

【知识要点】

第一节　施工现场的火灾风险

一、施工现场的火灾危险性

（1）易燃、可燃材料多。
（2）临建设施多，防火标准低。
（3）动火作业多。
（4）临时用电安全隐患大。
（5）施工临时员工多，流动性强，素质参差不齐。
（6）既有建筑进行扩建、改建火灾危险性大。
（7）易燃、可燃的隔音、保温材料用量大。
（8）现场施工消防安全管理不善。

二、施工现场常见的火灾成因

（1）焊接、切割作业引发的火灾。
（2）电气故障引发的火灾。
（3）用火不慎、遗留火种。

第二节　施工现场总平面布局

一、总平面布置的原则

（一）明确总平面布局内容

下列临时用房和临时设施应纳入施工现场总平面布局：
（1）施工现场的出入口、围墙、围挡。
（2）施工现场内的临时道路。
（3）给水管网或管路，以及配电线路敷设或架设的走向、高度。
（4）施工现场办公用房、宿舍、发电机房、变配电房、可燃材料库房、易燃易爆危险品库房、可燃材料堆场及其加工场、固定动火作业场等。
（5）临时消防车道、消防救援场地和消防水源。

（二）重点区域的布置原则

1. 施工现场出入口的设置原则

施工现场出入口的设置应满足消防车通行的要求，并宜布置在不同方向，其数量不宜少于2个。当确有困难只能设置1个出入口时，应在施工现场内设置满足消防车通行的环形道路。

2. 固定动火作业场的布置原则

固定动火作业场应布置在可燃材料堆场及其加工场、易燃易爆危险品库房等全年最小频率风向的上风侧;宜布置在临时办公用房、宿舍、可燃材料库房、在建工程等全年最小频率风向的上风侧。

3. 危险品库房的布置原则

易燃易爆危险品库房应远离明火作业区、人员密集区和建筑物相对集中区。可燃材料堆场及其加工场、易燃易爆危险品库房不应布置在架空电力线下。

二、防火间距

(一)临建用房与在建工程的防火间距

(1)人员住宿、可燃材料及易燃易爆危险品储存等场所严禁设置于在建工程内。
(2)易燃易爆危险品库房与在建工程应保持足够的防火间距。
(3)可燃材料堆场及其加工场、固定动火作业场与在建工程的防火间距不应小于 10 m。
(4)其他临时用房、临时设施与在建工程的防火间距不应小于 6 m。

(二)临建用房间的防火间距

(1)施工现场主要临时用房、临时设施的防火间距不应小于下表规定。

名称	办公用房、宿舍	发电机房、变配电房	可燃材料库房	厨房操作间、锅炉房	可燃材料堆场及其加工场	固定动火作业场	易燃易爆危险品库房
办公用房、宿舍	4	4	5	5	7	7	10
发电机房、变配电房	4	4	5	5	7	7	10
可燃材料库房	5	5	5	5	7	7	10
厨房操作间、锅炉房	5	5	5	5	7	7	10
可燃材料堆场及其加工场	7	7	7	7	7	10	10
固定动火作业场	7	7	7	7	10	10	12
易燃易爆危险品库房	10	10	10	10	10	12	12

1)临时用房、临时设施的防火间距应按临时用房外墙外边线或堆场、作业场、作业棚边线间的最小距离计算,如临时用房外墙有凸出可燃构件时,应从其凸出可燃构件的外缘算起。

2)两栋临时用房相邻较高一面的外墙为防火墙时,防火间距不限。

3)上表未规定的,可按同等火灾危险性的临时用房、临时设施的防火间距确定。

(2)当办公用房、宿舍成组布置时,其防火间距可适当减小,但应符合以下要求:

1)每组临时用房的栋数不应超过 10 栋,组与组之间的防火间距不应小于 8 m。

2)组内临时用房之间的防火间距不应小于 3.5 m;当建筑构件燃烧性能等级为 A 级时,其防火间距可减少到 3 m。

三、临时消防车通道

施工现场需要设置消防车通道,同时布置相应的消防救援场地。

(一)临时消防车通道设置要求

(1)施工现场内应设置临时消防车通道,同时,考虑灭火救援的安全以及供水的可靠,临时消防车道与在建工程、临时用房、可燃材料堆场及其加工场的距离,不宜小于 5 m,且不宜大于 40 m。

(2)施工现场周边道路满足消防车通行及灭火救援要求时,施工现场内可不设置临时消防车通道。

(3)临时消防车通道宜为环形,如设置环形车道确有困难,应在消防车通道尽端设置尺寸不小于 12 m×12 m 的回车场。

(4)临时消防车通道的净宽度和净空高度均不应小于 4 m。

(5)临时消防车通道的右侧应设置消防车行进路线指示标识。

(6)临时消防车通道路基、路面及其下部设施应能承受消防车通行压力及工作荷载。

(二)临时消防救援场地的设置

下列施工现场需设临时消防救援场地:

(1)建筑高度大于 24 m 的在建工程。

(2)建筑工程单体占地面积大于 3 000 m^2 的在建工程。

(3)超过 10 栋,且为成组布置的临时用房。

临时消防救援场地的设置要求:

(1)临时消防救援场地应在在建工程装饰装修阶段设置。

(2)临时消防救援场地应设置在成组布置的临时用房场地的长边一侧及在建工程的长边一侧。

(3)场地宽度应满足消防车正常操作要求且不应小于 6 m,与在建工程外脚手架的净距不宜小于 2 m,且不宜超过 6 m。

第三节 施工现场内建筑的防火要求

一、临时用房防火要求

(一)宿舍、办公用房的防火要求

对临时搭建的宿舍、办公用房提出下列防火设计要求:

(1)建筑构件的燃烧性能等级应为 A 级。当临时用房是金属夹芯板时,其芯材的燃烧性能等级应为 A 级。

(2)建筑层数不应超过 3 层,每层建筑面积不应大于 300 m^2。

(3)建筑层数为 3 层或每层建筑面积大于 200 m^2 时,应设置不少于 2 部疏散楼梯,房间疏散门至疏散楼梯的最大距离不应大于 25 m。

(4)单面布置用房时,疏散走道的净宽度不应小于 1.0 m;双面布置用房时,疏散走道的净宽度不应小于 1.5 m。

（5）疏散楼梯的净宽度不应小于疏散走道的净宽度。

（6）宿舍房间的建筑面积不应大于 30 m²，其他房间的建筑面积不宜大于 100 m²。

（7）房间内任一点至最近疏散门的距离不应大于 15 m，房门的净宽度不应小于 0.8 m；房间建筑面积超过 50 m² 时，房门的净宽度不应小于 1.2 m。

（8）隔墙应从楼地面基层隔断至顶板基层底面。

（二）特殊用房的防火要求

施工现场内诸如发电机房、变配电房、厨房操作间、锅炉房、可燃材料和易燃易爆危险品库房，是施工现场火灾危险性较大的临时用房，防火设计应符合下列要求：

（1）建筑构件的燃烧性能等级应为 A 级。

（2）建筑层数应为 1 层，建筑面积不应大于 200 m²；可燃材料、易燃易爆危险品存放库房应分别布置在不同临时用房内，每栋临时用房的面积均不应超过 200 m²。

（3）可燃材料库房应采用不燃材料将其分隔成若干间库房，如施工过程中某种易燃易爆危险品需用量大，可分别存放于多间库房内。单个房间的建筑面积不应超过 30 m²，易燃易爆危险品库房单个房间的建筑面积不应超过 20 m²。

（4）房间内任一点至最近疏散门的距离不应大于 10 m，房门的净宽度不应小于 0.8 m。

（三）其他防火要求

不同使用功能的临时用房可按规定组合建造。组合建造时，两种不同使用功能的临时用房之间应采用不燃材料进行防火分隔，其防火要求应以等级要求较高的临时用房为准。组合建造一般应满足以下要求：

（1）宿舍、办公用房不应与厨房操作间、锅炉房、变配电房等组合建造。

（2）施工现场人员较为密集的用房，如会议室、文化娱乐室、培训室、餐厅等房间应设置在临时用房的第一层，其疏散门应向疏散方向开启。

二、在建工程防火要求

（一）临时疏散通道的防火要求

（1）在建工程作业场所的临时疏散通道应采用不燃、难燃材料建造并与在建工程结构施工同步设置，临时疏散通道应具备与疏散要求相匹配的耐火性能，其耐火极限不应低于 0.50 h。

（2）临时疏散通道应具备与疏散要求相匹配的通行能力。设置在地面上的临时疏散通道，其净宽度不应小于 1.5 m；利用在建工程施工完毕的水平结构、楼梯作临时疏散通道，其净宽度不应小于 1.0 m；用于疏散的爬梯及设置在脚手架上的临时疏散通道，其净宽度不应小于 0.6 m。

（3）临时疏散通道为坡道，且坡度大于 25° 时，应修建楼梯或台阶踏步或设置防滑条。

（4）临时疏散通道应具备与疏散要求相匹配的承载能力。临时疏散通道不宜采用爬梯，确需采用爬梯时，应有可靠固定措施。

（5）临时疏散通道应保证疏散人员安全，侧面如为临空面，必须沿临空面设置高度不小于 1.2 m 的防护栏杆。

（6）临时疏散通道如搭设在脚手架上，脚手架作为疏散通道的支撑结构，其承载力和耐火性能应满足相关要求。进行脚手架刚度、强度、稳定性验算时，应考虑人员疏散荷载。脚手架应采用不燃材料搭设，其耐火性能不应低于疏散通道的耐火性能。

（7）临时疏散通道应保证人员有序疏散，应设置明显的疏散指示标识及应急照明设施。

(二)既有建筑进行扩建、改建施工的防火要求

既有建筑进行扩建、改建施工时,必须明确划分施工区和非施工区。施工区不得营业、使用和居住;非施工区继续营业、使用和居住时,应符合下列要求:

(1)施工区和非施工区之间应采用不开设门、窗、洞口的耐火极限不低于3.0 h的不燃烧体隔墙进行防火分隔。

(2)非施工区内的消防设施应完好和有效,疏散通道应保持畅通,并应落实日常值班及消防安全管理制度。

(3)施工区的消防安全应配有专人值守,发生火情应能立即处置。

(4)施工单位应向居住和使用者进行消防宣传教育,告知建筑消防设施、疏散通道的位置及使用方法,同时应组织进行疏散演练。

(5)外脚手架搭设不应影响安全疏散、消防车正常通行及灭火救援操作。

(三)其他防火要求

1. 外脚手架、支模架

外脚手架、支模架的架体宜采用不燃或难燃材料搭设。其中,高层建筑和既有建筑改造工程的外脚手架、支模架的架体应采用不燃材料搭设。

2. 安全网

外脚手架的安全防护立网将整个在建工程包裹或封闭其中。下列安全防护网应采用阻燃型安全防护网:

(1)高层建筑外脚手架的安全防护网。

(2)既有建筑外墙改造时,其外脚手架的安全防护网。

(3)临时疏散通道的安全防护网。

3. 安全疏散

作业层的醒目位置应设置安全疏散示意图,作业场所应设置明显的疏散指示标志,其指示方向应指向最近的临时疏散通道入口。

第四节 施工现场临时消防设施设置

一、临时消防设施设置原则

临时消防设施的设置需要遵循同步设置、合理设置等原则。

(1)为保证施工现场消防水泵供电的可靠性,消防水泵应由引至施工现场总配电箱的总断路器上端的专用配电线路供电,且应保持不间断供电。

(2)地下工程的施工作业场所宜配备防毒面具。

(3)为便于临时消防设施使用,临时消防给水系统的蓄水池、消火栓泵、室内消防竖管及水泵接合器等,应设有醒目标识。

二、灭火器设置

(一)设置场所

施工现场的下列场所应配置灭火器:

（1）易燃易爆危险品存放及使用场所。
（2）动火作业场所。
（3）可燃材料存放、加工及使用场所。
（4）厨房操作间、锅炉房、发电机房、变配电房、设备用房、办公用房、宿舍等临时用房。
（5）其他具有火灾危险的场所。

（二）设置要求

施工现场灭火器设置应符合下列规定：

（1）施工现场的某些场所，既可能发生固体火灾，也可能发生液体、气体火灾或电气火灾，在选配灭火器时，应选用与配备场所可能发生火灾类型匹配，且能扑灭多类火灾的灭火器。

（2）灭火器的最低配置标准应符合下表的规定。

灭火器最低配置标准

项目	固体物质火灾		液体或可熔化固体物质火灾、气体火灾	
	单具灭火器最小灭火级别	单位灭火级别最大保护面积/（m²/A）	单具灭火器最小灭火级别	单位灭火级别最大保护面积/（m²/B）
易燃易爆危险品存放及使用场所	3A	50	89B	0.5
固定动火作业场	3A	50	89B	0.5
临时动火作业点	2A	50	55B	0.5
可燃材料存放、加工及使用场所	2A	75	55B	1.0
厨房操作间、锅炉房	2A	75	55B	1.0
自备发电机房	2A	75	55B	1.0
变配电房	2A	75	55B	1.0
办公用房、宿舍	1A	100	—	—

（3）灭火器的最大保护距离应符合下表的规定。

灭火器的最大保护距离　　　　　　　　　　　（单位：m）

灭火器配置场所	固体物质火灾	液体或可熔化固体物质火灾、气体火灾
易燃易爆危险品存放及使用场所	15	9
固定动火作业场	15	9
临时动火作业点	10	6
可燃材料存放、加工及使用场所	20	12

灭火器配置场所	固体物质火灾	液体或可熔化固体物质火灾、气体火灾
厨房操作间、锅炉房	20	12
发电机房、变配电房	20	12
办公用房、宿舍等	25	—

三、临时消防给水系统设置

(一) 消防水源的消防用水量

1. 消防水源

(1) 消防水源是设置临时消防给水系统的基本条件,要求施工现场或其附近应设置稳定、可靠的水源,并应能满足施工现场临时消防用水的需要。

(2) 消防水源可采用市政给水管网或天然水源。当采用天然水源时,应采取措施确保冰冻季节、枯水期最低水位时顺利取水,并满足临时消防用水量的要求。

2. 消防用水量

(1) 施工现场的临时消防用水量应为临时室外消防用水量和临时室内消防用水量的总和,消防水源应满足临时消防用水量的要求。

(2) 临时室外消防用水量应按临时用房和在建工程的临时室外消防用水量的较大者确定,施工现场火灾次数可按同时发生 1 次确定。

(二) 临时室外消防给水系统设置要求

1. 设置条件

临时用房建筑面积之和大于 1 000 m² 或在建工程单体体积大于 10 000 m³ 时,应设置临时室外消防给水系统。当施工现场处于市政消火栓 150 m 保护范围内且市政消火栓的数量满足室外消防用水量要求时,可不设置临时室外消防给水系统。

2. 室外消防用水量

(1) 临时用房的临时室外消防用水量不应小于下表的规定。

临时用房的临时室外消防用水量

临时用房的建筑面积之和	火灾延续时间 /h	消火栓用水量 /(L/s)	每支水枪最小流量 /(L/s)
1 000 m² < 面积 ≤ 5 000 m²	1	10	5
面积 > 5 000 m²		15	5

(2) 在建工程的临时室外消防用水量不应小于下表的规定。

在建工程的临时室外消防用水量

在建工程(单体)体积	火灾延续时间 /h	消火栓用水量 /(L/s)	每支水枪最小流量 /(L/s)
10 000 m³ < 体积 ≤ 30 000 m³	1	15	5
体积 > 30 000 m³	2	20	5

3. 设置要求

（1）临时给水管网宜根据施工现场实际情况布置成环状。

（2）临时室外消防给水干管的管径应依据施工现场临时消防用水量和干管内水流计算速度进行计算确定，且最小管径不应小于 DN 100 mm。

（3）室外消火栓应沿在建工程、临时用房及可燃材料堆场及其加工场均匀布置，距在建工程、临时用房及可燃材料堆场及其加工场的外边线不应小于 5 m。

（4）室外消火栓的间距不应大于 120 m。

（5）室外消火栓的最大保护半径不应大于 150 m。

（三）临时室内消防给水系统设置要求

1. 设置条件

建筑高度大于 24 m 或单体体积超过 30 000 m³ 的在建工程，应设置临时室内消防给水系统。

2. 室内消防用水量

临时室内消防给水系统的消防用水量不应小于下表的规定。

在建工程的临时室内消防用水量

建筑高度、在建工程体积 / 单体	火灾延续时间 /h	消火栓用水量 /（L/s）	每支水枪最小流量 /（L/s）
24 m ＜建筑高度≤ 50 m 或 30 000 m³＜体积≤ 50 000 m³	1	10	5
建筑高度＞ 50 m 或 体积＞ 50 000 m³	1	15	5

3. 设置要求

（1）室内消防竖管设置要求。①消防竖管的设置位置应便于消防人员操作，其数量不应少于 2 根，当结构封顶时，应将消防竖管设置成环状。②消防竖管的管径应根据在建工程临时消防用水量、竖管内水流计算速度进行计算确定，且不应小于 DN 100 mm。

（2）消防水泵接合器设置要求。设置室内消防给水系统的在建工程，应设消防水泵接合器。消防水泵接合器应设置在室外便于消防车取水的部位，与室外消火栓或消防水池取水口的距离宜为 15～40 m。

（3）室内消火栓快速接口及消防软管设置要求。设置临时室内消防给水系统的在建工程，各结构层均应设置室内消火栓接口及消防软管接口，并应符合下列要求：①在建工程的室内消火栓接口及软管接口应设置在位置明显且易于操作的部位。②消火栓接口的前端应设置截止阀。③消火栓接口或软管接口的间距，多层建筑不大于 50 m，高层建筑不大于 30 m。

（4）消防水带、水枪及软管设置要求。为确保消防水带、水枪及软管的设置既可以满足初起火灾的扑救要求，又可以减少消防水带和水枪的配置，便于维护和管理，在建工程结构施工完毕的每层楼梯处，应设置消防水带、水枪及软管，且每个设置点不应少于 2 套。

（5）中转水池及加压水泵设置要求。建筑高度超过 100 m 的在建工程，应在适当楼层增设楼层中转水池及加压水泵。中转水池的有效容积不应小于 10 m³；上、下两个中转水池的高差不宜超过 100 m。

（四）其他设置要求

（1）临时消防给水系统的给水压力应满足消防水枪充实水柱长度不小于 10 m 的要求；给水压力不能满足要求时，应设置消火栓泵，消火栓泵不应少于 2 台，且应互为备用；消火栓泵宜设置自动启动装置。

（2）当外部消防水源不能满足施工现场的临时消防用水量要求时，应在施工现场设置临时蓄水池。临时蓄水池宜设置在便于消防车取水的部位，其有效容积不应小于施工现场火灾延续时间内一次灭火的全部消防用水量。

（3）施工现场临时消防给水系统应与施工现场生产、生活给水系统合并设置，但应设置将生产、生活用水转为消防用水的应急阀门。应急阀门不应超过 2 个，且应设置在易于操作的场所，并设置明显标识。

（4）严寒和寒冷地区的现场临时消防给水系统，应采取防冻措施。

四、临时应急照明设置

（一）临时应急照明设置场所

（1）自备发电机房及变配电房。
（2）水泵房。
（3）无天然采光的作业场所及疏散通道。
（4）高度超过 100 m 的在建工程的室内疏散通道。
（5）发生火灾时仍需坚持工作的其他场所。

（二）临时应急照明设置要求

（1）作业场所应急照明的照度不应低于正常工作所需照度的 90%，疏散通道的照度值不应小于 0.5 lx。

（2）临时消防应急照明灯具宜选用自备电源的应急照明灯具，自备电源的连续供电时间不应小于 60 min。

第五节　施工现场的消防安全管理

一、用火、用电、用气管理

施工现场用火、用电、用气管理要求如下：

（一）用火管理

1. 动火作业管理

动火作业是指在施工现场进行明火、爆破、焊接、气割或采用酒精炉、煤油炉、喷灯、砂轮、电钻等工具进行可能产生火焰、火花和炽热表面的临时性作业。

为保证动火作业安全，施工现场动火作业应符合下列要求：

（1）施工现场动火作业前，应由动火作业人提出动火作业申请。动火作业申请至少应包含动火作业的人员、内容、部位或场所、时间、作业环境及灭火救援措施等内容。

（2）《动火许可证》的签发人收到动火申请后，应前往现场查验，在确认动火作业的防火措施落实后方可签发《动火许可证》。

（3）动火操作人员应按照相关规定，具有相应资格，并持证上岗作业。

（4）焊接、切割、烘烤或加热等动火作业前，应对作业现场的可燃物进行清理；作业现场及其附近无法移走的可燃物，应采用不燃材料对其覆盖或隔离。

（5）施工作业安排时，宜将动火作业安排在使用可燃建筑材料的施工作业前进行。确需在使用可燃建筑材料的施工作业之后进行动火作业，应采取可靠的防火措施。

（6）严禁在裸露的可燃材料上直接进行动火作业。

（7）焊接、切割、烘烤或加热等动火作业，应配备灭火器材，并设动火监护人进行现场监护，每个动火作业点均应设置一个监护人。

（8）五级（含五级）以上风力时，应停止焊接、切割等室外动火作业。

（9）动火作业后，应对现场进行检查，确认无火灾危险后，动火操作人员方可离开。

2. 其他用火管理

（1）施工现场存放和使用易燃易爆危险品的场所（如油漆间、液化气间等），严禁明火。

（2）施工现场不应采用明火取暖。

（3）厨房操作间炉灶使用完毕后，应将炉火熄灭，排油烟机及油烟管道应定期清理油垢。

（二）用电管理

施工现场用电，应符合下列要求：

（1）施工现场供用电设施的设计、施工、运行、维护应符合有关技术标准规范要求。

（2）电气线路应具有相应的绝缘强度和机械强度，严禁使用绝缘老化或失去绝缘性能的电气线路，严禁在电气线路上悬挂物品。破损、烧焦的插座、插头应及时更换。

（3）电气设备特别是易产生高热的设备，应与可燃、易燃易爆和腐蚀性物品保持一定的安全距离。

（4）有爆炸危险的场所，按危险场所等级选用相应的电气设备。

（5）配电屏上每个电气回路应设置漏电保护器、过载保护器，距配电屏 2 m 范围内不应堆放可燃物，5 m 范围内不应设置可能产生较多易燃易爆气体、粉尘的作业区。

（6）可燃材料库房不应使用高热灯具，易燃易爆危险品库房内应使用防爆灯具。

（7）普通灯具与易燃物距离不宜小于 300 mm；聚光灯、碘钨灯等高热灯具与易燃物距离不宜小于 500 mm。

（8）电气设备不应超负荷运行或带故障使用。

（9）禁止私自改装现场供用电设施；现场供用电设施的改装应经具有相应资质的电气工程师批准，并由具有相应资质的电工实施。

（10）应定期对电气设备和线路的运行及维护情况进行检查。

（三）用气管理

施工现场常用的瓶装氧气、乙炔、液化气等气体，一旦储装气体的气瓶及其附件不合格或违规储装、运输、存放、使用气体便极易导致火灾、爆炸等危害，因此，施工现场用气，应符合下列要求：

（1）储装气体的罐瓶及其附件应合格、完好和有效；严禁使用减压器及其他附件缺损的氧气瓶，严禁使用乙炔专用减压器、回火防止器及其他附件缺损的乙炔瓶。

（2）气瓶运输、存放、使用时，应符合下列规定：

1）气瓶应保持直立状态，并采取防倾倒措施，乙炔瓶严禁横躺卧放。

2）严禁碰撞、敲打、抛掷、滚动气瓶。

3）气瓶应远离火源，距火源距离不应小于10 m，并应采取避免高温和防止曝晒的措施。

4）燃气储装瓶罐应设置防静电装置。

（3）气瓶应分类储存，库房内通风良好；空瓶和实瓶同库存放时，应分开放置，两者间距不应小于1.5 m。

（4）气瓶使用时，应符合下列规定：

1）使用前，应检查气瓶及气瓶附件的完好性，检查连接气路的气密性，并采取避免气体泄漏的措施，严禁使用已老化的橡皮气管。

2）氧气瓶与乙炔瓶的工作间距不应小于5 m，气瓶与明火作业点的距离不应小于10 m。

3）冬季使用气瓶，如气瓶的瓶阀、减压器等发生冻结，严禁用火烘烤或用铁器敲击瓶阀，禁止猛拧减压器的调节螺丝。

4）氧气瓶内剩余气体的压力不应小于0.1 MPa。

5）气瓶用后，应及时归库。

二、其他施工管理

施工现场还要设置防火标识，同时做好临时消防设施的维护管理。

（一）设置防火标识

施工现场的临时防火部位或区域，应在醒目位置设置防火警示标识。

（二）做好临时消防设施维护

（1）施工现场的临时消防设施受外部环境、交叉作业影响，易失效、损坏或丢失，施工单位应做好施工现场临时消防设施的日常维护工作，对已失效、损坏或丢失的消防设施，应及时更换、修复或补充。

（2）临时消防车道、临时疏散通道、安全出口应保持畅通，不得遮挡、挪动疏散指示标识，不得挪用消防设施。

（3）施工现场尚未完工前，临时消防设施及临时疏散设施不应被拆除，并应确保其有效使用。

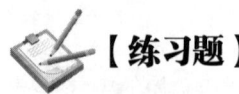【练习题】

单项选择题

1. 在建工程施工过程中，施工现场的消防安全负责人应定期组织消防安全管理人员对施工现场的消防安全进行检查。施工现场定期防火检查内容不包括（　　）。

　　A. 防火巡查是否有记录　　　　　　B. 动火作业的防火措施是否落实

　　C. 临时消防设施是否有效　　　　　D. 临时消防车道是否畅通

【参考答案】A　施工过程中，施工现场的消防安全负责人应定期组织消防安全管理人员对施工现场的消防安全进行检查。消防安全检查应包括下列主要内容：①可燃物及易燃易爆危险品的管理是否落实。②动火作业的防火措施是否落实。③用火、用电、用气是否存在违章操作，电、气焊及保温防水施工是否执行操作规程。④临时消防设施是否完好有效。⑤临时消防车道及临时疏散设施是否畅通。

2. 某建筑工程施工现场按照现行国家消防技术标准的规定，配置临时消防设施，临时消防应急照明灯具选用自备电源的应急照明灯具时，自备电源的连续供电时间不应小于（　　）min。

A. 30　　　　　　　　　　　　B. 60
C. 40　　　　　　　　　　　　D. 50

【参考答案】B　临时消防应急照明灯具宜选用自备电源的应急照明灯具，自备电源的连续供电时间不应小于60 min。

第六章 大型群众性活动消防安全管理

【学习导图】

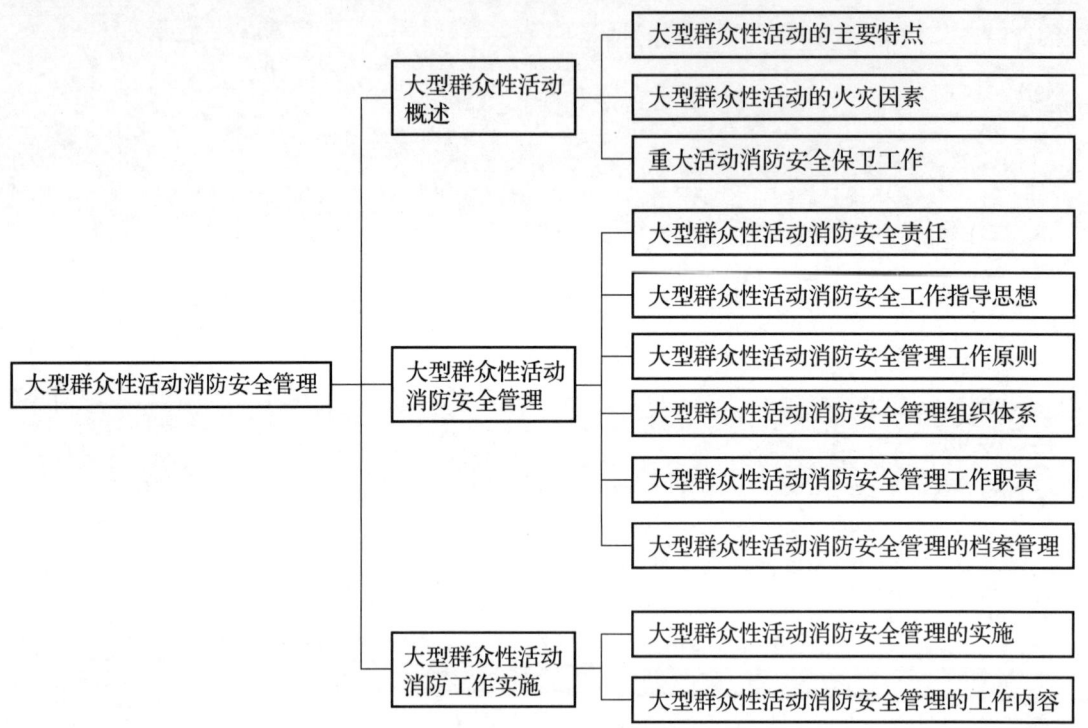

【知识要点】

第一节 大型群众性活动概述

一、大型群众性活动的概念

大型群众性活动即《大型群众性活动安全管理条例》规定的法人或者其他组织面向社会公众举办的每场次预计参加人数达到1 000人以上的活动,包括体育比赛、演唱会、音乐会、展览、展销、游园、灯会、庙会、花会、焰火晚会以及人才招聘会、现场开奖的彩票销售等活动。

二、大型群众性活动的主要特点和火灾因素

知识点	主要内容
大型群众性活动的主要特点	规模大
	临时性
	协调难
大型群众性活动的火灾因素	电气引起火灾
	明火管理不善引起火灾
	吸烟不慎引起火灾
	燃放烟花爆竹引起火灾

三、重大活动消防安全保卫工作

（一）重大活动的特点

重大活动具有以下特点：场所复杂、筹备期长、社会影响大、参与人数众多、多种活动交织。

（二）重大活动消防安全保卫工作原则

（1）坚持预防为主的原则。
（2）坚持依法管理的原则。
（3）坚持群众参与的原则。

第二节　大型群众性活动消防安全管理

一、大型群众性活动消防安全责任

大型群众性活动的承办者对其承办活动的安全负责，承办者的主要负责人为大型群众性活动的安全责任人。消防安全作为大型群众性活动安全工作的重要部分，其消防安全责任也应由承办者及承办者的主要负责人负责。

举办大型群众性活动，承办人应当依法向公安机关申请安全许可，制定灭火和应急疏散预案并组织演练，明确消防安全责任分工，确定消防安全管理人员，保持消防设施和消防器材配置齐全、完好有效，保证疏散通道、安全出口、疏散指示标志、应急照明和消防车通道符合消防技术标准和管理规定。

活动场地的产权单位应当向大型群众性活动的承办单位提供符合消防安全要求的建筑物、场所和场地。

二、大型群众性活动消防安全工作指导思想

大型群众性活动的举办应坚持"预防为主，防消结合"的方针。

三、大型群众性活动消防安全管理工作原则

大型群众性活动消防安全管理工作必须坚持以下五个原则：一是以人民为中心，减少火

灾。二是居安思危，预防为主。三是统一领导，分级负责。四是依法申报，加强监管。五是快速反应，协同应对。

四、大型群众性活动消防安全管理组织体系

举办大型群众性活动的单位，应结合本单位实际和活动需要，成立由单位消防安全责任人（法定代表人或主要领导）任组长、消防安全管理人及单位副职领导（专、兼职）为副组长、各部门领导为成员的消防安全保卫工作领导小组，统一指挥协调大型群众性活动的消防安全保卫工作。领导小组应设灭火行动组、通信保障组、疏散引导组、安全防护救护组和防火巡查组。

五、大型群众性活动消防安全管理工作职责

（一）承办单位消防安全责任人

承办单位消防安全责任人作为大型群众性活动消防安全保卫工作领导小组组长，是大型群众性活动消防安全工作的第一责任人，必须履行以下消防安全职责：

（1）贯彻执行消防法律法规，保障承办活动消防安全符合规定，掌握活动的消防安全情况。

（2）将消防工作与承办的大型群众性活动统筹安排，批准实施大型群众性活动消防安全工作方案。

（3）为大型群众性活动的消防安全提供必要的经费和组织保障。

（4）确定逐级消防安全责任，批准实施消防安全制度和保障消防安全的操作规程。

（5）组织防火巡查、防火检查，督促落实火灾隐患整改，及时处理涉及消防安全的重大问题。

（6）根据消防法律法规的规定建立志愿消防队。

（7）组织制定符合大型群众性活动实际的灭火和应急疏散预案，并实施演练。

（8）依法向当地消防机构申报举办大型群众性活动的消防安全检查手续，在取得合法手续的前提下方可举办。

（二）承办单位消防安全管理人

承办单位消防安全管理人作为大型群众性活动消防安全保卫工作领导小组副组长，对大型群众性活动承办单位的消防安全责任人负责，并组织落实下列消防安全管理工作：

（1）拟订大型群众性活动消防安全工作方案，组织实施大型群众性活动的消防安全管理工作。

（2）组织制订消防安全制度和保障消防安全的操作规程并检查督促其落实。

（3）拟订消防安全工作的资金投入和组织保障方案。

（4）组织实施防火巡查、防火检查和火灾隐患整改工作。

（5）组织实施对承办活动所需的消防设施、灭火器材和消防安全标志进行检查，确保其完好有效，确保疏散通道和安全出口畅通。

（6）组织管理志愿消防队。

（7）对参加活动的演职、服务、保障等人员进行消防知识、技能的宣传教育和培训，组织灭火和应急疏散预案的实施和演练。

（8）单位消防安全责任人委托的其他消防安全管理工作。

（9）协调活动场地所属单位做好相关消防安全工作。

消防安全管理人应当定期向消防安全责任人报告消防安全情况，及时报告涉及消防安全的

重大问题。未确定消防安全管理人的，消防安全管理工作由单位消防安全责任人负责实施。

六、大型群众性活动消防安全管理的档案管理

大型群众性活动的承办单位应当建立健全承办活动的消防档案。

第三节 大型群众性活动消防工作实施

一、大型群众性活动消防安全管理的实施

大型群众性活动的消防安全工作主要分为前期筹备、集中审批和现场保卫三个阶段。

二、大型群众性活动消防安全管理的工作内容

大型群众性活动的消防安全管理包括防火巡查、防火检查以及制定灭火和应急疏散预案等内容。

（一）防火巡查

大型群众性活动应当组织具有专业消防知识和技能的巡查人员在活动举办前 2 h 进行一次防火巡查；在活动举办全程开展防火巡查；活动结束时应当对活动现场进行检查，消除遗留火种。防火巡查的内容应包括以下几个方面：

（1）及时纠正违章行为。
（2）妥善处置火灾危险，无法当场处置的，应当立即报告。
（3）发现初起火灾应当立即报警并及时扑救。

防火巡查应当填写巡查记录，巡查人员及其主管人员应当在巡查记录上签名。

（二）防火检查

大型群众性活动应当在活动前 12 h 内进行防火检查。检查的内容应当包括：

（1）消防机构所提意见的整改情况以及防范措施的落实情况。
（2）安全疏散通道、疏散指示标志、应急照明和安全出口情况。
（3）消防车通道、消防水源情况。
（4）灭火器材配置及有效情况。
（5）用电设备运行情况。
（6）重点操作人员以及其他人员消防知识的掌握情况。
（7）消防安全重点部位的管理情况。
（8）易燃易爆危险品和场所防火防爆措施的落实情况以及其他重要物资的防火安全情况。
（9）防火巡查情况。
（10）消防安全标志的设置情况和完好、有效情况。
（11）其他需要检查的内容。

防火检查应当填写检查记录，检查人员和被检查部门负责人应当在检查记录上签名。

（三）制定灭火和应急疏散预案

大型群众性活动的承办单位制定的灭火和应急疏散预案应当包括下列内容：

（1）组织机构，包括灭火行动组、通信联络组、疏散引导组、安全防护救护组。
（2）报警和接警处置程序。

（3）应急疏散的组织程序和措施。
（4）扑救初起火灾的程序和措施。
（5）通信联络、安全防护救护的程序和措施。

【练习题】

单项选择题

1. 某公司拟在一体育馆举办大型周年庆典活动，根据相关要求成立了活动领导小组，并安排公司的一名副经理担任疏散引导组的组长。根据相关规定，疏散引导组职责中不包括（　　）。

A. 熟悉体育馆所在安全通道、出口的位置
B. 在每个安全出口设置工作人员，确保通道、出口畅通
C. 安排人员在发生火灾第一时间引导参加活动的人员从最近的安全出口疏散
D. 进行灭火和应急疏散预案的演练

【参考答案】D　疏散引导组组长由一名副职领导担任，成员由相关部门及其人员组成。疏散引导组履行以下工作职责：①掌握活动举办场所各安全通道、出口位置，了解安全通道、出口畅通情况。②在关键部位设置工作人员，确保安全通道、出口畅通。③在发生火灾或突发事件的第一时间，引导参加活动的人员从最近的安全通道、出口疏散，确保参加活动人员的生命安全。

2. 某大型群众性活动的承办单位依法办理了申报手续，制定了灭火和应急疏散预案，并成立了防火巡查组，下列职责中，不属于防火巡查组职责范围的是（　　）。

A. 巡查活动现场消防设施是否完好有效
B. 巡查活动现场安全出口、疏散通道是否通畅
C. 巡查活动现场舞台布景的设置
D. 巡查活动过程中临时用电线路布置情况

【参考答案】C　防火巡查组组长由一名副职领导担任，成员由具有专业消防知识和技能的巡查人员组成。防火巡查组履行以下工作职责：①巡查活动现场消防设施是否完好有效。②巡视活动现场安全出口、疏散通道是否畅通。③巡查活动现场消防重点部位的运行状况、工作人员在岗情况。④巡查活动过程用火用电情况。⑤巡查活动过程中的其他消防不安全因素。⑥纠正巡查过程中的消防违章行为。⑦及时向活动的消防安全管理人报告巡查情况。

3. 大型群众性活动承办人的消防安全职责不包括（　　）。

A. 制定灭火和应急疏散预案并组织演练
B. 办理大型群众性活动所在建筑的消防验收手续
C. 明确消防安全责任分工
D. 确定消防安全管理人员

【参考答案】B　根据《消防法》规定，举办大型群众性活动，承办人应当依法申请安全许可，制定灭火和应急疏散预案并组织演练，明确消防安全责任分工，确定消防安全管理人员，保持消防设施和消防器材配置齐全、完好有效，保证疏散通道、安全出口、疏散指示标志、应急照明和消防车通道符合消防技术标准和管理规定。